普通高等职业教育计算机系列规划教材

Flash CC
动画设计与制作项目教程

杨兆辉　李　靖　主　编
张　蕊　张　溯　副主编
　　　　明丽宏　主　审

电子工业出版社

Publishing House of Electronics Industry

北京·BEIJING

内 容 简 介

本书以企业项目为载体，打破传统教材的体例框架，以"项目驱动，成品输出"为主线。将 Flash CC 软件的强大功能及相关项目的领域知识，贯穿在项目创作过程的始终，使读者可以三位一体的将 Flash CC 的软件知识、项目领域知识与项目创作紧密结合。

全书围绕"全新体验 Flash CC""电子贺卡制作"、"广告制作"、"电子相册制作"、"网页制作"、"MV 制作"、"多媒体课件制作"、"动画测试与发布"8 个典型项目的创作实施，将"Flash CC 软件的安装与基本操作"、"Flash CC 基本工具"、"文本的创建与编辑"、"元件、实例和库的应用"、"导入多媒体文件"、"图层、帧和时间轴"、"各类动画设计与制作"、"ActionScript 3.0 语句"、"组件的应用"、"Flash CC 动画测试与发布"等功能与典型项目创作相结合，循序渐进地全面讲解。

本书适合作为各类大中专院校、职业院校及各类计算机培训单位的首选教材，同时也适合作为二维动画编辑爱好者及二维动画设计人员的参考书。

未经许可，不得以任何方式复制或抄袭本书之部分或全部内容。
版权所有，侵权必究。

图书在版编目（CIP）数据

Flash CC 动画设计与制作项目教程 / 杨兆辉，李靖主编. —北京：电子工业出版社，2016.9
普通高等职业教育计算机系列规划教材

ISBN 978-7-121-29682-6

Ⅰ. ①F… Ⅱ. ①杨… ②李… Ⅲ. ①动画制作软件—高等职业教育—教材 Ⅳ. ①TP317.48

中国版本图书馆 CIP 数据核字（2016）第 188748 号

策划编辑：徐建军（xujj@phei.com.cn）
责任编辑：郝黎明
印　　刷：三河市兴达印务有限公司
装　　订：三河市兴达印务有限公司
出版发行：电子工业出版社
　　　　　北京市海淀区万寿路 173 信箱　邮编　100036
开　　本：787×1 092　1/16　印张：15　字数：384 千字
版　　次：2016 年 9 月第 1 版
印　　次：2016 年 9 月第 1 次印刷
印　　数：3 000 册　定价：35.00 元

凡所购买电子工业出版社图书有缺损问题，请向购买书店调换。若书店售缺，请与本社发行部联系，联系及邮购电话：（010）88254888，88258888。
质量投诉请发邮件至 zlts@phei.com.cn，盗版侵权举报请发邮件至 dbqq@phei.com.cn。
本书咨询联系方式：（010）88254570。

前 言

本书以高等职业教育注重学生应用能力培养的要求为原则，融"理论知识、实践技能、行业经验"于一体。本书内容注重和职业岗位相结合，遵循职业能力培养的基本规律，构建Flash CC 二维动画设计与制作课程体系，由简单到复杂，由单一到综合，设置"打字机动画"、"五角星制作"、"生日贺卡制作"、"教师节贺卡制作"、"首饰广告"、"梦幻乐园"、"婚纱相册制作"、"宝宝相册制作"、"游园社区"、"个人主页"、"蜗牛与黄鹂鸟 MV 制作"、"英文歌曲 MV 制作"、"What does he do?课件"、"咏鹅课件"、"发布 HTML 网页"、"发布 JPEG 图像" 8 类 16 个项目创作，同时为这 8 类项目创作提供相应的八类项目训练，让学生能够多加训练、融会贯通。

本书 8 类项目创作的内容框架为"项目实战+Flash CC 软件知识+项目实战问答+项目小结+项目训练"，以企业项目为平台，以实施具体项目创作引领软件知识点的学习，使学生掌握所需的基本理论和技能。本书内容的设计同时兼顾融入行业经验与职业标准，拓展学生的自主与合作学习能力，不但为学生可持续发展的能力培养奠定坚实的基础，也为教师个性化教学提供更多的资源和选择。

本书根据国家职业资格考试及二维动画设计与制作操作员认证考试要求，突出实际、实用、实践等高职教学特点，妥善处理能力、知识、素质的全面协调发展，着重培养学生的综合职业能力。

本书由具有多年教学实战经验的"双师素质"一线骨干教师编写，力求抓住初学者的心理特点，激发初学者的创造性思维能力，突出讲解"双师素质"教师多年的实战经验及 Flash CC 软件操作技巧。本书不仅提供了项目素材、项目效果文件，还特别安排了项目训练及项目实战问答，让学生能够举一反三、轻松驾驭并完成项目创作，能够真正成长为 Flash CC 创作高手。

本书是立体化教材，充分利用现代化的教学手段和教学资源辅助教学，图、文、声、像等多媒体并用。具备丰富的教学资源保障，能够极大地激发学生的学习兴趣，提升教学效果，为本课程和相关专业的教学改革奠定坚实的基础。

本书由哈尔滨职业技术学院的杨兆辉、黑龙江外国语学院的李靖担任主编，由哈尔滨职业技术学院的张蕊、黑龙江外国语学院的张溯担任副主编，由哈尔滨职业技术学院的明丽宏主审。全书由杨兆辉、李靖、明丽宏组织策划，张蕊、张溯统稿，明丽宏审阅定稿。其中，项目 1 及全书参考答案由明丽宏编写，项目 2 由杨兆辉编写，项目 3 及项目 5 由张溯编写，项目 4 及项目 8 由张蕊编写，项目 6 及项目 7 由李靖编写。本书在编写过程中得到各方面的支持，在此一并表示感谢！

为了方便教师教学，本书配有电子教学课件及相关资源，请有此需要的教师登录华信教育资源网（www.hxedu.com.cn）注册后免费进行下载。如有问题可在网站留言板留言或与电子工业出版社联系（E-mail：hxedu@phei.com.cn）。

由于编者水平有限，加之时间仓促，书中难免存在疏漏和不足之处，恳请同行专家和读者给予批评和指正。

编 者

目 录

项目 1　全新体验 Flash CC ··· 1

1.1　项目实战 1：打字机动画 ··· 1
　　1.1.1　项目实战描述与效果 ··· 1
　　1.1.2　项目实战详解 ··· 1
1.2　项目实战 2：五角星制作 ··· 4
　　1.2.1　项目实战描述与效果 ··· 4
　　1.2.2　项目实战详解 ··· 4
1.3　知识链接：Flash CC 基本操作 ··· 6
　　1.3.1　安装与卸载 Flash CC ·· 6
　　1.3.2　启动与退出 Flash CC ·· 11
　　1.3.3　Flash CC 新增功能 ··· 13
　　1.3.4　认识 Flash CC 工作界面 ··· 13
　　1.3.5　Flash CC 基本操作 ··· 15
　　1.3.6　设置 Flash CC 工作环境 ··· 22
1.4　项目实战问答 ··· 25
1.5　项目小结 ·· 26
1.6　项目训练 1 ··· 26

项目 2　电子贺卡制作 ··· 27

2.1　项目实战 1：生日贺卡制作 ··· 27
　　2.1.1　项目实战描述与效果 ··· 27
　　2.1.2　项目实战详解 ··· 28
2.2　项目实战 2：教师节贺卡制作 ·· 35
　　2.2.1　项目实战描述与效果 ··· 36
　　2.2.2　项目实战详解 ··· 36
2.3　知识链接：Flash CC 基本工具 ··· 39
　　2.3.1　Flash CC 图形基础知识 ··· 39
　　2.3.2　绘制图形工具 ··· 43
　　2.3.3　绘制路径工具 ··· 46
　　2.3.4　填充颜色工具 ··· 48
　　2.3.5　变形对象工具 ··· 51
　　2.3.6　宽度工具 ·· 54
　　2.3.7　骨骼工具 ·· 54

2.4	知识链接：文本的创建与编辑	56
	2.4.1 传统文本	56
	2.4.2 滤镜的使用	60
	2.4.3 混合模式	63
2.5	项目实战问答	65
2.6	项目小结	66
2.7	项目训练 2	66

项目 3 广告制作 ... 68

3.1	项目实战 1：首饰广告	68
	3.1.1 项目实战描述与效果	68
	3.1.2 项目实战详解	69
3.2	项目实战 2：梦幻乐园	77
	3.2.1 项目实战描述与效果	77
	3.2.2 项目实战详解	78
3.3	知识链接：元件、实例和库的应用	86
	3.3.1 元件和实例的使用	86
	3.3.2 库的使用	89
3.4	知识链接：导入多媒体文件	90
	3.4.1 导入外部文件	90
	3.4.2 导入声音	92
	3.4.3 导入视频	95
3.5	项目实战问答	96
3.6	项目小结	97
3.7	项目训练 3	97

项目 4 电子相册制作 ... 98

4.1	项目实战 1：婚纱相册制作	98
	4.1.1 项目实战描述与效果	98
	4.1.2 项目实战详解	98
4.2	项目实战 2：宝宝相册制作	102
	4.2.1 项目实战描述与效果	103
	4.2.2 项目实战详解	103
4.3	知识链接：图层、帧和时间轴	107
	4.3.1 图层	108
	4.3.2 帧	113
	4.3.3 时间轴	114
4.4	项目实战问答	117
4.5	项目小结	118
4.6	项目训练 4	118

项目 5 网页制作 120

5.1 项目实战 1：游园社区 120
5.1.1 项目实战描述与效果 120
5.1.2 项目实战详解 120

5.2 项目实战 2：个人主页 124
5.2.1 项目实战描述与效果 124
5.2.2 项目实战详解 125

5.3 知识链接：各类动画的设计与制作 129
5.3.1 制作逐帧动画 129
5.3.2 制作渐变动画 130
5.3.3 制作补间动画 131
5.3.4 制作引导动画 135
5.3.5 制作遮罩动画 138
5.3.6 制作骨骼动画 139

5.4 项目实战问答 140
5.5 项目小结 141
5.6 项目训练 5 141

项目 6 MV 制作 143

6.1 项目实战 1：蜗牛与黄鹂鸟 MV 制作 143
6.1.1 项目实战描述与效果 143
6.1.2 项目实战详解 144

6.2 项目实战 2：英文歌曲 MV 制作 152
6.2.1 项目实战描述与效果 152
6.2.2 项目实战详解 153

6.3 知识链接：了解 ActionScript 3.0 158
6.3.1 ActionScript 3.0 的新增功能 158
6.3.2 ActionScript 3.0 常用语法规则 159
6.3.3 数据与运算 160
6.3.4 事件 163
6.3.5 函数 165
6.3.6 ActionScript 3.0 常用语句 166

6.4 项目实战问答 168
6.5 项目小结 169
6.6 项目训练 6 169

项目 7 多媒体课件制作 170

7.1 项目实战 1：What does he do?课件 170
7.1.1 项目实战描述与效果 170
7.1.2 项目实战详解 171

7.2 项目实战 2：咏鹅课件 174

		7.2.1 项目实战描述与效果	174
		7.2.2 项目实战详解	175
	7.3	知识链接：组件的应用	178
		7.3.1 组件的基本概念	178
		7.3.2 组件的基本操作	179
		7.3.3 UI 组件	180
		7.3.4 Video 组件	188
	7.4	项目实战问答	189
	7.5	项目小结	190
	7.6	项目训练 7	190

项目 8 动画测试与发布 192

8.1	项目实战 1：发布 HTML 网页	192
	8.1.1 项目实战描述与效果	192
	8.1.2 项目实战详解	193
8.2	项目实战 2：发布"JPEG 图像"	193
	8.2.1 项目实战描述与效果	193
	8.2.2 项目实战详解	194
8.3	知识链接：Flash CC 动画测试与发布	195
	8.3.1 测试并优化 Flash CC 作品	195
	8.3.2 导出 Flash CC 作品	196
	8.3.3 动画作品的输出和发布	199
8.4	项目实战问答	204
8.5	项目小结	206
8.6	项目训练 8	206

附录 A 参考答案 208

项目 1

全新体验 Flash CC

 项目导学

学习任务	学习内容	能力要求
项目实战 1：打字机动画 项目实战 2：五角星制作 Flash CC 安装与卸载 认识 Flash CC 界面 项目实战问答	① Flash CC 安装及卸载方法 ② 掌握 Flash CC 基本工作界面 ③ Flash CC 基本操作 ④ 绘图工具的简单应用 ⑤ 关键帧操作、动画制作	① 掌握 Flash CC 的安装及卸载方法 ② 掌握 Flash CC 的工作界面构成 ③ 熟练掌握常用基本绘图工具的使用方法 ④ 掌握相应动画的创建方法

1.1 项目实战 1：打字机动画

1.1.1 项目实战描述与效果

◆ 素材：Flash CC\项目 1\素材\打字机动画
◆ 源文件：Flash CC\项目 1\源文件\打字机动画

1．项目实战描述

本项目创作主要是使用工具箱中的文本工具，掌握"静态文本"的创建方法，在"属性"面板中对文本进行简单设置。注意掌握舞台的大小和文本的位置。

2．项目实战效果

最终任务效果如图 1-1 所示。

图 1-1 "打字机"动画效果

1.1.2 项目实战详解

1．新建文件

选择"文件→新建"命令，在弹出的"新建文档"对话框中选择"ActionScript 3.0"选项，单击"确定"按钮，进入新建文档舞台窗口。在"属性"面板中设置舞台的大小为 550×400 像素，

"帧频（FPS）"设置为"24"，舞台背景颜色为白色，如图1-2所示。

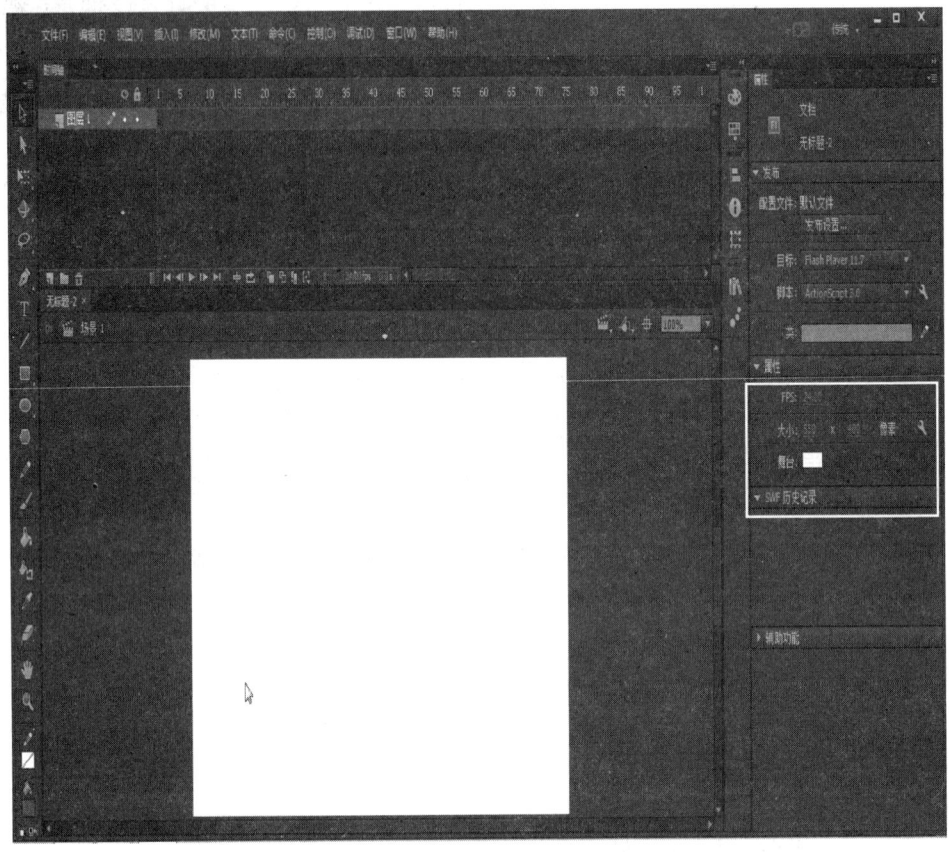

图1-2　新建文档舞台窗口

2．创建动画

（1）选择"文本工具"，在舞台上单击鼠标，在出现的文本框中输入文字"FLASH CC 热烈欢迎您"。

（2）在"字符"属性面板上设置字体大小为50磅，"系列"为"微软雅黑"，字符样式为"Bold"、"字母间距"为"1.0"，如图1-3所示。在"对齐"面板中，选中"与舞台对齐"复选框，按照图1-4所示的顺序设置文本"FLASH CC 热烈欢迎您"到舞台正中心，效果如图1-5所示。

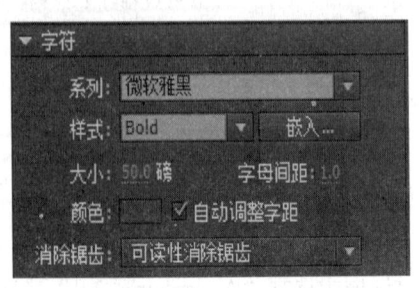

图1-3　"字符"属性面板

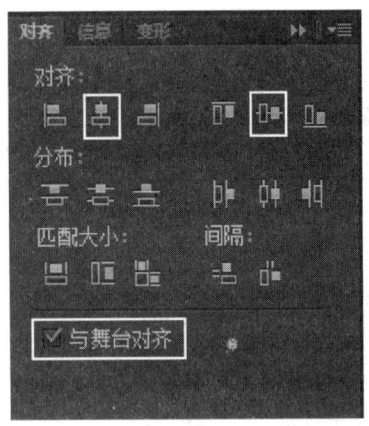

图1-4　"对齐"面板

（3）在"时间轴"面板第一层中，选中第 2 帧～第 12 帧并右击，在弹出的快捷菜单中选择"转换为关键帧"命令，使第 2 帧～第 12 帧的内容和第 1 帧内容一致，"时间轴"面板如图 1-6 所示。

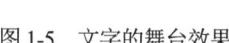

图 1-5　文字的舞台效果　　　　　　　　　　图 1-6　"时间轴"面板

（4）单击"时间轴"面板第一层的第 1 帧，单击舞台上的文本，删除文字"LASH CC 热烈欢迎您"，只留下字母"F"；单击第 2 帧并删除文字"ASH CC 热烈欢迎您"；单击第 3 帧并删除文字"SH CC 热烈欢迎您"；依次类推，单击第 12 帧时，删除文字"您"，单击第 13 帧时，不做设置。第 1 帧和第 2 帧的舞台效果如图 1-7 所示。第 11 帧和第 12 帧的舞台效果如图 1-8 所示。

（a）第 1 帧　　　　　　　　　　　　　（b）第 2 帧

图 1-7　第 1 帧和第 2 帧的舞台效果

（a）第 11 帧　　　　　　　　　　　　（b）第 12 帧

图 1-8　第 11 帧和第 12 帧的舞台效果

3．测试影片

按 Ctrl+Enter 组合键测试影片，观看"打字机"动画效果，如图 1-1 所示。

（1）执行"修改→变形→垂直（水平）翻转"命令，可将选中的对象垂直（水平）翻转。
（2）对象的倾斜：选中"变形"面板中的"倾斜"单选按钮，即可将选中对象旋转或复制一个倾斜的对象。

1.2 项目实战 2：五角星制作

◆ 素材：Flash CC\项目 1\素材\五角星制作
◆ 源文件：Flash CC\项目 1\源文件\五角星制作

1.2.1 项目实战描述与效果

1．项目实战描述

本项目创作主要介绍通过"线条工具"、"渐变变形工具"、"椭圆工具"、"变形"面板的综合使用来制作五角星。在 Flash CC 绘图中，有些绘图对象必须使用精确变形和精确旋转设置，才能达到绘图对象的要求和效果，本任务以这些工具为基础进行绘图。

2．项目实战效果

最终任务效果如图 1-9 所示。

图 1-9 "五角星"效果

1.2.2 项目实战详解

1．创建图形元件

按 Ctrl+F8 组合键，创建一个名为"五角星"的图形元件。

2．绘制五角星

（1）选择"线条工具"，在"线条工具"工具栏中设置"笔触颜色"为黑色（#000000），按住 Shift 键的同时，在舞台上绘制一条直线，如图 1-10 所示。

（2）选择"任意变形工具"，单击直线，使直线效果如图 1-11 所示。

图 1-10 绘制直线　　　　　　　　　　图 1-11 变形后的直线效果

（3）单击"窗口→变形"按钮，弹出如图 1-12 所示的"变形"面板。

（4）在"变形"面板中，选中"旋转"单选按钮，并将角度设置为 36°，单击"变形"面板右下角的"重制选区和变形"按钮 4 次，复制并旋转直线，得到如图 1-13 所示的图形。

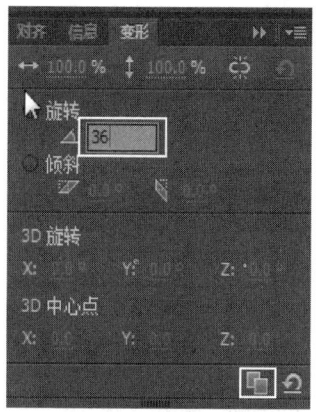

图 1-12　"变形"面板

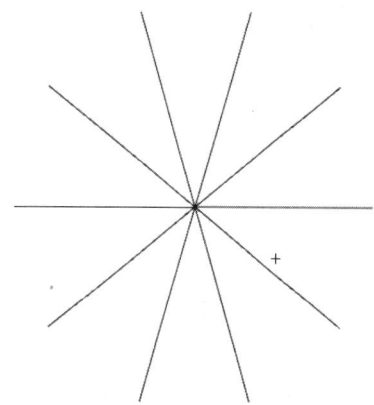

图 1-13　复制旋转直线后效果

（5）选择"椭圆工具"，在"椭圆工具"工具栏中将"填充颜色"设置为无，按住 Shift+Alt 组合键的同时，以直线的交点为中心画正圆，如图 1-14 所示。

（6）用直线将图 1-14 所示的图形连接成如图 1-15 所示的图形。

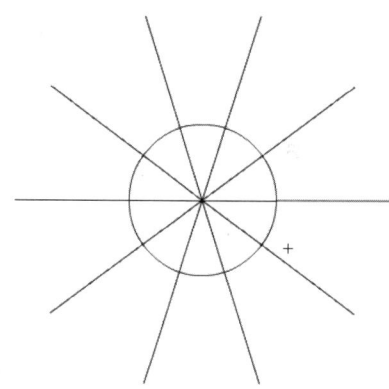

图 1-14　以直线交点为中心绘制正圆

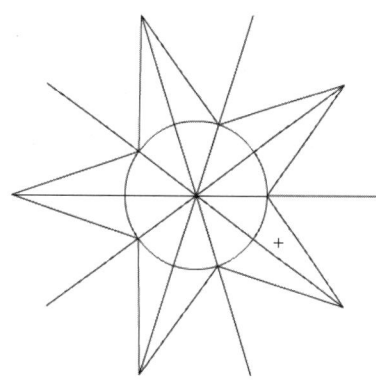

图 1-15　直线连接后图形效果

（7）选择"选择工具"，按住 Shift 键的同时，单击要删除的直线，如图 1-16 所示，按 Delete 键，将不要的直线删除，"五角星"绘制完成效果如图 1-17 所示。

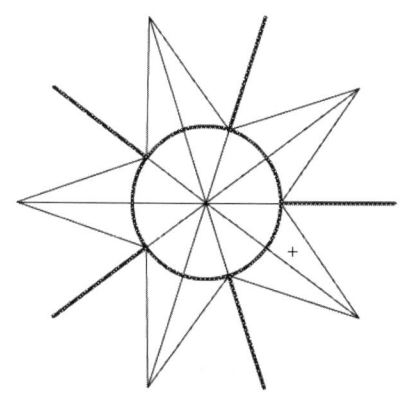

图 1-16　选择删除直线

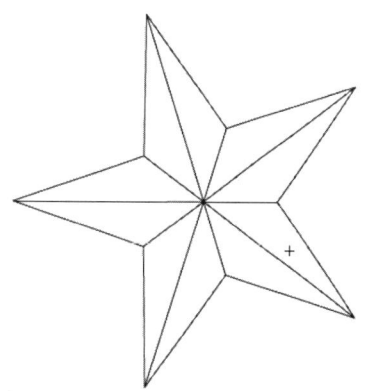

图 1-17　五角星效果

3. 填充选择

（1）选择"颜料桶工具"，在"颜色桶工具"工具栏中将"填充颜色"设置为"黑红线性渐变"，给"五角星"填充渐变色，效果如图 1-18 所示。

（2）选择"选择工具"，按住 Shift 键的同时，单击五角星上的所有绘制直线，这时所有直线都被选中，如图 1-19 所示。按 Delete 键，将直线删除，按 Ctrl+Enter 组合键即可查看效果，如图 1-9 所示。

图 1-18　给"五角星"填充渐变色　　　　　图 1-19　选中所有绘制直线

（1）执行"视图→贴紧→编辑贴紧方式"命令，或按 Ctrl+/组合键打开"编辑贴紧方式"对话框。
（2）在"高级"选项区域进行相应的贴紧参数设置，最后单击"确定"按钮即可。

1.3　知识链接：Flash CC 基本操作

Flash CC 是一款集多种功能于一体的多媒体制作软件，主要用于创建基于网络流媒体技术的带有交互功能的矢量动画。Flash CC 的应用领域非常广泛，如制作电子贺卡、电子相册、MV、动态网页广告和多媒体课件等。

1.3.1　安装与卸载 Flash CC

用户要使用 Flash CC 进行动画制作之前，首先需要在计算机中安装 Flash CC 应用软件。用户可以从网上下载 Flash CC 应用软件，也可以购买 Flash CC 软件的安装光盘。下面介绍安装与卸载 Flash CC 的操作方法。

1. 安装 Flash CC 软件

安装 Flash CC 之前用户要检查一下计算机是否装有低版本的 Flash 程序，如果存在，需要将其卸载后再安装新的版本。另外，在安装 Flash CC 之前，必须先关闭其他应用程序，如果其他程序仍在运行，则会影响到 Flash CC 的正常安装。具体安装步骤如下。

（1）将 Flash CC 安装程序复制到计算机中，打开 Flash CC 安装文件夹，如图 1-20 所示。

图 1-20　打开 Flash CC 安装文件夹

（2）选择 Flash CC 安装程序，单击鼠标右键，在弹出的快捷菜单中选择"打开"选项，如图 1-21 所示。

图 1-21　选择"打开"选项

（3）执行操作后，弹出"Adobe 安装程序"对话框，提示用户安装软件过程中遇到的相关问题，单击"忽略"按钮，如图 1-22 所示。

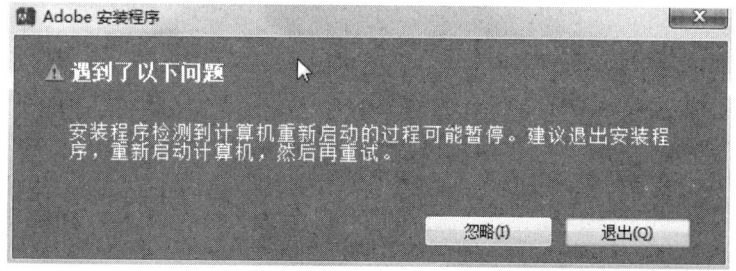

图 1-22　"Adobe 安装程序"对话框

（4）此时，系统提示正在初始化安装程序，并显示初始化安装进度，如图 1-23 所示。

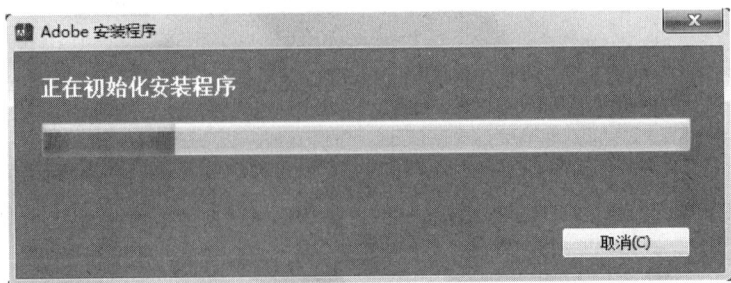

图 1-23　Adobe 安装程序进度条

（5）待程序初始化完成后，进入"Adobe Flash professional CC 欢迎"界面，单击"试用"按钮，如图 1-24 所示。

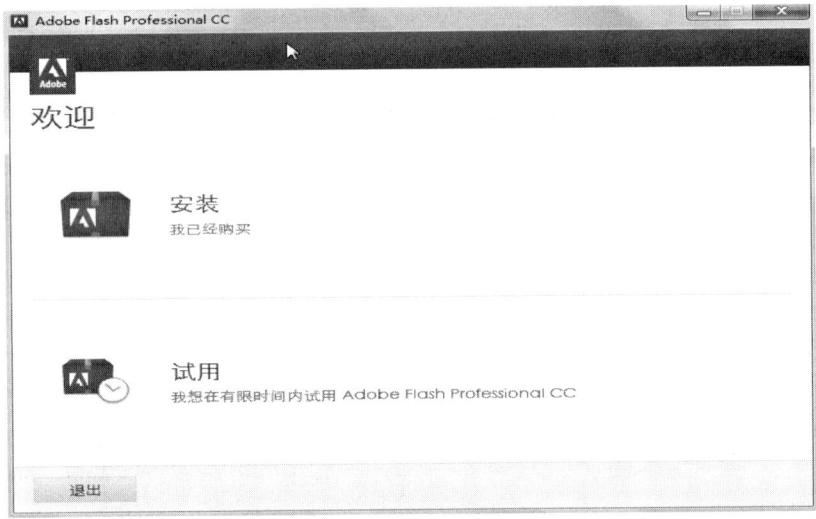

图 1-24　"Adobe Flash professional CC 欢迎"界面

（6）执行操作后，进入"需要登录"界面，单击"登录"按钮，如图 1-25 所示。

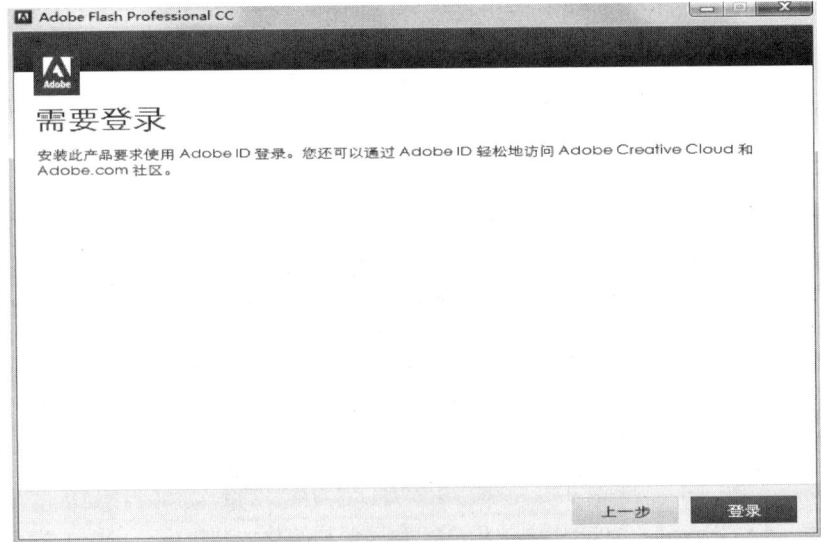

图 1-25　"需要登录"界面

（7）执行操作后，出现如图1-26所示的界面。界面提示无法连接到Internet，单击"以后登录"按钮。

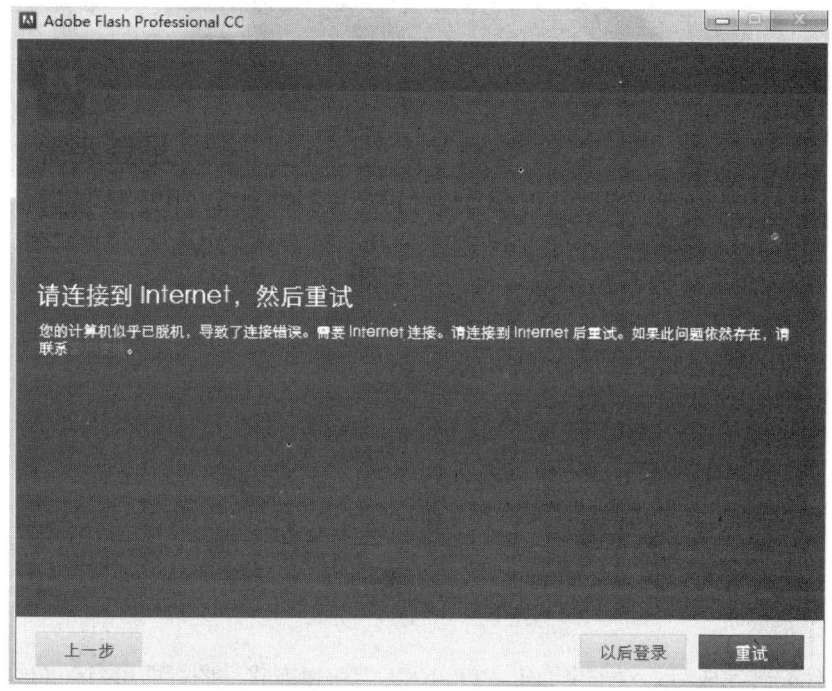

图1-26　连接Internet界面

（8）执行操作后，进入"Adobe软件许可协议"界面，请用户仔细阅读许可协议条款的内容，然后单击"接受"按钮，如图1-27所示。

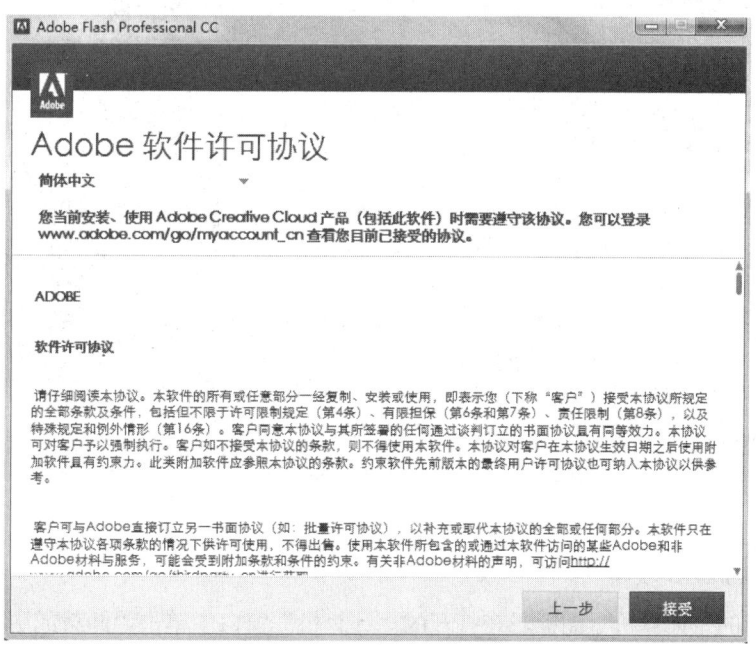

图1-27　"Adobe软件许可协议"界面

（9）执行操作后，进入"选项"界面，选中需要安装软件的复选框，设置好安装路径后，单击"安装"按钮,如图 1-28 所示。

图 1-28 "选项"界面

(10)软件安装完成后,双击桌面上"Flash CC"快捷方式,图标即可启动 Flash CC 软件初始界面,如图 1-29 所示。

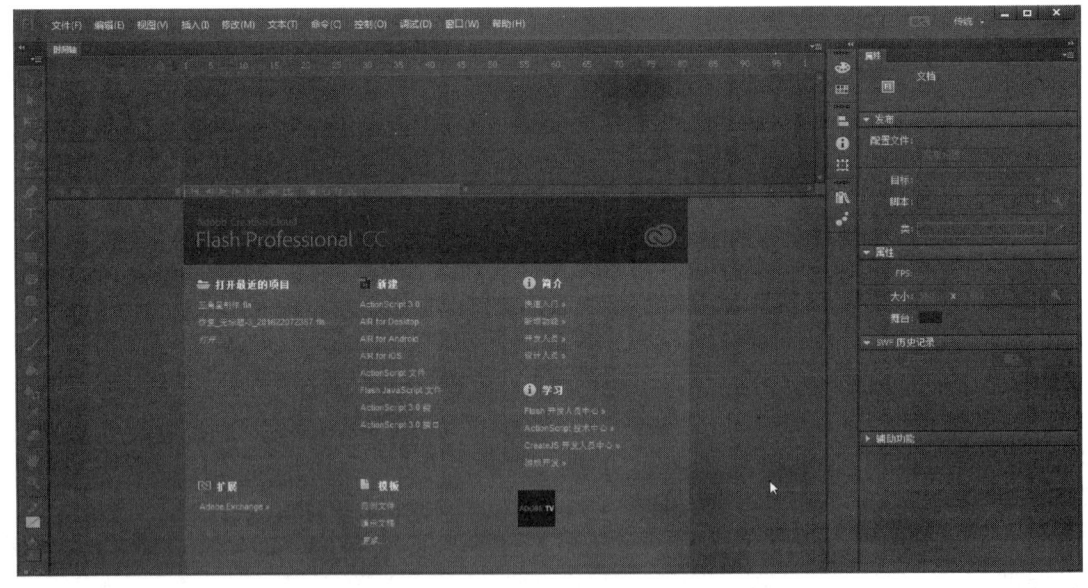

图 1-29 Flash CC 软件初始界面

2.卸载 Flash CC 软件

双击桌面上的"计算机"图标,在打开的"计算机"窗口中单击"卸载或更改程序"按钮,如图 1-30 所示,打开"卸载或更改程序"列表,在下拉列表中找到"Adobe Flash Professional CC"软件并选中,然后单击鼠标右键,在弹出的快捷菜单中执行"卸载"命令,如图 1-31 所示,即可完成软件的卸载。

全新体验 Flash CC 项目 1

图 1-30 "计算机"窗口

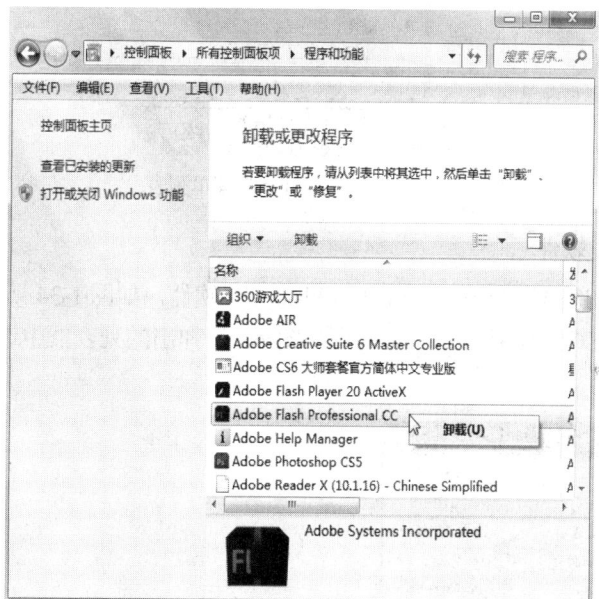

图 1-31 卸载或更改程序列表

1.3.2 启动与退出 Flash CC

为了让用户更好地学习 Flash CC，在学习软件之前对 Flash CC 的基本操作有一定的了解，下面介绍 Flash CC 的基本操作，如启动与退出 Flash CC 软件的操作方法。

1. 启动 Flash CC 软件

（1）双击桌面上"Flash CC"快捷方式图标，如图 1-32 所示，进入 Flash CC 初始界面。

（2）单击"开始"按钮，在弹出的"开始"菜单列表中，执行"Adobe Flash Professional CC"命令，如图 1-33 所示，进入 Flash CC 初始界面。

（3）双击".fla"（是 Flash CC 软件存储时的源文件格式）源文件，

图 1-32 桌面快捷方式图标

即可启动 Flash CC 软件。

图 1-33 "开始"菜单列表

2．退出 Flash CC 软件

（1）执行"文件→退出"命令，即可退出 Flash CC 软件，如图 1-34 所示。

（2）单击"Flash CC"工作界面左上角的程序图标，在弹出的列表框中选择"关闭"选项即可，如图 1-35 所示。

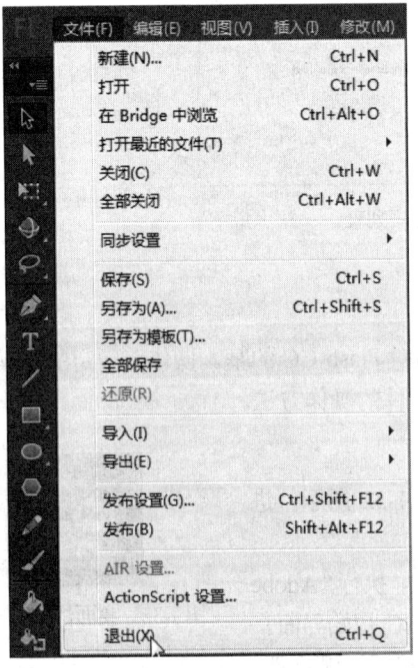

图 1-34 "退出"命令

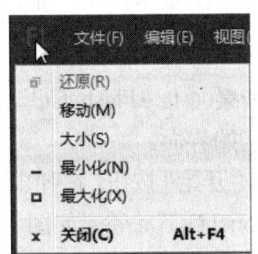

图 1-35 "关闭"选项

（3）在"Flash CC"工作界面右上角，单击"关闭"按钮，即可退出 Flash CC 软件如图 1-36 所示。

图 1-36　工作界面右上角"关闭"按钮

（4）在工作界面中按 Alt+F4 组合键，即可退出 Flash CC 软件。

1.3.3　Flash CC 新增功能

Flash CC 是为制作 Web 动画和多媒体内容提供的一个创作环境，是继 Flash CS6 后的新一代动画制作和设计软件，并在 Flash CS6 的基础上新增了一些功能，如新建和发布 HTML5 内容、支持云功能等，下面做详细介绍。

（1）Flash CC 提供了对 HTML5 的原生支持，从而使 Web 系统更为开放。

（2）用户不仅可以将 Flash CC 工作区设置与 Creative Cloud 进行同步，而且还可以自定义工作区来满足自己的设计需求，然后再通过 Creative Cloud 在多台计算机上同步这些自定义设置。

（3）Flash CC 不仅支持 HiDPI 显示屏，而且还支持新的 MacBook Pro 上提供的 Retina 显示屏，这样就显著地改进了图像的逼真度和分辨率。

（4）64 位架构是 Flash CC 独有的架构，其他版本的 Flash 是不具有的。它使 Flash 更加模块化，提供了前所未有的速度和稳定性，能对多个大型文件实现轻松管理，发布 Flash 动画也更加迅速。

1.3.4　认识 Flash CC 工作界面

要使用 Flash CC 来制作和设计动画，首先要认识 Flash CC 的工作界面，了解其构成及各个构成部分的作用和功能，如图 1-37 所示。

（1）"菜单栏"由 11 个菜单项组成，每一个菜单项为一个大类命令集合，如图 1-38 所示。

（2）"图层"是用来放置动画元素的，而且能显示和控制图层状态，如隐藏、锁定等，如图 1-39 所示。

（3）"场景"是动画制作和设计的一个大环境，它包括标签区和舞台，是每一个动画制作和设计必要的场所，如图 1-40 所示。

（4）"舞台"是显示 Flash 元素的平台，所有动画元素都必须在舞台上才能在播放时显示出来，如图 1-41 所示。

（5）"浮动面板"区中包含了各种浮动面板，每一个面板为一个大类工具的集合，如图 1-42 所示。

（6）"时间轴"是贯穿动画的一条时间线，用来控制动画的播放，如图 1-43 所示。

（7）"工具面板"是专门用来存放各种工具的地方，常用的工具都放在里面，如图 1-44 所示。

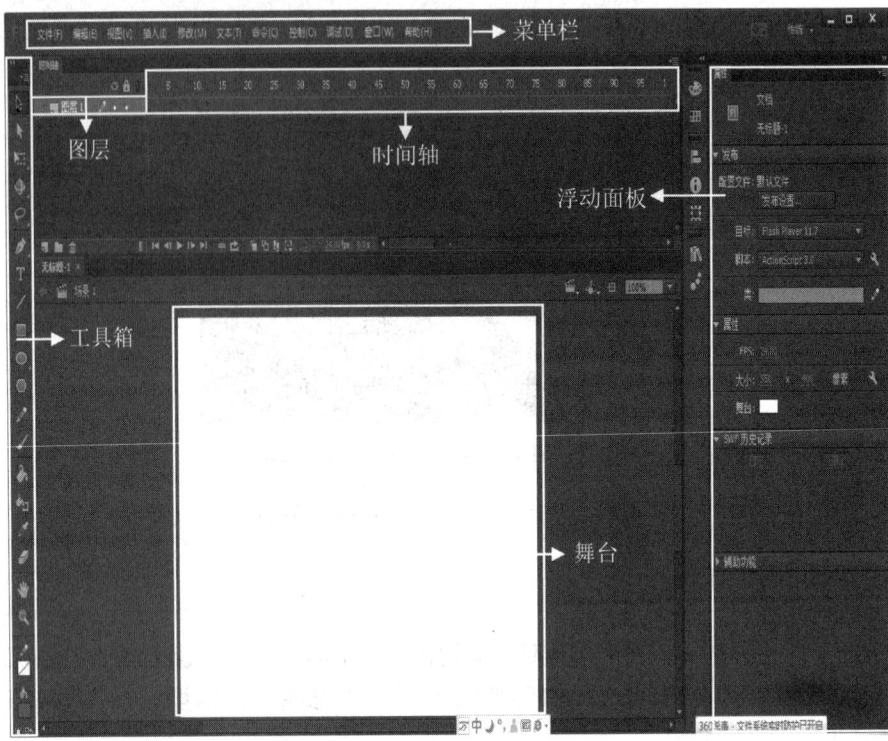

图 1-37 Flash CC 工作界面

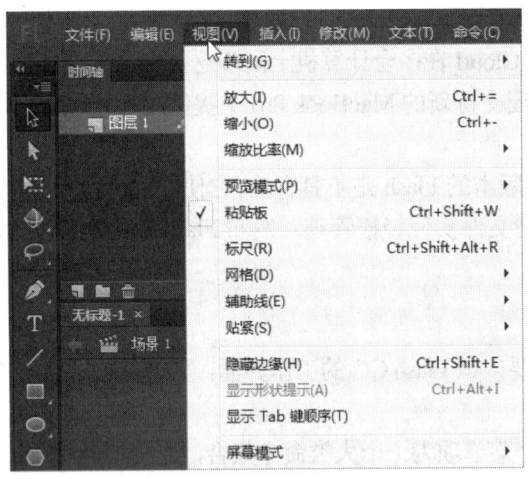

图 1-38 "视图"菜单下拉列表

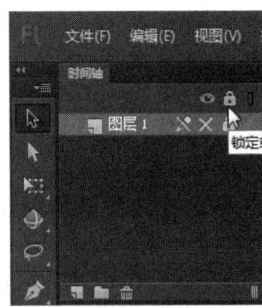

图 1-39 图层

图 1-40 场景

全新体验 Flash CC 项目 1

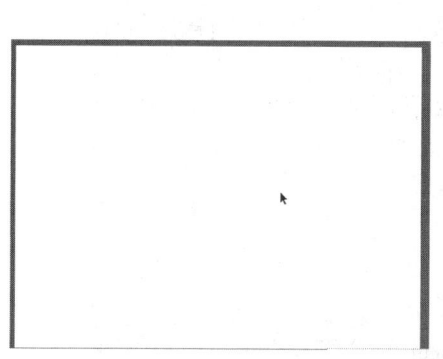

图 1-41 舞台

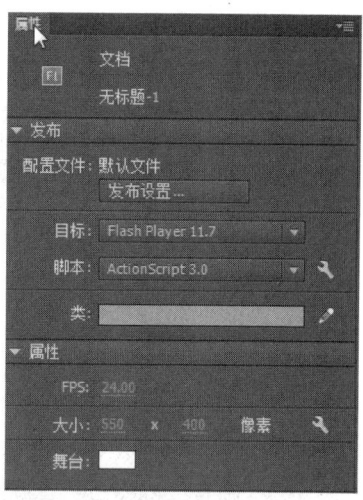

图 1-42 "浮动面板"中的"属性面板"

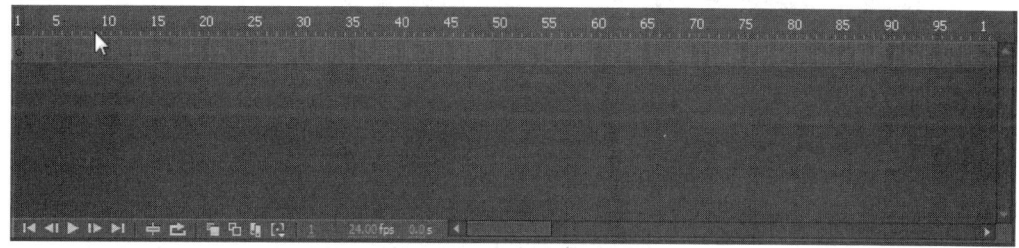

图 1-43 时间轴

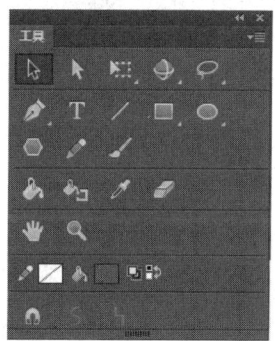

图 1-44 "工具"面板

1.3.5 Flash CC 基本操作

在使用 Flash CC 制作和设计动画之前需要先了解它的基本操作，为后面的深入学习打下基础。

1. 新建与保存文档

1）新建文档

（1）使用向导新建文档：启动 Flash CC 软件后，系统会自动打开欢迎向导界面，此时在"新建"栏中单击相应的按钮即可创建相应类型的 Flash 文档，如图 1-45 所示。

（2）使用"菜单"命令：选择"文件→新建"命令，在打开的"新建文档"对话框的"常规"选项卡中选择要创建的文档类型，然后单击"确定"按钮即可，如图 1-46 所示。

（3）使用模板新建文件：在打开的"从模板新建"对话框中，选择"模板"选项卡，在"类别"列表框中选择一种类型,在"模板"列表框中选择一种模板,最后单击"确认"按钮,即可创建出带有内容和样式的文档,如图 1-47 所示。

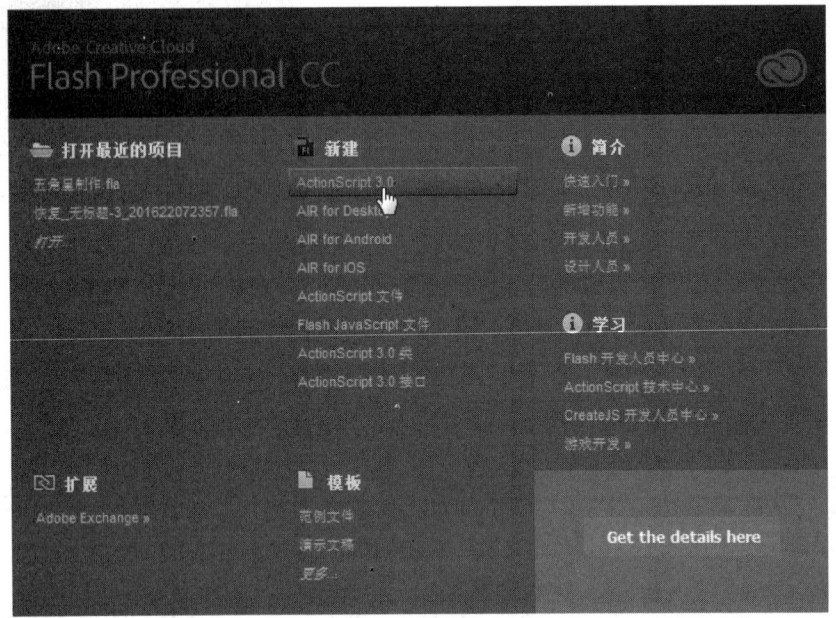

图 1-45　使用向导新建文档

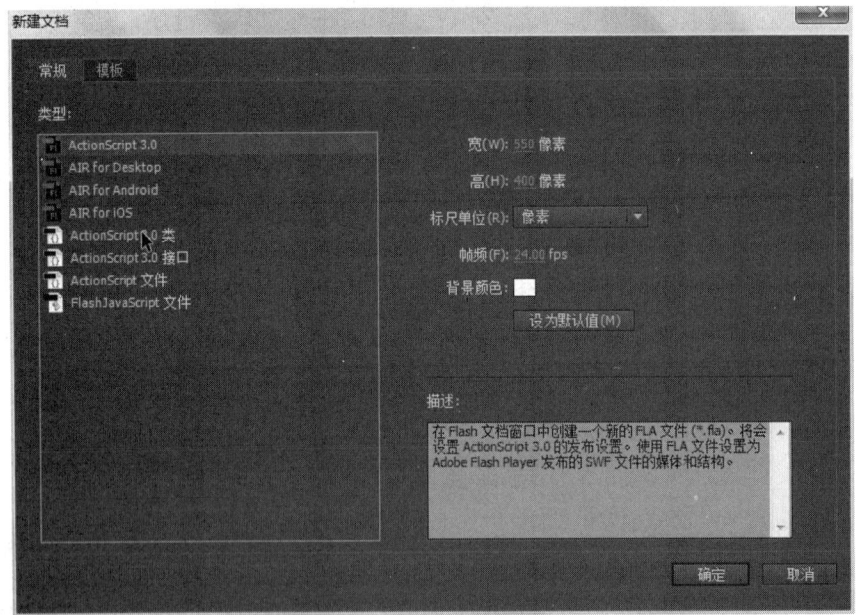

图 1-46　"新建文档"对话框

2)保存文档

(1)直接将修改后的内容保存到原文档,执行"文件→保存"命令或按 Ctrl+S 组合键即可。

(2)将文档另存到其他地方,执行"文件→另存为"命令,在打开的"另存为"对话框的"保存位置"列表框中选择要保存文件的位置,在"文件名"文本框中输入文档名称,单击"保存"按钮即可保存文档,如图 1-48 所示。

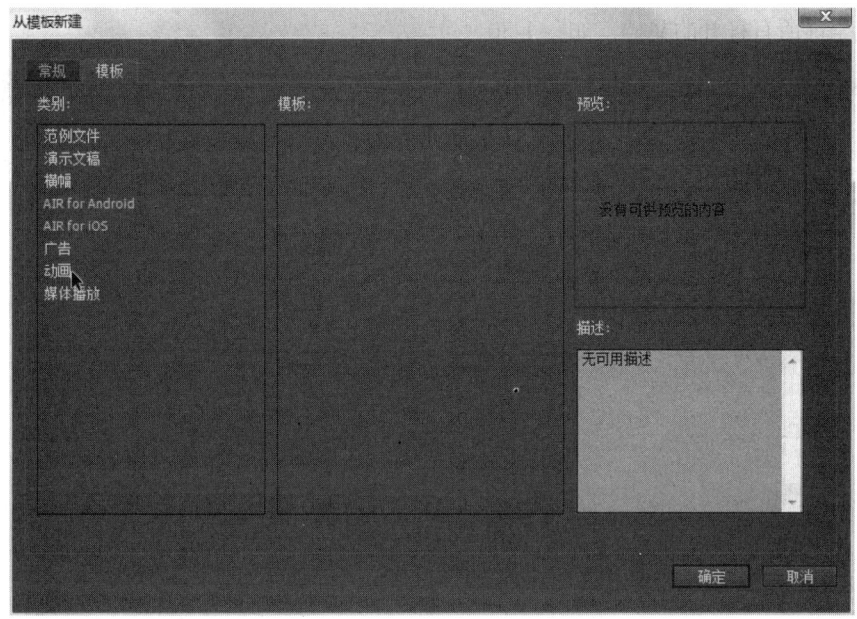

图 1-47 "从模板新建"对话框

图 1-48 "另存为"对话框

2. 打开与关闭文档

1) 打开文档

除了直接双击要打开的 Flash 文档的图标外,还可以使用"打开"命令将其打开。执行"文件→打开"命令,在打开的"打开"对话框的"查找范围"列表框中选择要打开的文档,单击"打开"按钮即可打开文档,如图 1-49 所示。

2) 关闭文档

常用的关闭文档的方法有以下几种。

(1) 通过文件命令关闭:执行"文件→关闭"命令或"文件→全部关闭"命令,关闭当前打开的文档或当前所有打开的文档，如图 1-50 所示。

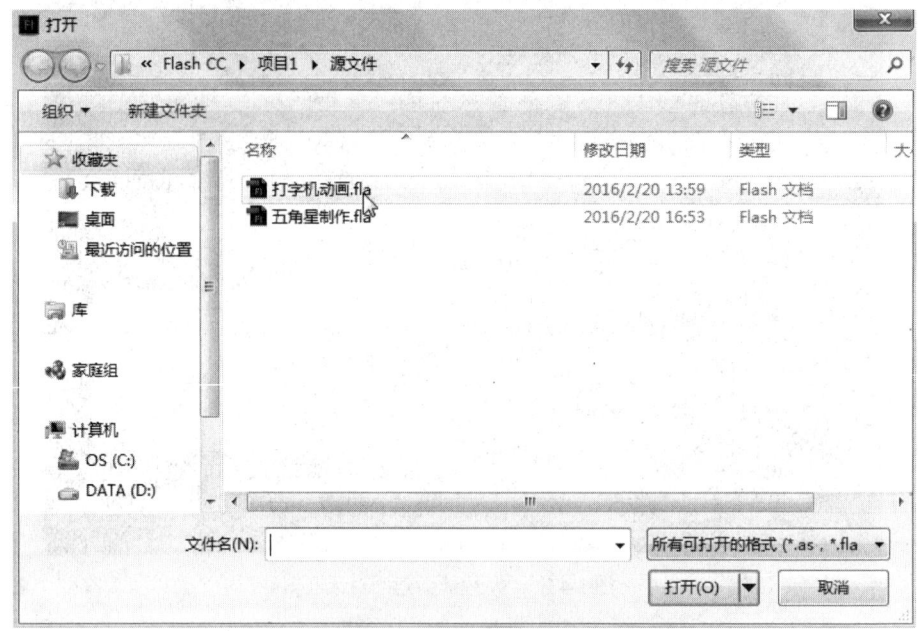

图 1-49　"打开"对话框

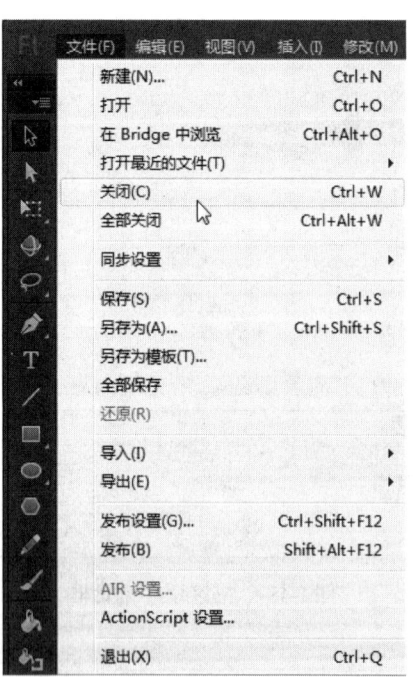

图 1-50　通过文件命令关闭文档

（2）通过文档标签关闭：直接单击文档标签上的"关闭"按钮即可将其关闭，如图 1-51 所示。

3．标尺、网格及辅助线

1）标尺

标尺工具可以帮助用户精确地定位 Flash CC 动画的对象，用户可以通过三种方式打开标尺。

（1）通过菜单方式打开：执行"视图→标尺"命令可开启或禁用 Flash CC 的标尺工具，如

图 1-52 所示。

图 1-51 通过文档标签关闭文档

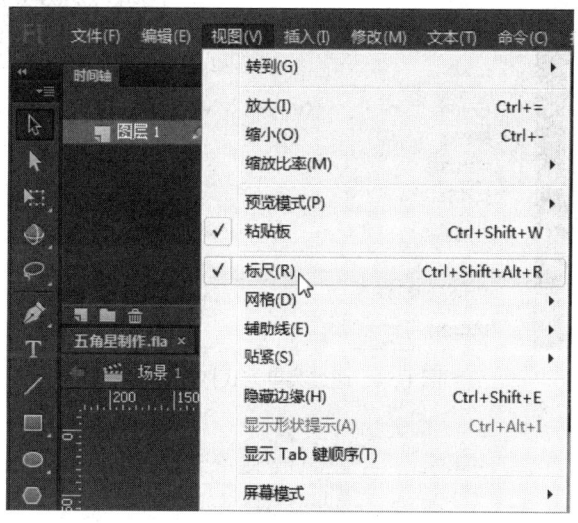

图 1-52 通过菜单方式打开标尺

（2）通过快捷菜单方式打开：在场景中单击鼠标右键，在弹出的快捷菜单中选择"标尺"命令，如图 1-53 所示。

（3）通过快捷键方式打开：按 Ctrl+Alt+Shift+R 组合键即可打开标尺。

2）网格

网格工具可根据用户定义的水平或垂直距离显示指定颜色的线条。

（1）通过菜单方式打开网格：在 Flash 中执行"视图→网格→显示网格"命令，即可显示默认设置的网格，如图 1-54 所示。

（2）在打开的"视图"菜单下拉列表中，执行"视图→网格→编辑网格"命令，在弹出的"网格"对话框中设置各种网格的间距及颜色等参数，如图 1-55 所示，带网格的舞台窗口如图 1-56 所示。

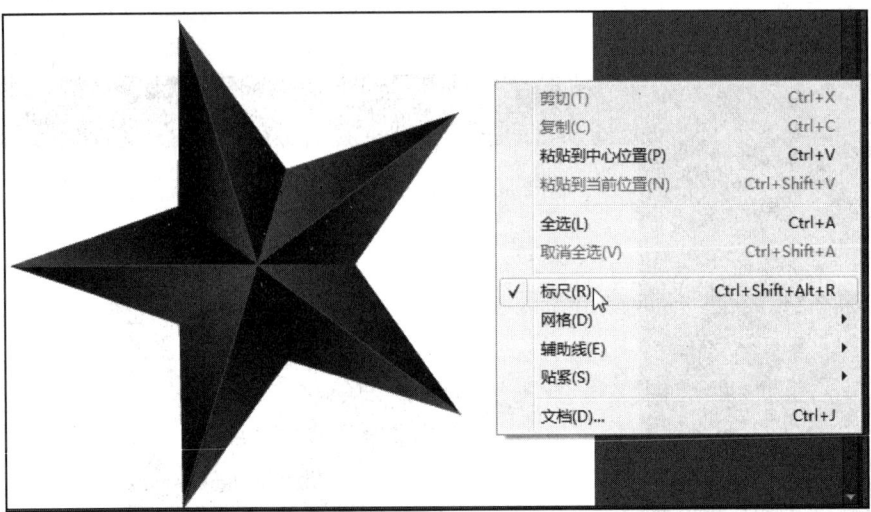

图 1-53　通过快捷菜单方式打开标尺

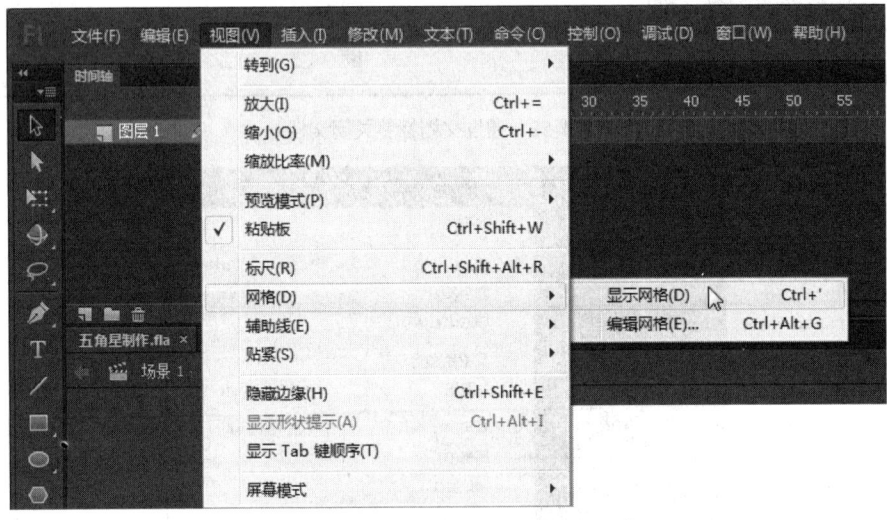

图 1-54　通过菜单方式打开网格

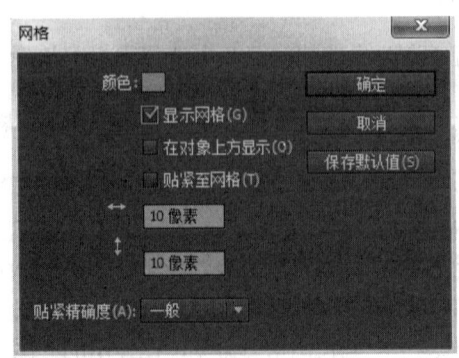

图 1-55　"网格"对话框

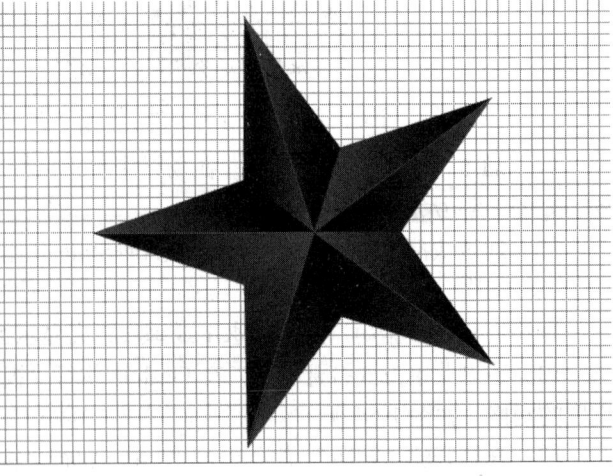

图 1-56　带网格的舞台窗口

3）辅助线

辅助线工具类似 PS 中的参考线，用户可以在任意位置创建一条垂直线或水平线为动画对象定位。

（1）在 Flash CC 中执行"视图→辅助线→显示辅助线"命令后，即可从标尺栏上拖动鼠标，快速创建辅助线。

（2）辅助线是可以更改位置的，可直接用鼠标将辅助线拖动至新的坐标上。

（3）如果用户需要删除某条辅助线，可以直接用鼠标拖动该辅助线至对应的标尺栏上，Flash CC 就会自动将该辅助线清除；如果用户需要删除所有辅助线，可以执行"视图→辅助线→清除辅助线"命令，删除所有辅助线。

（4）执行"视图→辅助线→编辑辅助线"命令，可以对辅助线的参数进行设置，添加辅助线后的舞台窗口如图 1-57 所示，"辅助线"设置窗口如图 1-58 所示，辅助线属性设置如表 1-1 所示。

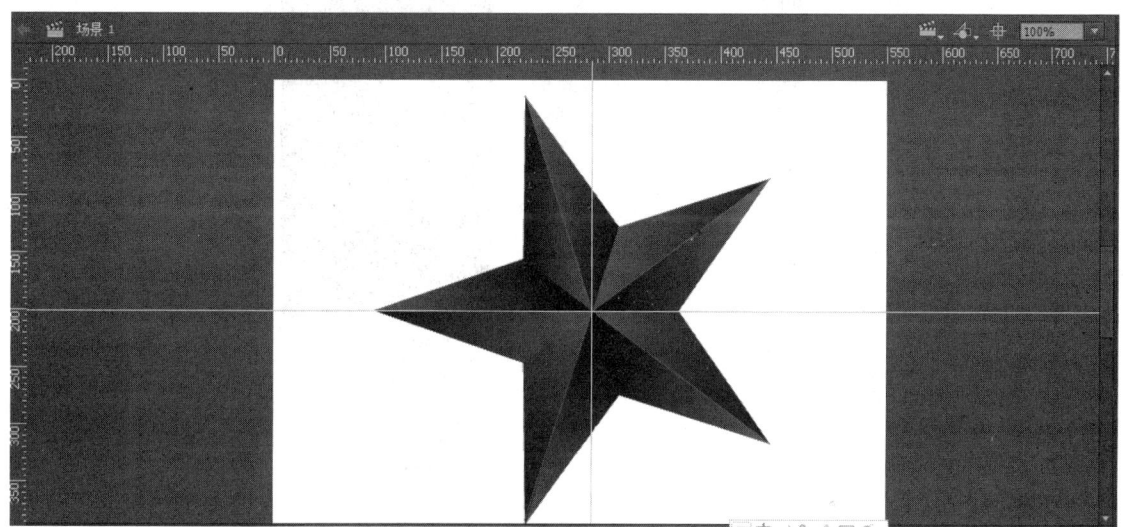

图 1-57　添加辅助线的舞台窗口

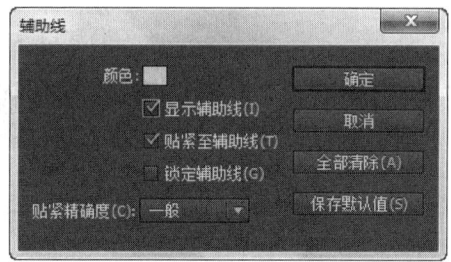

图 1-58　"辅助线"设置窗口

表 1-1　辅助线属性设置

颜色		单击其右侧的"色块"按钮，即可在颜色拾取器中选择辅助线的颜色
显示辅助线		选中该复选框，即可设置辅助线为显示状态
贴紧至辅助线		选中该复选框，可强制动画元素贴紧距离最近的辅助线
锁定辅助线		选中该复选框，将禁止用户编辑辅助线
贴紧精确度	必须接近	强制移动动画元素时必须接近辅助线
	一般	默认值，以一般状态接近辅助线
	可以远离	允许用户在移动动画元素时远离辅助线

1.3.6 设置 Flash CC 工作环境

在使用 Flash CC 软件制作和设计动画之前,用户可根据自己的习惯和爱好,来自定义 Flash CC 软件的工作环境,如设置文档的属性、首选参数和快捷键等。

1. 设置工作区模式

在 Flash CC 中工作区的模式有 7 种,在 Flash CC 工作界面中,执行"窗口→工作区"命令,再在其相应的子菜单中选择相应的工作区选项即可,如图 1-59 所示,系统默认的是"基本功能"工作区。用户可根据自己的习惯来自定义工作区或选择工作区的模式,其具体操作步骤如下。

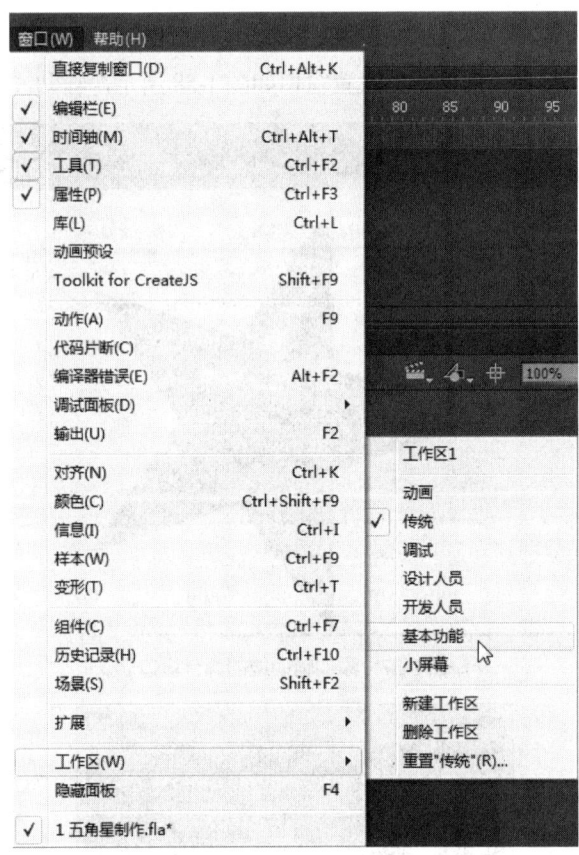

图1-59　设置工作区模式

(1) 执行"窗口→工作区→新建工作区"命令。

(2) 在打开的"新建工作区"对话框中的"名称"文本框内输入名称,单击"确定"按钮即可新建一个工作区,如图 1-60 所示。

(3) 执行"窗口→工作区→删除工作区"命令,在打开的"删除工作区"对话框中的"名称"文本框内输入要删除的工作区的名称,单击"确定"按钮即可将不用的工作区删除,如图 1-61 所示。

图1-60　"新建工作区"对话框

图1-61　"删除工作区"对话框

2. 设置首选参数

设置首选参数就是更改 Flash CC 软件的一些默认设置，使用户更方便、快捷地使用该软件，达到提高工作效率的目的。

下面通过设置恢复时间、界面颜色模式、标识符颜色和文本预览大小来讲解相关的操作。

（1）执行"编辑→首选参数"命令，在打开的"首选参数"对话框的"常规"选项卡中进行"自动恢复"、"用户界面"等参数的设置，如图 1-62 所示。

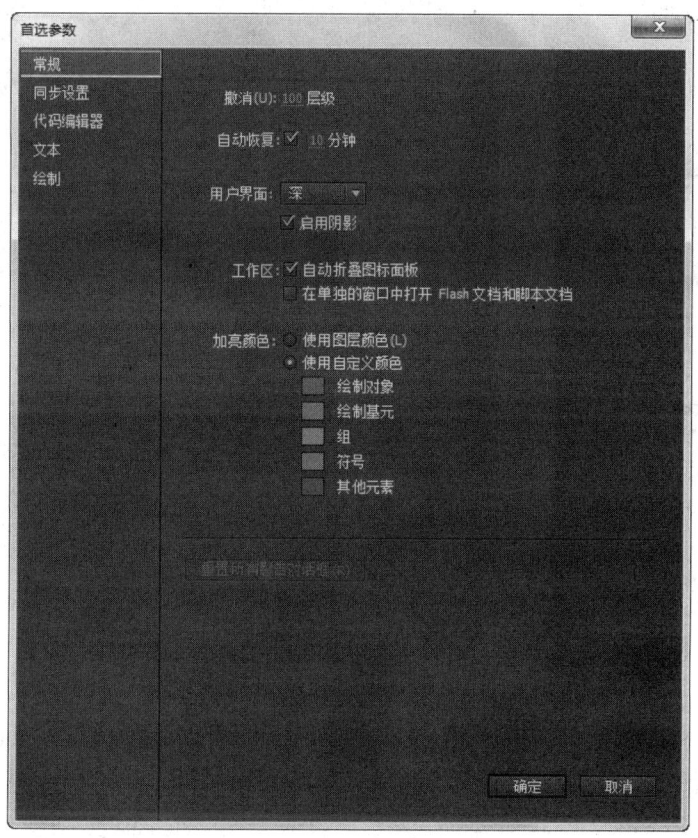

图 1-62 "首选参数"对话框中"常规"选项卡

（2）执行"编辑→首选参数"命令，在打开的"首选参数"对话框的"代码编辑器"选项卡中进行"字体"、"样式"等参数的设置，如图 1-63 所示。用同样的方法，用户可根据作品创作需要完成其他几个选项卡参数的设置。

3. 自定义快捷键

Flash CC 软件与其他软件一样都可以将自己常用的命令定义为自己熟悉的快捷键，来快速提高软件的操作速度，达到提高工作效率的目的，相关操作步骤如下。

执行"编辑→快捷键"命令，在打开的"键盘快捷键"对话框中搜索到相关命令并选中，单击出现文本插入点，在文本框中直接输入自定义的快捷键，单击"确定"按钮即可完成设置，如图 1-64 所示。

4. 文档属性设置

文档属性设置其实就是设置 Flash CC 舞台大小、颜色、动画的帧频及采用的单位等参数，相当于对整个动画的场景进行整体设置。

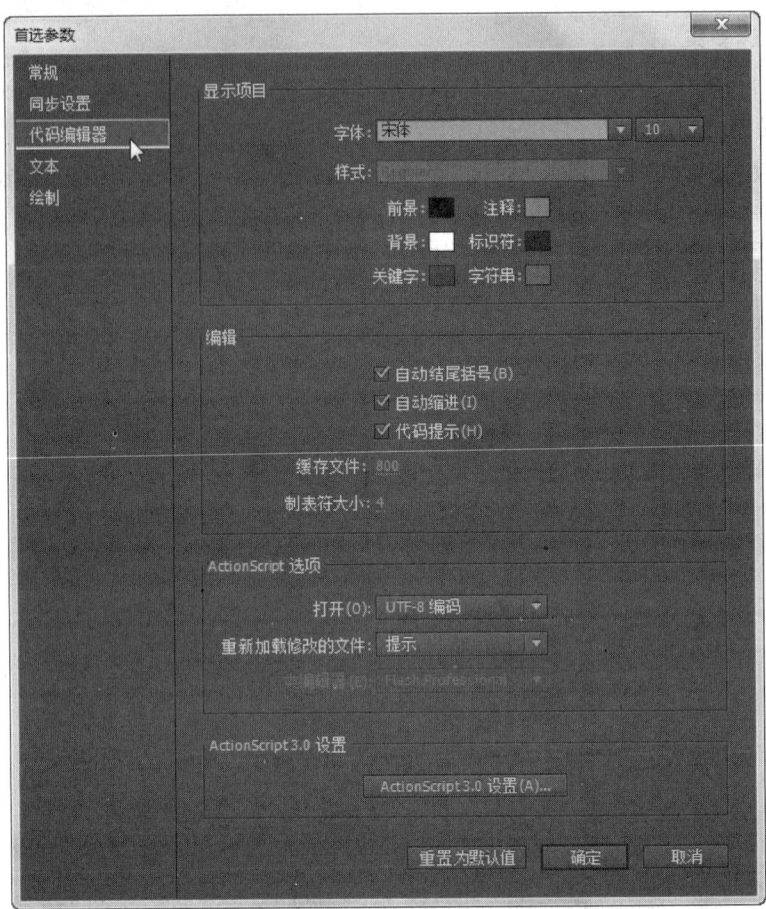

图1-63 "代码编辑器"选项卡

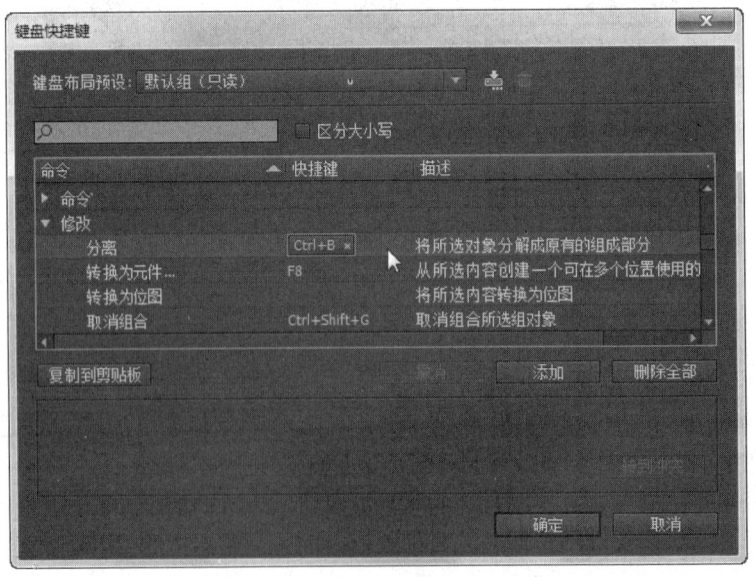

图1-64 "键盘快捷键"对话框

执行"修改→文档"命令,在打开的"文档设置"对话框中,可以对"单位"、"舞台大小"、"缩放"等文档属性进行相关设置,如图1-65所示。

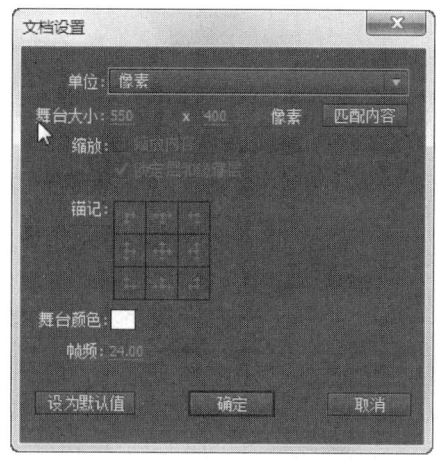

图 1-65 "文档设置"对话框

1.4 项目实战问答

 NO.1　Flash CC 动画的制作流程是什么？

答：制作和设计 Flash CC 动画是一个复杂的过程，它需要很多元素和操作，所以用户在制作和设计动画过程中最好按照以下步骤进行操作。

（1）程序策划。策划整个作品要实现的动画效果及目的。
（2）添加媒体文件。将需要的声音、视频、图片等多媒体元素导入到库。
（3）排列元素。在舞台或时间轴上对导入的媒体文件进行一个时间上或显示方式的安排。
（4）应用特殊效果。对舞台上的对象进行滤镜效果的应用。
（5）添加动作脚本。在需要添加脚本的对象或帧上添加 ActionScript 3.0 脚本语言来控制行为方式。
（6）测试并发布动画。对制作的动画进行播放测试、下载测试等检测并处理错误，最后将成品进行发布。

 NO.2　如何将文件保存为模板？

答：将 Flash CC 文件保存为模板，下次制作动画时，可直接在其中进行相应地更改和操作。
（1）执行"文件→另存为模板"命令，打开"另存为模板警告"对话框，如图 1-66 所示，单击"另存为模板"按钮，打开"另存为模板"对话框，如图 1-67 所示。

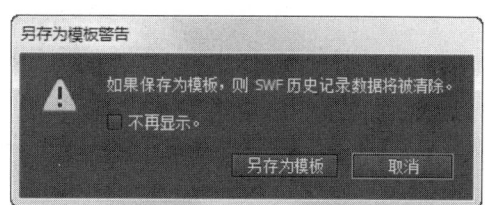

图 1-66　"另存为模板警告"对话框

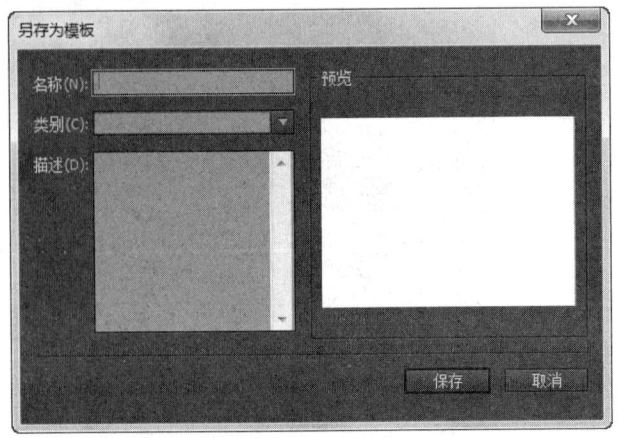

图1-67 "另存为模板"对话框

（2）在"加存为模板"对话框中的"名称"文本框中输入名称，在"类别"下拉列表中选择保存的模板类别，在"描述"文本框中输入相应的说明来起到提示作用，然后单击"保存"按钮即可完成设置并将其保存。

1.5 项目小结

通过本项目的学习，认识了全新的 Flash CC 软件，掌握了 Flash CC 软件的安装方法、卸载方法、工作界面构成、新增功能及系统配置等知识，也体验到 Flash 动画的完整创作过程，为今后学习打下坚实的基础。

1.6 项目训练1

1. Flash CC 软件有哪些新增功能？
2. 简述 Flash CC 动画的创作过程。

项目 2

电子贺卡制作

 项目导学

学习任务	学习内容	能力要求
项目实战1：生日贺卡制作 项目实战2：教师节贺卡制作 Flash CC 基本工具 文本的创建与编辑 项目实战问答	① Flash CC 工具箱中各种工具的使用方法 ② 文本的编辑与操作 ③ 各种属性面板的使用 ④ 关键帧操作、动画制作	① 熟练使用工具箱中的工具 ② 掌握文本工具的编辑并对项目创作起到画龙点睛的作用 ③ 熟练设置属性面板中的参数 ④ 掌握相应动画的创建方法

2.1 项目实战1：生日贺卡制作

2.1.1 项目实战描述与效果

◆ 素材：Flash CC\项目2\素材\生日贺卡制作
◆ 源文件：Flash CC\项目2\源文件\生日贺卡制作

1. 项目实战描述

发送贺卡是现在人们寄托祝福的一种常见方式，在快节奏的今天，借助发送电子贺卡来表达自己对对方的祝福和情感，是越来越多人的选择。电子贺卡有生日祝福贺卡（如"生日快乐"、"生日寄语"等）、节日类电子贺卡（如"新年贺卡"、"教师节贺卡"等）、祝福类电子贺卡（如"友情贺卡"、"心愿贺卡"等）、爱情类电子贺卡（如"爱的诺言"、"爱的等待"等）、问候类电子贺卡（如"想念你"、"还好吗"等）、主题类电子贺卡（如"世界和平"、"奥运会"等）等多种多样的形式，相信大家通过该项目的演练，能够对电子贺卡类的动画创作得心应手。

2. 项目实战效果

最终任务效果如图2-1所示。

图2-1 "生日贺卡"动画效果

2.1.2 项目实战详解

1. 导入图片

（1）选择"文件→新建"命令，在弹出的"新建文档"对话框中选择"ActionScript 3.0"选项，单击"确定"按钮，进入新建文档舞台窗口。按 Ctrl+F3 组合键，弹出"属性"面板，单击"大小"右侧"编辑"按钮，弹出"文档设置"对话框，将舞台宽度设置为 550 像素，高度设置为 400 像素，将背景颜色设置为蓝色（#0000FF），单击"确定"按钮即可完成设置，如图 2-2 所示。

（2）选择"文件→导入→导入到库"命令，在弹出的"导入到库"对话框中选择"项目 2→素材→生日贺卡"文件夹下的所有文件，单击"打开"按钮，这些图片即可导入到"库"面板中。

（3）在"库"面板下侧单击"新建元件"按钮或按 Ctrl+F8 组合键，弹出"创建新元件"对话框，在"名称"选项的文本框中输入文字"文字"，在"类型"下拉列表中选择"图形"选项，单击"确定"按钮，新建图形元件"文字"，如图 2-3 所示，舞台窗口也随之转换为图形元件的舞台窗口。

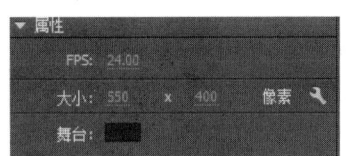

图 2-2 "属性"面板

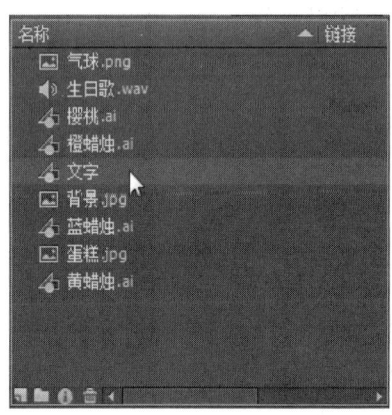

图 2-3 新建图形元件"文字"

（4）选择"文本工具"，在"属性"面板中进行设置，在舞台窗口中输入红色（#FF0000）文字"生日快乐"，按 Ctrl+B 组合键 2 次，将文字打散，在"填充和笔触"面板中，单击颜色色块，并填充红色渐变，如图 2-4 所示，文字效果如图 2-5 所示。

图 2-4 "填充和笔触"面板

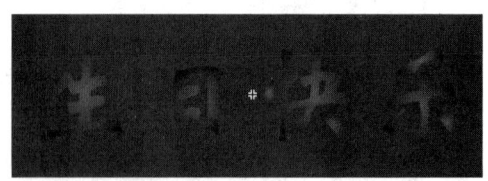

图 2-5 文字效果

2. 绘制烛光效果

（1）在"库"面板下侧单击"新建元件"按钮，弹出"创建新元件"对话框，在"名称"选项的文本框中输入文字"烛光"，在"类型"下拉列表中选择"图形"选项，单击"确定"按钮，新建图形元件"烛光"，舞台窗口也随之转换为图形元件的舞台窗口。

（2）选择"窗口→颜色"命令，弹出"颜色"面板，单击"填充颜色"图标，在"颜色类型"选项的下拉列表中选择"径向渐变"，在色带上设置 3 个"颜色指针"，选中色带上两侧的"颜色指针"，将其设为红色（#FD1B02），在"Alpha"选项中将两侧"颜色指针"的不透明度设置为 0，选中色带上中间的"颜色指针",将其设为黄绿色(#D0FF11),其不透明度为100%,如图2-6所示。

(3)选择"椭圆工具",在工具箱中将"笔触颜色"设置为无,按住Shift+Alt组合键的同时,用鼠标在舞台窗口中绘制一个圆环,效果如图2-7所示。

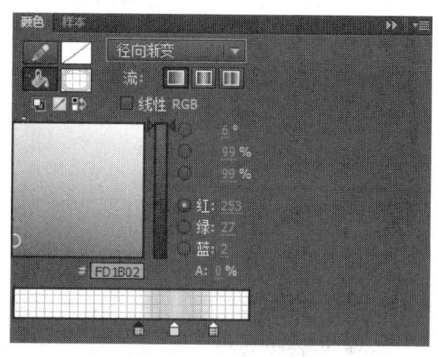
图2-6 "颜色"面板(1)

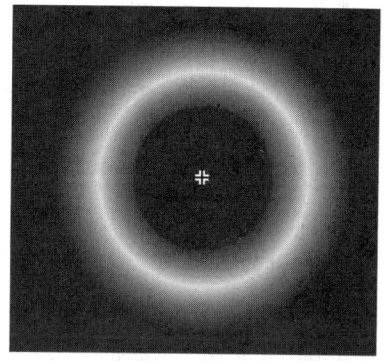
图2-7 绘制圆环

(4)调出"颜色"面板,单击"填充颜色"图标,在"颜色类型"选项的下拉列表中选择"径向渐变",在色带上设置2个"颜色指针",选中色带上左侧的"颜色指针",将其设置为白色,在"Alpha"选项中将其不透明度设置为60%,选中色带上右侧的"颜色指针",将其设置为白色,其不透明度为0,效果如图2-8所示。

(5)选择"椭圆工具",在工具箱中将"笔触颜色"设置为无,按住Shift+Alt组合键的同时,在圆环中绘制白色渐变圆形,效果如图2-9所示。

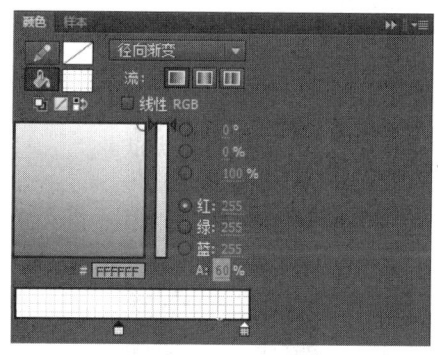
图2-8 "颜色"面板(2)

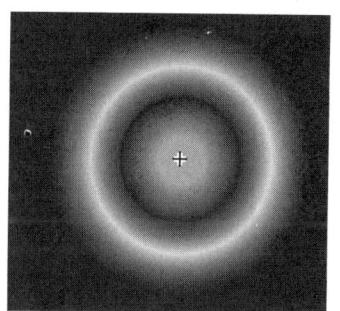
图2-9 绘制白色渐变圆形

(6)新建图形元件"烛火",舞台窗口也随之转换为图形元件的舞台窗口。选择"钢笔"工具,在舞台窗口中绘制一条闭合的轮廓线,选择"颜料桶工具",在工具箱中将"填充颜色"设置为白色,在轮廓线中单击并进行填充。使用"选择工具"在轮廓线上双击,将轮廓线选中并删除,选中不规则图形,按住Alt键的同时向外拖曳图形,将其复制,在工具箱中将"填充颜色"设置为橙色(#FF9900),复制出的图形被填充为橙色。选择"任意变形工具",将橙色图形缩小,并放置到白色图形内,效果如图2-10所示。

图2-10 绘制"烛火"

(7)在"库"面板下侧单击"新建元件"按钮,弹出"创建新元件"对话框,在"名称"选项的文本框中输入文字"烛光动",在"类型"下拉列表中选择"影片剪辑"选项,单击"确定"按钮,新建影片剪辑元件"烛光动",舞台窗口也随之转换为影片剪辑元件的舞台窗口。将"库"面板中的图形元件"烛光"拖曳到舞台窗口中。分别选中"图层 1"的第 13 帧和第 25 帧，按 F6 键，在选中的帧上插入关键帧。

（8）选中"图层 1"的第 13 帧，在舞台窗口中选中"烛光"实例元件，按住 Shift 键的同时，将其等比例放大。分别在"图层 1"的第 1 帧和第 13 帧上右击，在弹出的快捷菜单中选择"创建传统补间"命令，此时的时间轴如图 2-11 所示。

图 2-11 "时间轴"面板

3．制作蜡烛效果

（1）在"库"面板下侧单击"新建元件"按钮，弹出"创建新元件"对话框，在"名称"选项的文本框中输入文字"黄蜡烛"，在"类型"下拉列表中选择"影片剪辑"选项，单击"确定"按钮，新建影片剪辑元件"黄蜡烛"，舞台窗口也随之转换为影片剪辑元件的舞台窗口。将"库"面板中的图形元件"黄蜡烛"拖曳到舞台窗口中，效果如图 2-12 所示。选中"图层 1"的第 6 帧，按 F5 键，在该帧上插入普通帧。

（2）单击"新建图层"按钮，新建"图层 2"。将"库"面板中的图形元件"烛火"拖曳到舞台窗口中，选择"任意变形工具"，将其调整到合适的大小，如图 2-13 所示。选择"选择工具"，选中"图层 2"的第 4 帧，按 F6 键，在该帧上插入关键帧。在舞台窗口中选中"烛火"实例，按 Ctrl+T 组合键，调出"变形"面板，选中"倾斜"单选按钮，将"垂直倾斜"选项设置为 180°，如图 2-14 所示。舞台窗口中的"蜡烛"效果如图 2-15 所示。

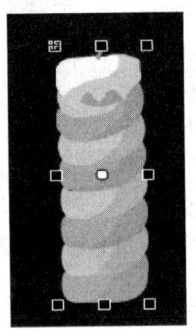

图 2-12 黄蜡烛拖曳到舞台窗口中

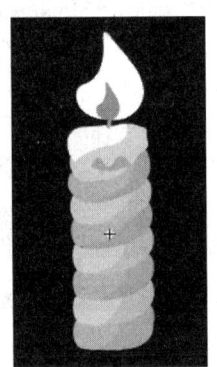

图 2-13 调整"烛火"大小

图 2-14 "变形"面板

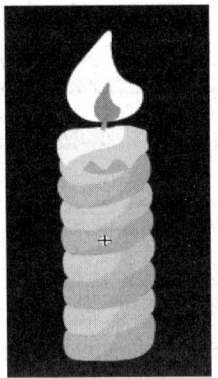

图 2-15 舞台窗口中的"蜡烛"效果

（3）单击"新建图层"按钮，新建"图层 3"，并将其拖曳到"图层 1"的下方。将"库"面板中的影片剪辑元件"烛光动"拖曳到舞台窗口中，选择"任意变形工具"，将其调整到合适的大小，效果如图 2-16 所示。用相同的方法继续制作影片剪辑元件"蓝蜡烛"、"橙蜡烛"，制作完成后的"库"面板如图 2-17 所示。

图 2-16 "烛光动"拖曳舞台窗口中

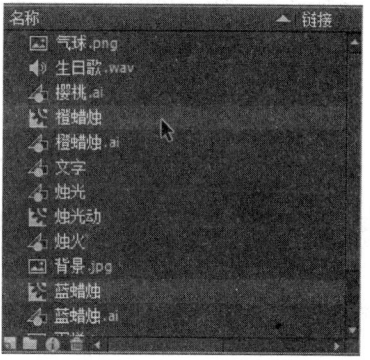

图 2-17 制作完成后的"库"面板

4．添加动作脚本

（1）单击"新建元件"按钮，新建影片剪辑元件"樱桃 1"，将"库"面板中的图形元件"樱桃"拖曳到舞台窗口中。选中"图层 1"的第 7 帧，按 F6 键，在该帧上插入关键帧。选中"图层 1"的第 1 帧，在舞台窗口中选中"樱桃"实例，按住 Shift 键的同时，将其垂直向上拖曳到合适的位置。

（2）选中"图层 1"的第 1 帧并右击，在弹出的快捷菜单中选择"创建传统补间"命令，生成传统补间动画，效果如图 2-18 所示。单击"新建图层"按钮，新建"图层 2"，选中"图层 2"的第 7 帧，按 F6 键，在该帧上插入关键帧并右击，在弹出的菜单中选择"动作"命令，在"脚本窗口"显示选择的脚本语言，如图 2-19 所示。

图 2-18 "创建传统补间"动画

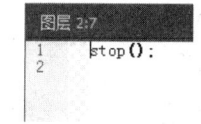

图 2-19 "动作脚本"窗口

（3）用相同的方法，继续制作影片剪辑元件"樱桃 2"，如图 2-20 所示。在舞台窗口中只需要将"樱桃"实例元件适当倾斜即可，效果如图 2-21 所示。

5．进入场景制作贺卡

（1）单击"时间轴"面板下侧的"场景 1"图标，进入"场景 1"的舞台窗口。将"图层 1"重新命名为"蜡烛"。将"库"面板中的"背景"图片拖入舞台中并调整好大小，效果如图 2-22 所示。

（2）分别将"库"面板中的影片剪辑元件"黄蜡烛"、"蓝蜡烛"、"橙蜡烛"拖曳到舞台窗口中并调整到合适的大小，效果如图 2-23 所示。选中"蜡烛"图层的第 65 帧，按 F5 键，在该帧上插入普通帧。

图 2-20　影片剪辑元件"樱桃 2"

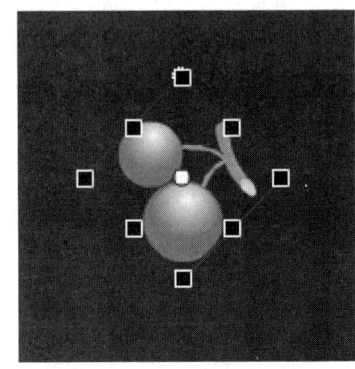
图 2-21　倾斜"樱桃"实例元件

图 2-22　调整好大小的背景图片

图 2-23　调整好大小的蜡烛影片剪辑元件

（3）在"时间轴"面板中创建新图层并将其命名为"樱桃 1"。选中"樱桃 1"图层的第 48 帧，按 F6 键，在该帧上插入关键帧。将"库"面板中的影片剪辑元件"樱桃 1"向舞台窗口中拖曳 2 次，效果如图 2-24 所示。

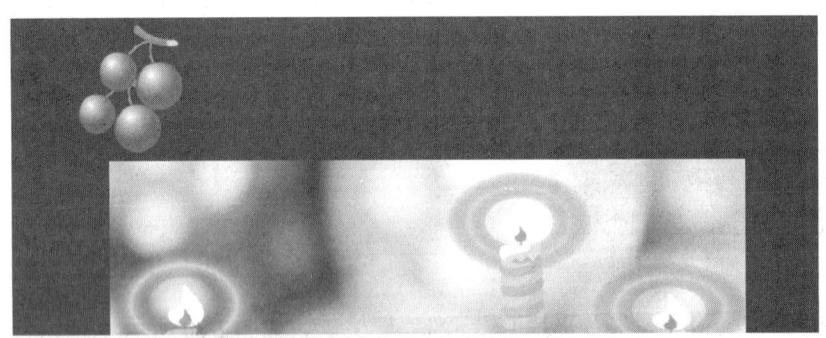
图 2-24　拖入"樱桃 1"影片剪辑元件（"樱桃 1"图层）

（4）在"时间轴"面板中创建新图层并将其命名为"樱桃 2"。选中"樱桃 2"图层的第 42 帧，按 F6 键在该帧上插入关键帧。将"库"面板中的影片剪辑元件"樱桃 1"拖曳到舞台窗口中 1 次，将"库"面板中的影片剪辑元件"樱桃 2"拖曳到舞台窗口中 2 次，效果如图 2-25 所示。

（5）在"时间轴"面板中创建新图层并将其命名为"樱桃 3"。选中"樱桃 3"图层的第 45 帧，按 F6 键在该帧上插入关键帧。将"库"面板中的影片剪辑元件"樱桃 1"拖曳到舞台窗口中 2 次，效果如图 2-26 所示。

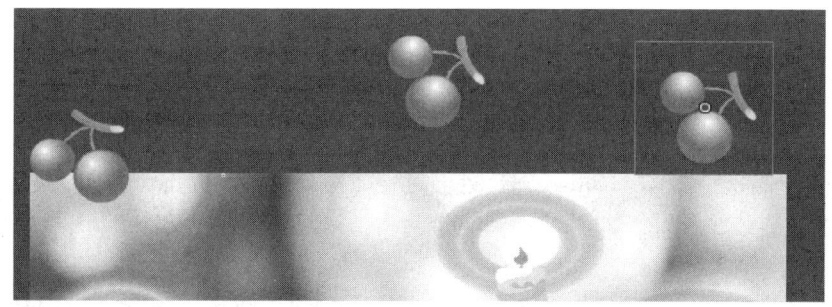

图 2-25 拖入"樱桃 1"和"樱桃 2"影片剪辑元件

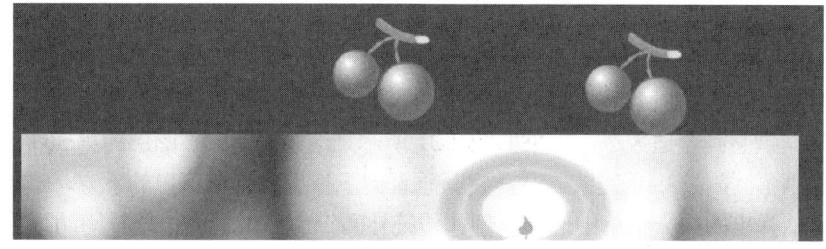

图 2-26 拖入"樱桃 1"影片剪辑元件("樱桃 3"图层)

(6)在"时间轴"面板中创建新图层并将其命名为"文字"。选中"文字"图层的第 51 帧,按 F6 键,在该帧上插入关键帧。将"库"面板中的图形元件"文字"拖曳到舞台窗口中,选择"任意变形工具",将其适当旋转,效果如图 2-27 所示。

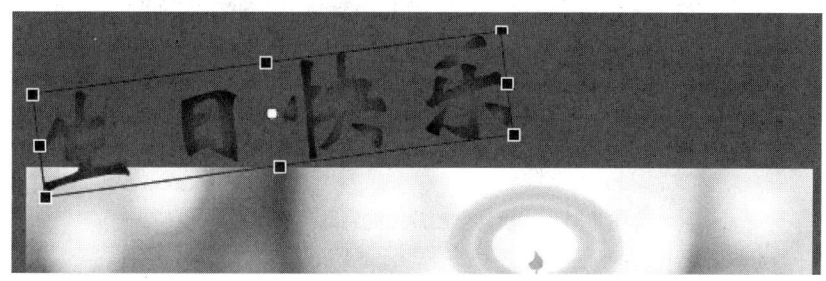

图 2-27 将"文字"拖入舞台窗口中

(7)选择"选择工具",选中"文字"图层的第 53 帧,按 F6 键在该帧上插入关键帧。在舞台窗口中选中"文字"实例,按住 Shift 键的同时,将其垂直向下拖曳到舞台窗口的下方,效果如图 2-28 所示。

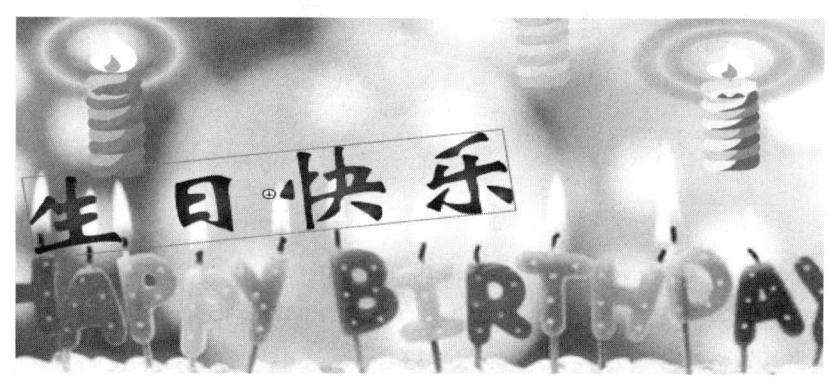

图 2-28 将"文字"垂直向下移动

（8）在"文字"图层的第51帧上右击，在弹出的快捷菜单中选择"创建传统补间"命令，生成传统补间动画，如图2-29所示。单击"文字"图层的第51帧，调出帧"补间"属性面板，将"缓动"选项设置为"-100"，如图2-30所示。

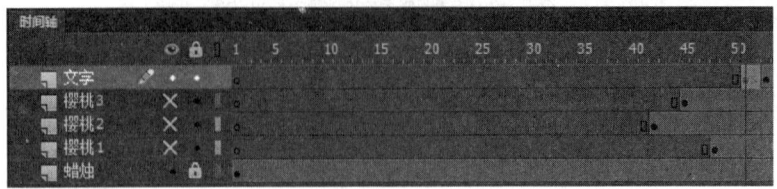
图2-29 创建传统补间

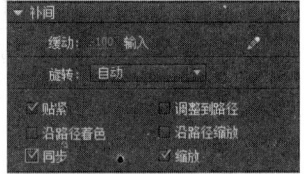
图2-30 "补间"属性面板

（9）在"时间轴"面板中创建新图层并将其命名为"蛋糕"。选中"蛋糕"图层的第25帧，按F6键在该帧上插入关键帧。将"库"面板中的"蛋糕"图片拖曳到舞台窗口上方，选择"任意变形工具"，将其调整到合适大小，效果如图2-31所示。选中"蛋糕"图层的第30帧，按F6键在该帧上插入关键帧，按住Shift键的同时，将其垂直向下拖曳到舞台窗口的下方，选中该图层的第25帧并右击，从弹出的快捷菜单中选择"创建传统补间"命令，生成传统补间动画效果如图2-32所示。

图2-31 "蛋糕"图片拖曳到舞台窗口上方

图2-32 "蛋糕"图片拖曳到舞台窗口下方

（10）在"时间轴"面板中创建新图层并将其命名为"气球"。选中"气球"图层的第55帧，按F6键在该帧上插入关键帧。将"库"面板中的"气球"图片拖曳到舞台窗口左上方，选择"任意变形工具"，将其调整到合适大小，效果如图2-33所示。选中"气球"图层的第58帧及第60帧，按F6键，插入关键帧。选中该图片的第58帧，将其向右拖曳到舞台窗口的右侧，效果如图2-34

所示。选中"气球"图层的第 55 帧和第 58 帧并右击,在弹出的快捷菜单中选择"创建传统补间"命令,生成传统补间动画。

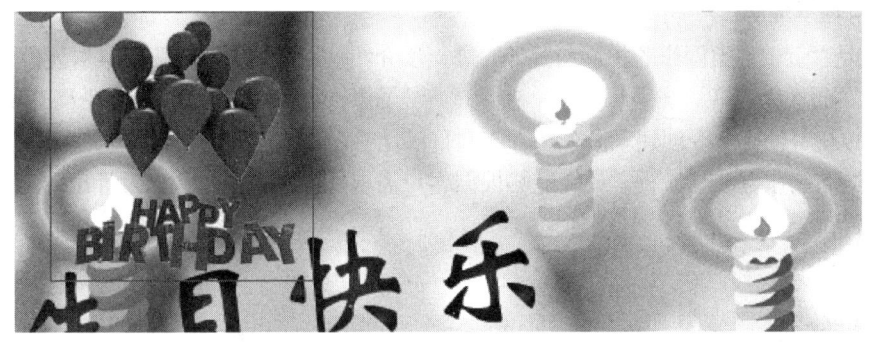

图 2-33 "气球"图片拖曳到舞台窗口左上方

图 2-34 "气球"图片拖曳到舞台窗口右侧

(11)在"时间轴"面板中创建新图层并将其命名为"声音"。将"库"面板中的声音文件"生日歌"拖曳到舞台窗口中。单击"声音"图层的第 1 帧,调出帧"声音"属性面板,在"同步"后面的下拉列表中选择"事件"选项,下面的下拉列表中选择"循环"选项,如图 2-35 所示。

(12)在"时间轴"面板中创建新图层并将其命名为"动作脚本"。选中"动作脚本"图层的第 65 帧,按 F6 键在该帧上插入关键帧并右击,在出现的快捷菜单中选择"动作"命令,在脚本窗口"显示"选择的脚本语言,如图 2-36 所示。生日贺卡制作完成,按 Ctrl+Enter 组合键即可查看效果,如图 2-1 所示。

图 2-35 "声音"属性面板

图 2-36 "动作脚本"窗口

2.2 项目实战 2:教师节贺卡制作

◆ 素材:Flash CC\项目 2\素材\教师节贺卡
◆ 源文件:Flash CC\项目 2\源文件\教师节贺卡

2.2.1 项目实战描述与效果

1. 项目实战描述

本项目是"贺卡"类创作的拓展与延伸,进一步介绍使用"任意变形"工具对元件进行旋转,使用"属性"面板为声音添加循环效果,使用"库"面板创建"影片剪辑"元件及"图形元件",使用"创建传统补间"命令创建动画效果。本项目以这些内容为基础进行创作,使学生能够熟练掌握"贺卡"类的创作方法与流程,最终能够根据客户需求及市场调研结果,设计出对应市场的"贺卡"类动画产品。

2. 项目实战效果

最终任务效果如图2-37所示。

图2-37 "教师节贺卡"效果

2.2.2 项目实战详解

1. 创建新文件

新建Flash文档,大小为550×340像素,将文件保存并命名为"教师节贺卡","属性"面板如图2-38所示。

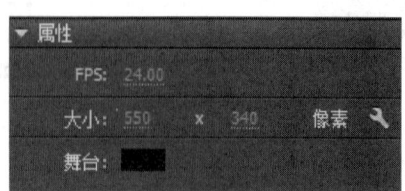

图2-38 "属性"面板

2. 创建影片剪辑"光动"

(1)单击"库"面板中的"新建元件"按钮,弹出"创建新元件"对话框,在"名称"文本框中输入文字"光动",在"类型"下拉列表中选择"影片剪辑"选项,如图2-39所示。单击"确定"按钮,舞台窗口也随即转入该影片剪辑的舞台窗口,舞台效果如图2-40所示。

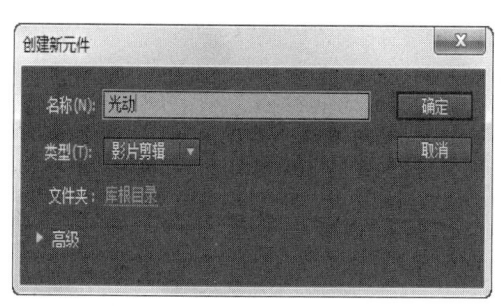

图2-39 "创建新元件"对话框

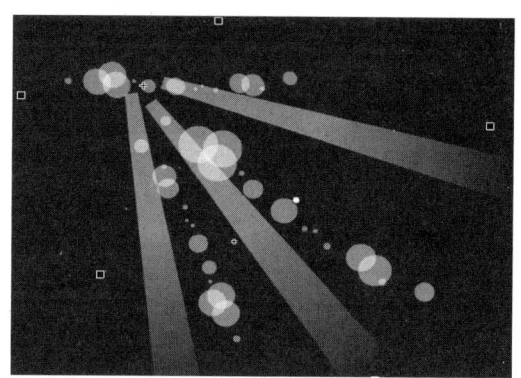

图2-40 舞台效果

(2)单击"图层1"的第60帧及第120帧,按F6键插入关键帧,选中第60帧,使用"任意变形工具",对其进行逆时针旋转"-22.5°","变形"面板如图2-41所示。选中第1帧及第60帧并右击,从弹出的快捷菜单中选择"创建传统补间"命令,时间轴如图2-42所示。

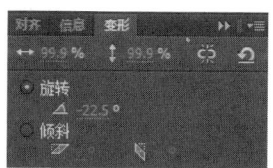

图2-41 "变形"面板

图2-42 "时间轴"面板(1)

(3)创建影片剪辑元件"书动",选中"图层1"的第30帧,按F5键插入普通帧,选中"图层2"的第15帧及第30帧,按F6键插入关键帧,选中第15帧,使用"任意变形工具",将书略向上翻起。选中第1帧及第15帧并右击,从弹出的快捷菜单中选择"创建补间形状"命令,"时间轴"面板如图2-43所示。

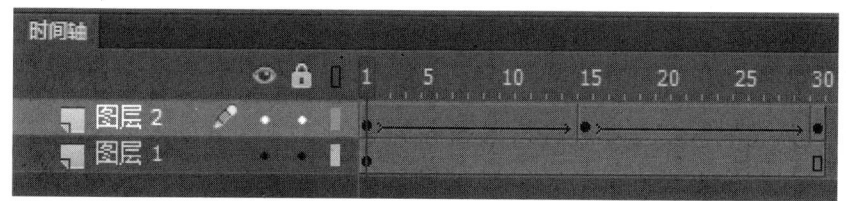

图2-43 "时间轴"面板(2)

3. 进入场景制作贺卡

(1)单击"时间轴"面板下侧的"场景1"图标,进入"场景1"的舞台窗口。将"图层1"重新命名为"背景"。将"库"面板中的"背景"图片拖入舞台中,并调整为合适大小,效果如图2-44所示。

(2)创建新图层,并将其命名为"光",将"光"影片剪辑元件拖入舞台并调整好位置,效果如图2-45所示。

图 2-44 拖入"背景"图片的舞台窗口

图 2-45 将"光"影片剪辑元件拖入舞台后效果

（3）依次类推，新建"书"图层，将"书"影片剪辑元件拖入舞台并调整好位置；新建"文字"图层，输入文字"亲爱的老师：节日快乐！"；新建"声音"图层，将声音文件"背景音乐"拖入舞台窗口，其舞台效果如图 2-46 所示，"时间轴"面板如图 2-47 所示，按 Ctrl+Enter 组合键进行测试，最终效果如图 2-37 所示。

图 2-46 制作完成后的舞台效果

图 2-47 制作完成后的"时间轴"面板

2.3 知识链接:Flash CC 基本工具

Flash CC 是一款集多种功能于一体的多媒体制作软件,主要用于创建基于网络流媒体技术的带有交互功能的矢量动画。Flash CC 的应用领域非常广泛,如制作电子贺卡、电子相册、MV、动态网页广告和多媒体课件等。

2.3.1 Flash CC 图形基础知识

计算机能以矢量图或位图显示图像,这两种图形都被广泛应用到出版、印刷及互联网等各个方面,它们各有优缺点,如表 2-1 所示。

表 2-1 矢量图与位图的优缺点

图像	组成	优点	缺点	常用制作软件
矢量图	数学函数	文件容量较小,在进行放大、缩小或旋转等操作时,图像不会失真	不容易制作出色彩变化太多的图像	Flash、CorelDRAW 等软件
位图	像素	只要有足够多的不同色彩的像素,就可以制作出色彩丰富的图像,逼真地表现出自然界的景象	缩放或旋转容易失真,并且文件容量较大	Photoshop、画图等软件

1. 矢量图与位图

矢量图(vector),也称向量图,简单地说,就是缩放不失真的图像格式。矢量图是通过多个对象组合而成的,对其中的每一个对象的记录方式,都是以数学函数来实现的。也就是说,矢量图实际上并不是像位图那样记录画面上每一点的信息,而是记录了元素形状及颜色的算法,当用户打开一幅矢量图时,软件对图形图像对应的函数进行运算,将运算结果(图形的形状和颜色)显示出来。无论显示的画面是大还是小,画面上的对象对应的算法都是不变的。因此,即使对画面进行倍数相当大的缩放,其显示效果仍然相同(不失真)。例如,矢量图就好比画在质量非常好的橡胶膜上的图像,不管对橡胶膜怎样的长宽等比成倍拉伸,画面依然清晰,不管离得多么近去观察,也不会看到图形的最小单位,如图 2-48 所示。

(a)　　　　　　　　　　　　　　(b)

图 2-48 矢量图放大立前、后效果

位图（bitmap），也称点阵图、栅格图像、像素图，简单地说，就是最小单位由像素构成的图，缩放会失真。构成位图的最小单位是像素，位图就是由像素阵列的排列来实现其显示效果的，每个像素有自己的颜色信息，在对位图图像进行编辑操作时，可操作的对象是每个像素，可以改变图像的色相、饱和度和明度，从而改变图像的显示效果。例如，位图图像就像在巨大的沙盘上画好的画，从远处看时，画面细腻多彩，但是当靠得非常近时，就会看到组成画面的每粒沙子及每个沙粒单纯的不可变化的颜色，如图 2-49 所示。

（a）　　　　　　　　　　　　　　　　　（b）

图 2-49　位图放大前、后效果

2．导入外部图像

了解了位图与矢量图的概念后，下面介绍在 Flash CC 中导入外部图像的方法。

（1）导入一般图像。选择"文件→导入｜导入到舞台"命令或按 Ctrl+R 组合键，在弹出的"导入"对话框中选择要导入的图像，然后单击"打开"按钮即可，如图 2-50 所示。导入到 Flash CC 中的位图会保存在"库"面板中，如图 2-51 所示，并像图形元件一样可以重复使用。

图 2-50　"导入"对话框

图 2-51 "库"面板

如果导入的图像文件名以数字结尾,并且此文件后面的文件是按顺序排列的,则会弹出"导入图像序列"提示框,如图 2-52 所示,提示用户是否导入图像序列。

图 2-52 "导入图像序列"提示框

如果选择菜单栏中的"文件→导入→导入到库(L)"命令,此时导入的图像不会出现在舞台上,只会保存在"库"面板中,使用时只需将其拖入舞台即可。

(2)导入 PSD 文件。PSD 格式是默认的 Photoshop 文件格式。在 Flash CC 中可以直接导入 PSD 文件,并可在 Flash CC 中保持 PSD 文件的图像质量和可编辑性,这在制作比较精美的造型和背景时非常有用。选择"文件→导入→导入到舞台"命令,在弹出的"导入"对话框中选择一幅 PSD 格式的位图,然后单击"打开"按钮,会弹出"PSD 导入"对话框,如图 2-53 所示,在对话框中选中"单个平面化位图"、"平面化位图图像"、"Flash 图层"单选按钮,然后单击"确定"按钮即可将其转换为 Flash 文件,如图 2-54 所示。

将位图转换为矢量图与转换为矢量色块的效果不同,将位图转换为矢量图后,位图将变为矢量图;将位图转换为矢量色块后,位图仍然是位图。将位图转换为矢量图的操作步骤如下。

① 选中要转换为位图的矢量图。

② 选择"修改→位图→转换位图为矢量图"命令,弹出"转换位图为矢量图"对话框,如图 2-55 所示。

③ 设置完成后单击"确定"按钮,即可完成转换。

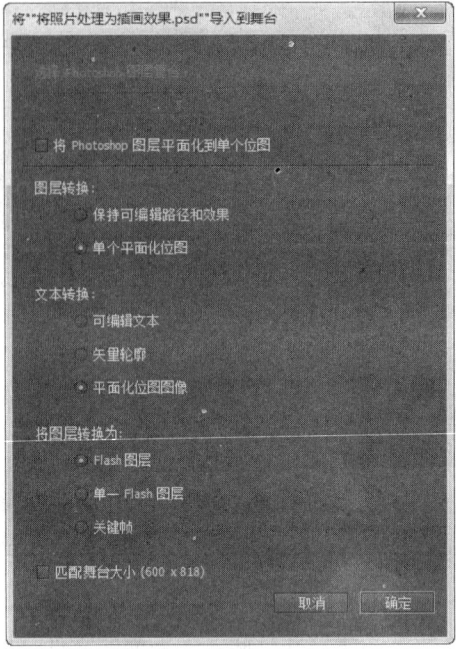

图 2-53 "PSD 导入"对话框

图 2-54 导入到 Flash 中的 "*.psd" 文件

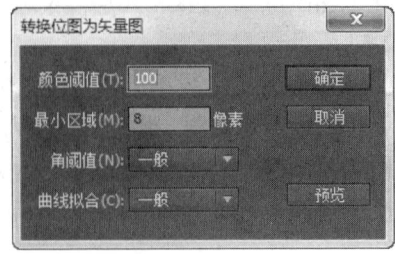

图 2-55 "转换位图为矢量图"对话框

2.3.2 绘制图形工具

在 Flash CC 中所有工具都集中在工具箱中，使用这些绘图工具可以绘制多种形状的图形图像，如图 2-56 所示。

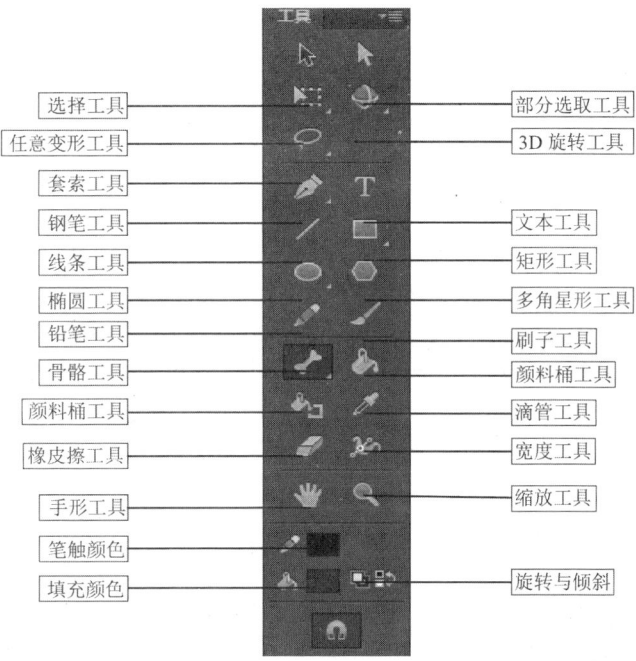

图 2-56　工具箱

1．线条工具

线条工具主要用于绘制直线，它是使用最简单、最方便的工具。其使用方法如下。

（1）选择"线条工具"，在其"属性"面板中设置好基本属性，如图 2-57 所示。

（2）在舞台上按住鼠标左键并拖动即可绘制出直线，如图 2-58 所示。

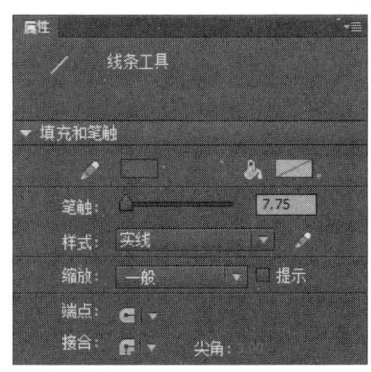

图 2-57　"属性"面板

图 2-58　绘制直线效果

（3）绘制时按住 Shift 键，可绘制成 45°倍角的直线。

2．铅笔工具

铅笔工具用于绘制自由的线条。当选择"铅笔工具"后，选项工具区域中显示"铅笔模式"按钮，它是一个组选项，其中包含伸直、平滑和墨水 3 种绘图模式。

（1）伸直：此模式下绘制的线条会被 Flash CC 重新计算处理，其中接近直线的线条自动变成直线，有弧度的线条变成平滑的曲线，接近椭圆和方形的形状转换为相应的形状。

（2）平滑：此模式下绘制的线条也会被 Flash CC 重新计算处理，但是计算量不大，线条的节点更平滑。用户可在"属性"面板中的"平滑"区域中通过数值设定线条的平滑程度。

（3）墨水：Flash 对此模式下绘制的线条不进行计算处理，因此线条就像手工绘制的一样。

3．矩形工具和基本矩形工具

矩形工具主要用于绘制不同大小的矩形和正方形，其使用方法如下。

（1）选择"矩形工具"，分别单击工具箱中"笔触颜色"和"填充颜色"右边的色块，弹出色板，选择颜色。

（2）在舞台上按住鼠标左键并拖动后，释放鼠标即可绘制一个矩形。如果绘制时按住 Shift 键，可绘制正方形；如果绘制时按住 Alt 键，可绘制以鼠标单击点为中心的矩形；如果绘制时按住 Shift+Alt 组合键，可绘制以鼠标单击点为中心的正方形。

基本矩形工具：使用"基本矩形工具"创建的图形被选中后，不像使用"矩形工具"创建的图形一样，表面都是像素点，而是周围有一个边框，如图 2-59 所示。它的使用方法与矩形工具的使用方法基本相同，其优点是圆角的设置可以在创建完图形之后进行，而且不仅可以通过"属性"面板进行设置，还可以直接拖动边框线上的控制点进行调整。

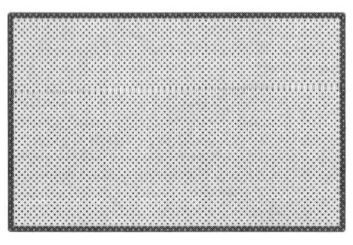

(a)

(b)

图 2-59　使用"矩形"工具与"基本矩形"工具被选中后的效果

4．椭圆工具和基本椭圆工具

椭圆工具主要用于绘制不同大小的椭圆形、圆形、扇形和环形，其使用方法如下。

（1）椭圆工具的使用方法和矩形工具的使用方法十分相似，也可以使用 Shift 键和 Alt 键来辅助绘制。如果要绘制扇形或环形，则需要先认识一下椭圆工具的"属性"面板。

（2）选择"椭圆工具"，在其"属性"面板下部的"椭圆选项"选项区域，如图 2-60 所示。

① 开始角度：用于指定椭圆的开始点。

② 结束角度：用于指定椭圆的结束点。由这两个属性可以绘制扇形等形状，图 2-61（a）所示为开始角度为 120°，结束角度为 280° 时的扇形。

③ 内径：此值的大小可以控制图形是否为环形，图 2-61（b）所示为内径为 70 时的环形。

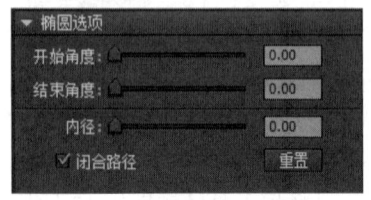

图 2-60　"椭圆"属性面板

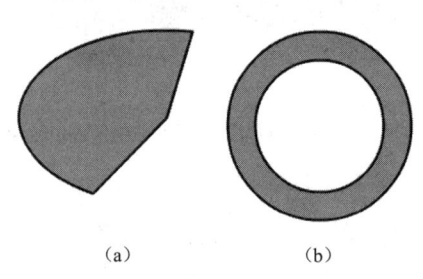

(a)　　　　(b)

图 2-61　扇形和环形

基本椭圆工具和基本矩形工具基本相同,也是在绘制完成后允许修改。

5. 多角星形工具

多角星形工具可以绘制多边形和星形,其使用方法如下。

(1)选择该工具后,用户可根据需要设置其"属性"面板,如图2-62所示。

(2)在"属性"面板中单击"选项"按钮,弹出"工具设置"对话框,如图2-63所示。

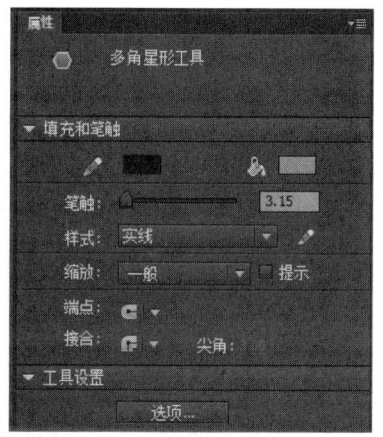
图2-62 "属性"面板

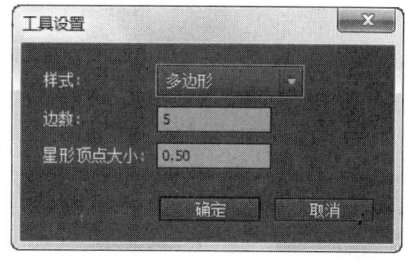
图2-63 "工具设置"对话框

① 样式:用于选择"多边形"或"星形"。

② 边数:用于指定多边形的边数或星形的角数。

③ 星形顶点大小:用于指定星形顶点的深度,其取值范围为0~1,设置不同星形顶点大小后效果如图2-64所示。

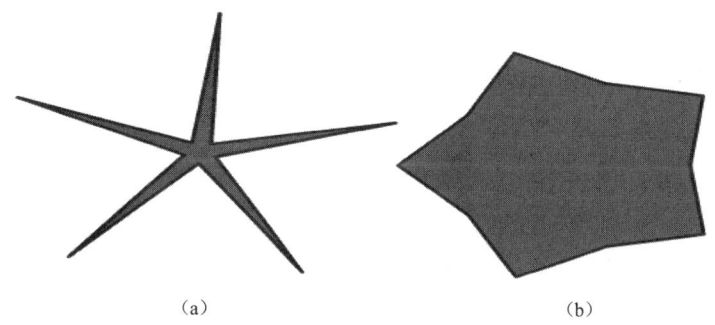

(a)　　　　　　　　　　　　(b)

图2-64 设置不同星形顶点大小后效果

6. 刷子工具

选择"刷子工具" 后,工具箱中的选项工具区域如图2-65所示。

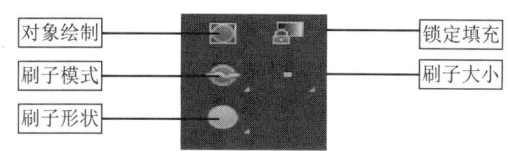
图2-65 刷子工具选项区域

"刷子形状"和"刷子大小"的使用非常简单,直接单击相应按钮,在弹出的下拉列表中选择即可。

单击"刷子模式"按钮,在弹出的下拉列表中包括标准绘画、颜料填充、后面绘画、颜料选择和内部绘画 5 个模式选项。

① "标准绘画"模式:此模式下绘制的图形可以位于任何线条和填充图形之上,将前面的元素覆盖,如图 2-66(a)所示。

② "颜料填充"模式:此模式下绘制的图形可以位于任何填充图形之上,不影响原有线条,如图 2-66(b)所示。

③ "后面绘画"模式:此模式下绘制的图形位于原有线条和填充图形之下,不影响原有图形,如图 2-66(c)所示。

④ "颜料选择"模式:此模式下绘制的图形只影响事先选中的图形的填充,如图 2-66(d)所示。

⑤ "内部绘画"模式:此模式只适合在封闭的区域中填色,并且起点必须在填充的内部,同时它不会影响任何线条,如图 2-66(e)所示。

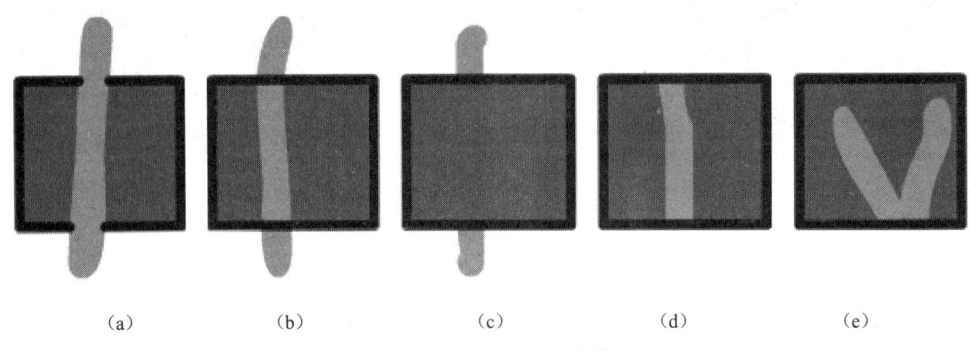

图 2-66　刷子工具的 5 种模式

2.3.3　绘制路径工具

在 Flash CC 中,钢笔工具和部分选择工具配合使用,可以绘制各种不同形状的图形。

1.钢笔工具

钢笔工具不仅具有钢笔工具的特点,可以绘制折线和曲线路径,而且可以对曲线的曲率进行调整。如果用户需要绘制折线,选择该工具后,在舞台上移动鼠标并连续单击即可,如图 2-67(a)所示;如果用户需要绘制曲线,则在舞台上单击鼠标确定第一个点后,在其他位置按住并拖动鼠标,然后单击确定第 2 个点,如此重复操作将绘制一条曲线,如图 2-67(b)图所示。

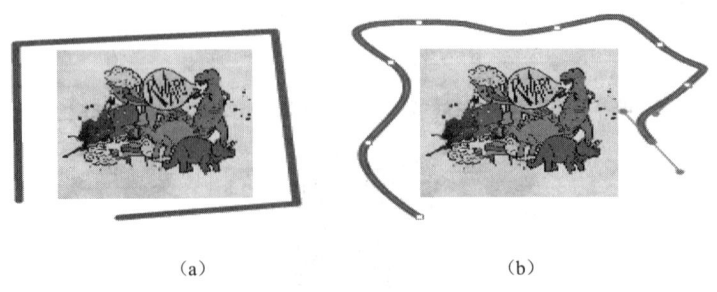

图 2-67　绘制折线路径图及曲线路径图

（1）若要绘制开放路径，可在最后一个节点处双击。
（2）或单击工具箱中的其他工具按钮，还可以按住 Ctrl 键在路径外的任意位置单击。
（3）也可以按 ESC 键实现。

2．添加锚点工具

选择"添加锚点工具"后，将光标移至已经绘制好的路径上方，此时光标显示为 形状，在路径上单击即可添加锚点，如图 2-68 所示。

3．删除锚点工具

选择"删除锚点工具"后，将光标移至已经绘制好的路径上方，此时光标显示为 形状，在路径上单击即可删除锚点，如图 2-69 所示。

图 2-68　添加锚点

图 2-69　删除锚点

4．转换锚点工具

选择"转换锚点工具"后，在有弧度的锚点上单击，可将该锚点转换为平直锚点，如图 2-70 所示。在平直锚点上按住鼠标左键并拖动，可将平直锚点转换为有弧度的锚点，如图 2-71 所示。

图 2-70　将有弧度的锚点转换为平直锚点

图 2-71　将平直锚点转换为有弧度的锚点

5．部分选择工具

部分选取工具：主要用于改变对象的形状，其使用方法如下。
（1）选择"部分选取工具"。
（2）选中舞台上需要修改的对象，此处选择如图 2-72（a）所示的曲线，释放鼠标，对象的状态如图 2-72（b）所示，在曲线上出现很多节点控制柄。

（3）拖动某个控制柄，即可在当前位置上完成对曲线形状的修改。

（4）单击某个控制柄，此控制柄两侧会出现和该节点所在曲线相切的直线，如图2-72（c）所示，通过拖动切线上的控制柄，可进一步对曲线形状进行修改。

（5）如果拖动曲线上节点以外的位置，则完成移动操作。

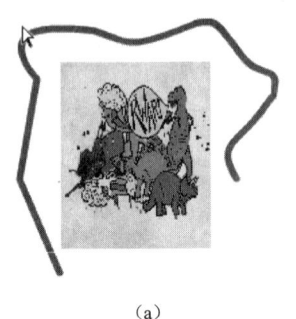 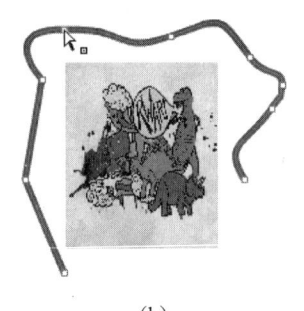 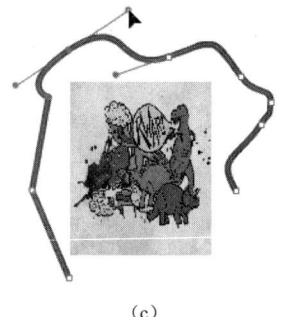

(a)　　　　　　　　　　　(b)　　　　　　　　　　　(c)

图 2-72　部分选择工具改变选中的对象形状

6．选择工具

选择工具：主要用于选择和移动舞台中的对象，也可以用于改变对象的大小与形状。

使用选择工具需要注意以下几点。

（1）如果待选对象是有多个节点的曲线，在单击时只能选择此曲线上两个节点间的部分曲线，如果选择全部曲线需要双击该曲线。

（2）在交叉的线条上双击任何一部分都会将所有的交叉线条选中。

（3）如果待选对象是闭合图形，在图形内部单击（有填充的情况下）只会选中填充部分，但双击则会选中填充部分和边框。

2.3.4　填充颜色工具

恰当的颜色运用会帮助用户将形状和动画制作得更为完美。形状颜色分为线条颜色和填充颜色，这两类颜色既可以使用工具箱中的颜色工具进行设置，也可以使用"颜色"面板完成编辑和修改。

1．颜料桶工具

颜料桶工具用于给闭合线条的内部填充纯色、渐变色或位图，其使用方法如下。

（1）选择"椭圆工具"，在其"属性"面板中设置"笔触颜色"为黑色、"填充颜色"为无、"笔触"为"6.8"，然后按住 Shift 键的同时在舞台上绘制一个空心圆形，如图 2-73（a）所示。

（2）单击工具箱中"填充颜色"后面的色块，在色板上选择绿色。

（3）选择"颜料桶工具"，鼠标指针变成 形状，在圆内部单击，即可为圆填充绿色，如图 2-73（b）所示。如果在色板上选择了渐变色或位图，则为圆填充的就是渐变色或位图了。

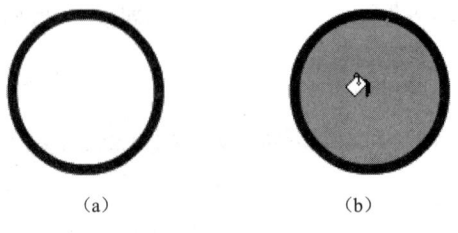

(a)　　　　　　(b)

图 2-73　"颜料桶工具"填充颜色

颜料桶工具的选项工具区域中共有以下两个选项。

（1）空隙大小：如果曲线不完全闭合，要想使用颜料桶工具为内部填色，就需要利用"空隙大小"选项了。空隙大小共包括4个选项，分别为不封闭空隙、封闭小空隙、封闭中等空隙和封闭大空隙，用户可以根据图形的实际封闭情况选择使用。

（2）"锁定填充"：它和"刷子工具"的锁定填充一样，只有填充渐变色或位图时才有比较明显的效果。锁定填充可以用于锁定当前选定的所有形状的填充，使其保持连贯。

2．滴管工具

滴管工具可以提取舞台中指定位置的色块、线条、位图和文字等属性，并将其应用于其他对象，其使用方法如下。

（1）向舞台中导入一幅位图图像，并将其打散。

（2）在舞台上创建一个椭圆。

（3）选择"滴管工具"，将鼠标指针移到打散的位图上，鼠标指针变为 形状。注意，滴管工具吸取不同对象属性时，鼠标指针形状是不同的。当吸取线条时，鼠标指针变为 形状。当吸取文字时，鼠标指针变为 形状。

（4）单击后，提取完成，鼠标指针变为 形状。

（5）在椭圆内部单击，椭圆的填充获取了位图图形，效果如图2-74所示。对于填充的图形，用户可以使用"渐变变形工具"进行修改。

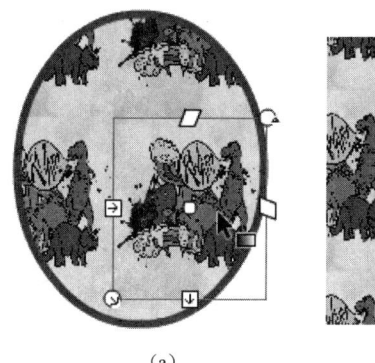 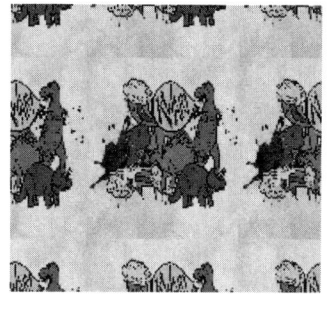

（a）　　　　　　　　　　（b）

图2-74　位图填充

3．橡皮擦工具

橡皮擦工具：用于擦除多余的线条和填充。如果想擦除位图的某些部分，用户必须事先将位图打散。

选择"橡皮擦工具"，工具箱中的选项工具区域中包括3个工具按钮，分别为橡皮擦模式、水龙头和橡皮擦形状。"橡皮擦形状"工具的用法和"刷子形状"工具的用法基本相同，这里不再介绍。

（1）水龙头：单击"水龙头工具"按钮后，在需要擦除的位置单击，即可快速擦除线条和填充。

（2）橡皮擦模式：单击"橡皮擦模式"按钮，在弹出的下拉列表中包括标准擦除、擦除填色、擦除线条、擦除所选填充和内部擦除5个模式选项。

① 标准擦除：此模式下可以擦除任何线条和填充，如图2-75（a）所示。

② 擦除填色：此模式下只擦除填充，不影响线条，如图2-75（b）所示。

③ 擦除线条：此模式下只擦除线条，不影响填充，如图2-75（c）所示。
④ 擦除所选填充：此模式下只擦除事先选中的图形的填充，如图2-75（d）所示。
⑤ 内部擦除：此模式只适合在封闭的区域里擦除填充，并且橡皮擦的起点必须在填充内部，同时它不会影响任何线条，如图2-75（e）所示。

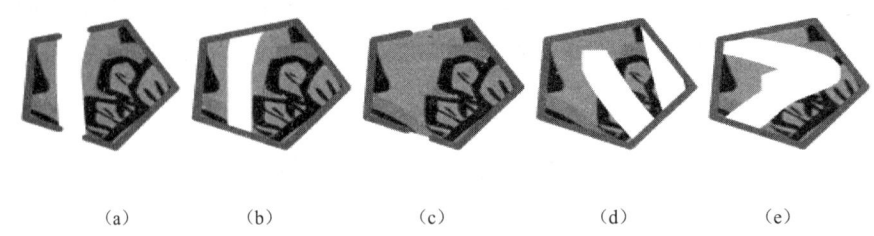

（a） （b） （c） （d） （e）

图2-75　橡皮擦工具

4. 渐变变形工具

渐变变形工具用于对填充的渐变颜色进行编辑，其使用方法如下。

（1）使用"星形工具"在舞台上创建一个八角星形对象，并将对象的填充选中，如图2-76（a）所示。

（2）选择"窗口→颜色"命令，打开"颜色"面板，然后在该面板上单击"填充颜色"按钮，填充彩色线条，如图2-76（b）所示。

（3）选中对象，选择"渐变变形工具"，对象上出现了三个渐变控制点，鼠标指针右下方增加了一个渐变填充的矩形标记，效果如图2-76（c）所示。需要注意的是，当填充类型为放射状和位图时，填充的控制点标记会有所不同。

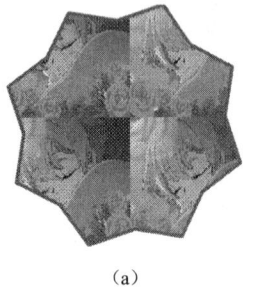 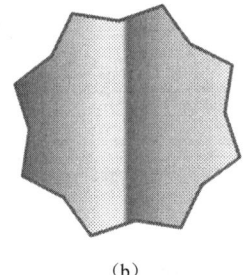 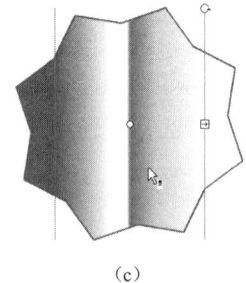

（a） （b） （c）

图2-76　渐变变形工具

（4）右侧的 ➡ 标记用于调整渐变中心点的范围，调整后的效果如图2-77（a）所示。中央的 ○ 标记用于调整渐变中心点的位置，调整后的效果如图2-77（b）所示。右上方的 ○ 标记用于调整渐变填充的角度，调整后的效果如图2-77（c）所示。

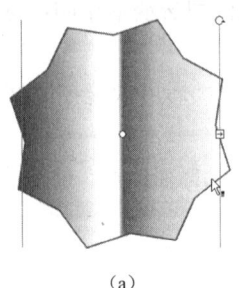 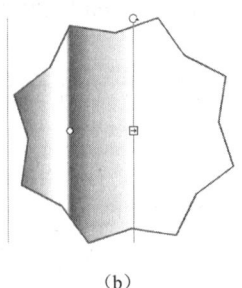

（a） （b） （c）

图2-77　渐变变形工具

5. 套索工具

套索工具：主要用于选择舞台中的不规则区域，其使用方法如下。

（1）向舞台中导入一张图片，并将其打散。

（2）选择"套索工具"，鼠标指针变为 形状，在要选择区域的开始处按住鼠标左键不放，并沿着区域的路径向结尾处拖动。

（3）释放鼠标，Flash CC 会自动计算生成一个从开始到结尾的闭合形状，如图 2-78 所示。

图 2-78　套索工具

2.3.5　变形对象工具

在 Flash CC 中，变形对象有多种方法，可以使用任意 3D 旋转工具完成，也可以通过"变形"面板完成。除此之外，还可以通过菜单命令对对象进行变形，每种方法都有着各自不同的特点。

1. 任意变形工具

任意变形工具用于对选中的对象进行旋转、缩放和变形等操作，其使用方法如下。

（1）选择"任意变形工具"。

（2）选择舞台上需要修改的矩形对象，矩形周围出现 8 个黑色方形控制柄，中心出现一个白色圆形控制点，如图 2-79（a）所示。

（3）拖动水平控制柄，可修改图形的宽度；拖动垂直控制柄，可修改图形的高度；拖动四周的控制柄，可同时修改图形的高度和宽度。

（4）当鼠标指针移到矩形边框变为 形状时，拖动鼠标完成倾斜操作，效果如图 2-79（b）所示。

（5）当鼠标指针移到矩形 4 个顶点变为 形状时，拖动鼠标完成旋转操作，效果如图 2-79（c）所示。此时旋转是以矩形中心为参考点，如果希望以任意某个点为旋转参考点，只需移动圆形控制点到合适的位置即可。如图 2-79（d）所示的是将旋转参考点由矩形中心拖至右上方后的旋转效果。

 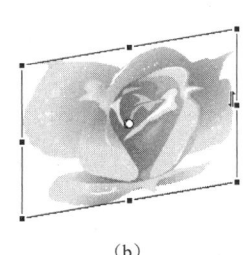  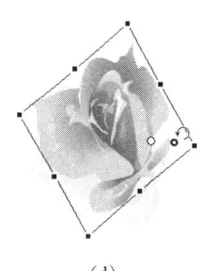

　　（a）　　　　　　　　　（b）　　　　　　　　（c）　　　　　　　（d）

图 2-79　对象的旋转与倾斜（任意变形工具）

专家提醒

（1）对于一个绘制的图形，如果要通过拖动4个拐角的控制点实行等比缩放，一定要按住Alt键才能实现。

（2）若工具箱底部没有显示"旋转与倾斜"、"缩放"、"扭曲"、"封套"等按钮，拉宽工具窗口的宽度即可显示。

2．3D变形工具

3D变形工具包括3D旋转工具和3D平移工具，它们的作用是可以绕Z轴旋转或平移影片剪辑，将会产生3D效果。

1）3D旋转工具

3D旋转工具可以对影片剪辑对象进行三维效果的设置，但是必须用于ActionScript 3.0中，其使用方法如下。

（1）选择"文件→导入→导入到舞台"命令，向舞台中导入一张图片，然后选择"修改→转换为元件"命令，将图片转换为影片剪辑元件。

（2）选中对象，选择"3D旋转工具"，对象中心出现了类似瞄准镜的图形，如果拖动中心白色的实心点，则瞄准镜的位置会发生变化。当鼠标指针移动到红色的中心垂直线时，鼠标指针右下角会出现一个字母X，如图2-80（a）所示，此时顺时针拖动鼠标指针，图形上部会以X轴为中心水平向舞台外翻动，效果如图2-80（b）所示。图2-80（b）所示的中灰色区域代表调节角度。

(a)　　　　　　　　　　　　　　(b)

图2-80　绕水平轴旋转

（3）当鼠标指针移动到绿色的中心水平线时，鼠标指针右下角会出现一个字母Y，如图2-81（a）所示。此时顺时针拖动鼠标指针，图形右部会以Y轴为中心垂直向舞台外翻动，如图2-81（b）所示。

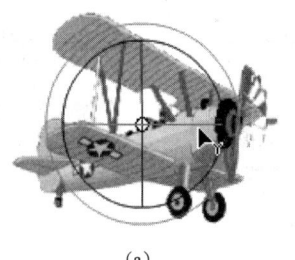

(a)　　　　　　　　　　　　　　(b)

图2-81　绕垂直轴旋转

（4）当鼠标指针移动到外围蓝色圆圈时，鼠标指针右下角会出现一个字母 Z，如图 2-82（a）所示。此时顺时针拖动鼠标指针，图形会以 Z 轴为中心在舞台上转动，如图 2-82（b）所示。

（5）当鼠标指针移动到橙色的圆圈时，可以对图像进行 X 轴、Y 轴、Z 轴三个维度的综合调整，如图 2-83 所示。

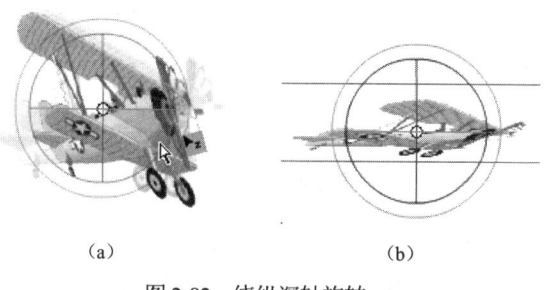

图 2-82　绕纵深轴旋转　　　　　　　　　　图 2-83　三维旋转

2）3D 平移工具

3D 平移工具也是针对影片剪辑元件而起作用的工具，它可以使对象沿特定的坐标轴移动，其使用方法如下。

（1）向舞台中导入一张图片，并将其转换为影片剪辑元件。

（2）选中对象，选择"3D 平移工具"，对象中心出现了坐标轴，当鼠标指针移动到红色的箭头时，鼠标指针右下角会出现一个字母 X，如图 2-84（a）所示。此时拖动鼠标指针，图形会水平移动。

（3）当鼠标指针移动到绿色的箭头时，鼠标指针右下角会出现一个字母 Y，如图 2-84（b）所示。此时拖动鼠标指针，图形会垂直移动。

（4）当鼠标指针移动到中心黑色实心圆时，鼠标指针右下角会出现一个字母 Z，如图 2-84（c）所示。此时拖动鼠标指针，图形会沿 Z 轴纵深移动。

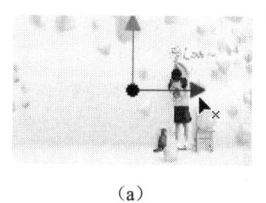 

图 2-84　3D 平移工具

（5）当鼠标指针移动到黑色实心圆外围时，拖动鼠标指针，坐标轴的位置会发生变化。

（6）在"属性"面板中的"3D 定位和视图"选项区域，可以通过设置 X、Y、Z 的数值对图像位置进行精确调整，还可以对图像的"透视角度"和"消失点"进行设置，如图 2-85 所示。

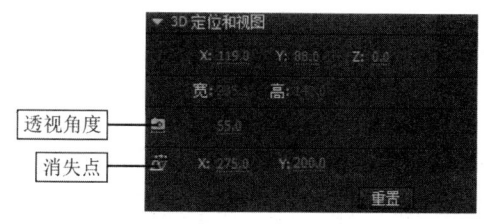

图 2-85　"3D 定位和视图"选项区域

3. "变形"面板

利用"任意变形工具"可以对对象进行任意变形操作，但是不能精确地控制对象缩放的比率大小、旋转角度及倾斜角度等。在 Flash CC 中提供了一个"变形"面板，使用该面板可以对对象进行精确的变形操作，其使用方法如下。

（1）向舞台中导入一张图片，选择"窗口→变形"命令，打开"变形"面板，如图 2-86 所示。

（2）选中对象，在"变形"面板中设置相关参数即可将对象变形，变形操作效果如图 2-87 所示。

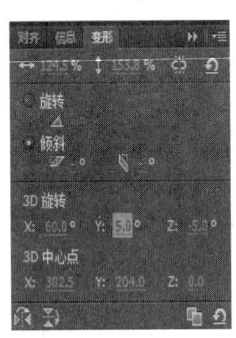
图 2-86　"变形"面板

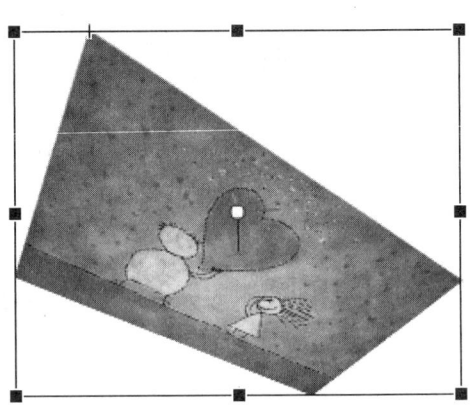
图 2-87　变形操作效果

2.3.6　宽度工具

使用"宽度工具"，可变宽绘制路径的描边，并调整为各种多变的形状效果，如图 2-88 所示。

图 2-88　变宽绘制路径的描边

2.3.7　骨骼工具

骨骼工具可以创建轻松自然的运动动画，使运动更接近于生活中的真实效果，其使用方法如下。

（1）在舞台上绘制一个圆角矩形，并将它转换为元件。

（2）将舞台上的元件实例多复制几个，并排列好，如图 2-89 所示。

（3）确定左边第一个实例作为父根骨架，这个实例将会是骨骼的第一段。在工具箱中选择"骨骼工具"，按住鼠标左键并由第一个实例向第二个实例拖动将它们连接起来，然后释放鼠标，在两个实例中间将会出现一个三角形状来表示骨骼段,如图 2-90 所示。

图 2-89　实例排列

图 2-90　第一段骨骼

(4) 使用同样的方法,把第二个实例和第三个实例连接起来。重复此过程,直到所有的实例都用骨骼连接起来,如图 2-91 所示。

图 2-91　完整的骨骼

(5) 选择"选择工具",拖动骨骼链中的最后一节骨骼,可以看到整个骨架都能被控制,如图 2-92 所示。

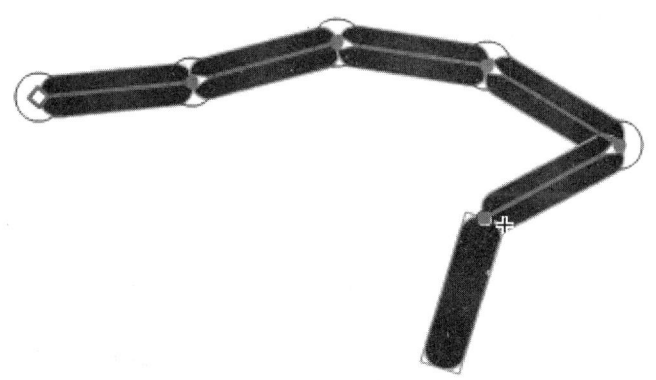

图 2-92　整体控制的骨骼

(6) 使用制作好的骨骼创建一个简单的动画。将鼠标指针移到时间轴"骨架_9"图层的第 1 帧,单击并拖动它的边缘到第 45 帧,如图 2-93 所示。

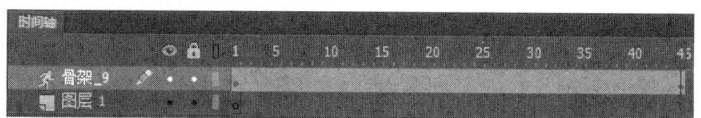

图 2-93　骨架时间轴

(7) 单击第 45 帧的帧标记,然后把舞台上的骨架拖动到一个新位置,如图 2-94 所示。Flash CC 会自动将当前帧变为关键帧,并在两个帧之间生成动画,按 Ctrl+Enter 组合键可以播放生成的动画。

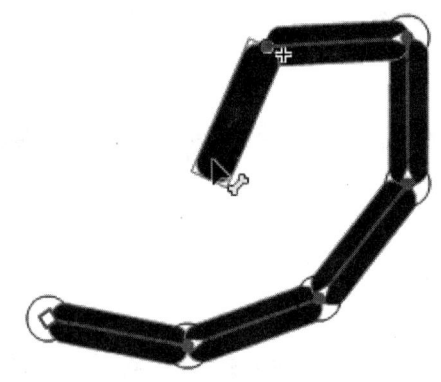

图 2-94　第 45 帧的骨骼形状

2.4　知识链接：文本的创建与编辑

Flash CC 具有强大的文本输入、编辑和处理能力。文本用途广泛，是 Flash 动画不可缺少的一部分。Flash CC 文本类型丰富，用户可以用静态文本设计丰富的文字效果，也可以通过动态文本与脚本结合设计出可控性较好的脚本动画。

2.4.1　传统文本

"传统文本"一词是从 Flash CS5 版本发布之后才有的，因为从 Flash CS5 版本开始，Flash 增加了一种新的文本类型"TLF"。在 Flash CC 中传统静态文本是默认的文本类型。

1．传统文本的类型

"文本工具"可以为动画创建不同类型和不同用途的文本对象，在 Flash CC 中，用户可以创建 3 种类型的传统文本，分别是：静态文本、输入文本和动态文本，文本舞台效果和属性设置如图 2-95 所示。

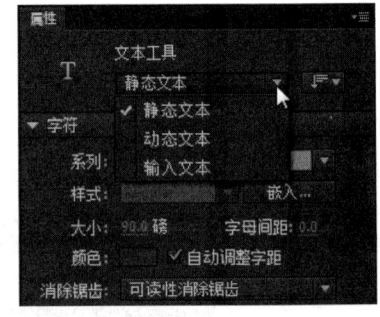

图 2-95　文本舞台效果和属性设置

（1）静态文本：默认状态下创建的文本对象均为静态文本，它在影片的播放过程中不会进行动态改变，因此常被用作说明文字。

（2）动态文本：动态文本是指该文本对象中的内容可以动态改变，甚至可以随着影片的播放自动更新。

（3）输入文本：输入文本是指该文本对象在影片的播放过程中可以输入表单或调查表的文本

等信息，用于在用户与动画之间产生交互，如 QQ 登录窗口。

2．传统文本的输入

传统文本的输入有两种方式。

（1）选择"文本工具"，在舞台中单击鼠标，出现文本输入光标，直接输入文字即可。在这种输入方式中文本是不限制宽度的，文字的宽度可以超出舞台。这种输入方式的文本框右上角有个"圆形控制点"，如图 2-96 所示。

图 2-96　选择"文件工具"在"舞台"直接输入的文本效果

（2）用鼠标在舞台中向右下角方向拖曳出一个文本框，松开鼠标，出现文本输入光标，就可以在文本框中输入文字了。在这种输入方式中是限定文本框宽度的，也就是你画出的文本框宽度。如果输入的文字较多，会自动转到下一行显示。这种输入方式的文本框右上角有个"方形控制点"，可以拖曳控制点改变文本框的大小，如图 2-97 所示。

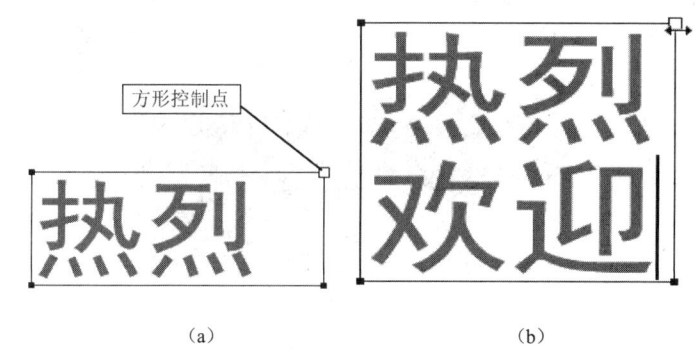

（a）　　　　　　　　　　（b）

图 2-97　在"舞台"拖曳文本框输入的文本效果

3．设置文本属性

输入文字后，往往需要设置文本的一些属性，例如文字大小、颜色、字体等，以使其符合动画设计的要求。文本的"属性"面板如图 2-98 所示。

（1）设置文本的"位置和大小"。选中文本后，在"属性"面板中可以设置文本的位置和大小，其中 X、Y 设置的是文本左上顶角的坐标值，文本的高度是固定的。舞台左上顶角的坐标是为 (160,77.65)，X 坐标轴的方向是向右，y 轴的方向是向下。

（2）设置文本的"字符"。在"字符"选项区域中设置文本字体，尽量使用常用的字体，因为会对以后动画的发布产生影响，Flash CC 提供的字体如图 2-99 所示。

（3）设置文本的"段落"。段落选项区域可以设置文本的对齐、间距、边距参数等，如图 2-100 所示。

① 对齐包括左对齐、居中对齐、右对齐和两端对齐。
② 间距包括首行缩进和行间距。
③ 边距包括左边距和右边距。
④ 行为是"动态文本"和"输入文本"类型的属性，设置文本是"单行"、"多行"或者是"多

行不换行"等。

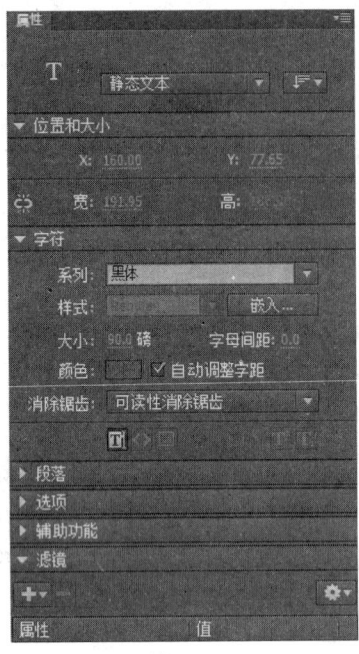

图 2-98 文本的"属性"面板

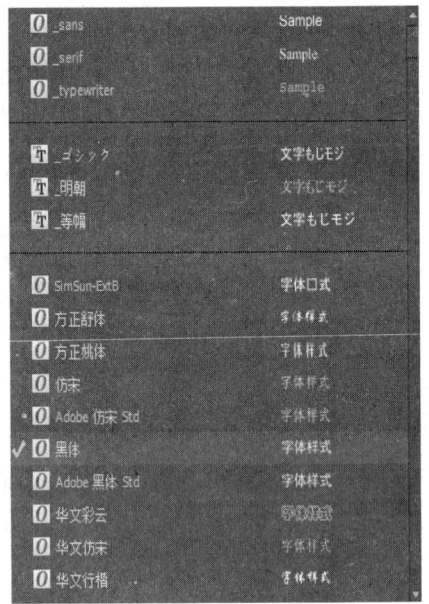

图 2-99 Flash CC 提供的字体

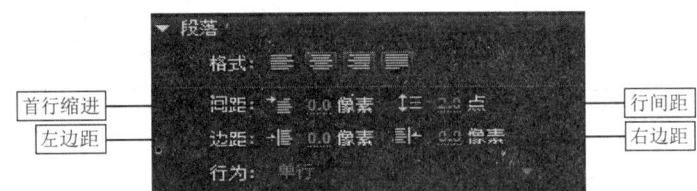

图 2-100 文本"段落"面板

（4）设置文本的"选项"。可以将类型为静态文本或动态文本的文本字段设置 URL 链接，而输入文本类型的文本字段则不能进行该项设置。

① 对于静态文本：直接在"链接"文本框中输入要链接的 URL 即可。

② 对于动态文本：首先在"属性"面板中选中"将文本呈现为 HTML"复选框，激活下面的"URL"链接，然后输入要链接的 URL 即可。

4．编辑文本

文本的编辑包括文本的选择、剪贴、复制、粘贴、分离、组合、填充、变形、删除等。

1）文本的选择

（1）选择"选取工具"，用鼠标单击文本。文本被选中后周围出现一个蓝色边框，如图 2-101所示。

（2）使用"文本工具"，用鼠标单击文本，拖动鼠标选中文本，如图 2-102 所示。

图 2-101 文本周围出现一个蓝色边框

图 2-102 使用"文本工具"选中文本

2）文本的编辑

（1）剪切有三种方法，可以通过以下命令完成。

① 在选中的文本上右击，在弹出的快捷菜单中选择"剪切"命令。

② 选择"编辑→剪切"命令。

③ 按 Ctrl+X 组合键。

（2）复制有四种方法，可以通过以下命令完成。

① 在选中的文本上右击，在弹出的快捷菜单中选择"复制"命令。

② 选择"编辑→复制"命令。

③ 在移动对象的过程中，按住 Alt 键拖动，当光标变为"+"形状时，可以拖动并复制该对象。

④ 按 Ctrl+C 组合键。

（3）粘贴比前两个操作复杂一些，因为涉及粘贴选项。

① 在选中的文本上右击，在弹出的快捷菜单中选择"粘贴"命令。

② 选择"编辑→粘贴"命令。

③ 按 Ctrl+V 组合键。

④ "编辑→粘贴到当前位置"命令跟前三种方法不一样，前三种是"粘贴到中心位置"，这种方法是图层间复制对象非常方便的方式，不仅能复制对象，还能保证对象在同一位置。

3）文本的分离和组合

（1）分离：使用一次分离命令可以将文本拆分成若干个单字，把单字分离就是将文本打散成一个个的像素点。具体的操作方法是：选中所需分离的文本，选择"修改→分离"命令或按 Ctrl+B 组合键即可，如图 2-103 所示。

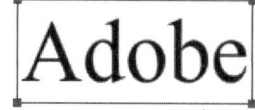　　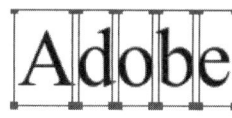　　

　　（a）原文字　　　　　　　　（b）一次分离　　　　　　　　（c）二次分离

图 2-103　原文字、一次分离、二次分离

（2）组合：从舞台中选择需要组合的文本，然后选择"修改→组合"命令或按 Ctrl+G 组合键，即可组合对象，如图 2-104 所示。

　　　　　　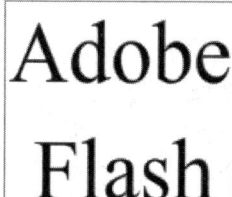

　　　　（a）　　　　　　　　　　　　　　　　（b）

图 2-104　文字组合前和组合后

4）文本的颜色填充

选中文本，按 Ctrl+B 组合键 2 次，将文字打散。单击浮动面板上的"颜色"面板按钮，或执行"窗口→颜色"命令打开"颜色"面板。在"类型"选项中选择 4 种不同类型的颜色填充方式。

以下分别是"纯色"、"线性渐变"、"径向渐变"和"位图填充"四种填充方式的文本，如图 2-105 所示。

图 2-105　文本的填充类型

5）文本的变形

在将文本分离为位图后，可以非常方便地改变文字的形状。要改变分离后文本的形状，可以使用工具箱中的"选择工具"或"部分选取工具"等，对其进行各种变形操作。选择"修改→变形→封套"命令，在文字的周围出现控制点，拖动控制点，改变文字的形状，几种常见的变形文字如图 2-106 所示。

图 2-106　文本的变形

6）文本的删除

① 选中要删除的文本，按 Delete 键或 Backspace 键即可。

② 选中要删除的文本，选择"编辑→清除"命令。

③ 选中要删除的文本，选择"编辑→剪切"命令。

④ 右击要删除的文本，在弹出的快捷菜单中选择"剪切"命令。

2.4.2　滤镜的使用

在 Flash CC 中使用滤镜，可以为文本、按钮和影片剪辑增添生动而有趣的视觉效果。Flash CC 内置的滤镜效果包括阴影、发光、模糊、斜角、渐变发光、渐变斜角和调整颜色。

1. 滤镜的简介

在 Flash CC 中，滤镜是一种处理对象的像素进行并生成特殊效果的动画手法，在 Flash CC 中可以利用补间动画让所有的滤镜效果变得鲜活起来。为对象使用滤镜效果后，可以随时改变滤镜的选项，包括添加滤镜、重置滤镜和删除滤镜。

在"属性"组合面板的"滤镜"面板中可以为已经添加的滤镜效果设置启动、禁用或者删除滤镜；可以为一个对象设置多个滤镜效果，用户可以调整滤镜的先后顺序，得到不同的滤镜效果。每个滤镜都包含相应的控件，可以调整所应用滤镜的强度和品质，如图 2-107 所示。

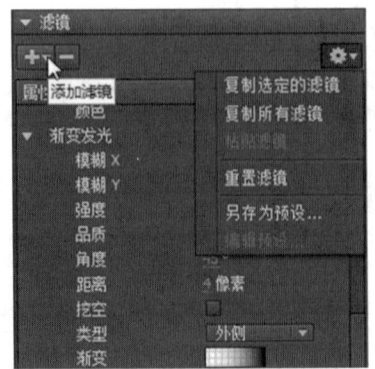

图 2-107　"滤镜"面板

2. 滤镜的类型

Flash CC 中的滤镜类型和前面几个版本比并没有增加，仍然是阴影、发光、模糊、斜角、渐变发光、渐变斜角和调整颜色。下面逐一介绍这几种滤镜。

1）投影

投影是模拟对象投影到该对象后面的一个平面上的效果。可以为文本、按钮和影片剪辑添加投影效果，如图 2-108 所示。其选项如下。

（1）模糊 X 和模糊 Y：用来设置投影的宽度和高度，单位是像素。

（2）强度：设置阴影暗度，"强度"值越大，阴影就越暗。

（3）品质：设置投影的品质，分高、中和低三个品质，"高"近似于高斯模糊，"低"为默认值，可以实现最佳回放性能。

（4）角度：设置阴影的角度，阴影的视觉角度随之变化，角度值的取值范围为 1°～360°。

（5）距离：设置阴影与对象之间的距离，正值向右偏，负值向左偏。

（6）挖空：设置从视觉上隐藏源对象，并只在挖空图像上显示投影。

（7）内阴影：设置对象边界内应用投影。

（8）隐藏对象：设置隐藏对象，只显示该对象的阴影。

（9）颜色：设置对象的投影颜色，具体颜色视动画效果、对象和舞台设置而定。

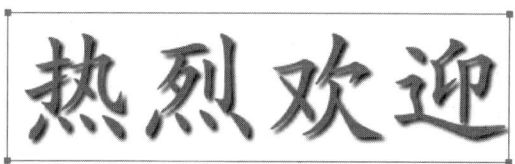

图 2-108　文字"投影"效果

2）模糊

文字"模糊"效果如图 2-109 所示，其选项如下。

（1）模糊 X 和模糊 Y：用来设置模糊的宽度和高度，单位是像素。

（2）品质：设置模糊的品质，分高、中和低三个品质，"高"近似于高斯模糊，"低"为默认值，可以实现最佳回放性能。

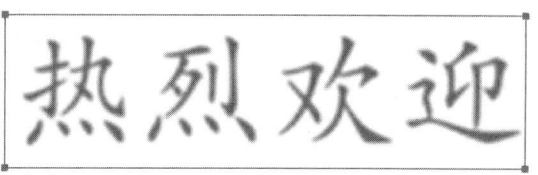

图 2-109　文字"模糊"效果

3）发光

文字"发光"效果如图 2-110 所示，其选项如下。

（1）模糊 X 和模糊 Y：用来设置发光的宽度和高度，单位是像素。

（2）强度：设置发光清晰度，"强度"值越大，光感就越强。

（3）品质：设置发光的品质，分高、中和低三个品质，"高"近似于高斯模糊，"低"为默认值，可以实现最佳回放性能。

（4）颜色：设置对象的发光的颜色，用户可根据动画设计的实际情况自行设置。

（5）挖空：设置对象的实体隐藏，只显示对象的发光边缘。

（6）内发光：设置在对象的边界内应用发光。

图 2-110 文字"发光"效果

4) 斜角

文字"斜角"效果如图 2-111 所示,其选项如下。

(1) 模糊 X 和模糊 Y:用来设置斜角的宽度和高度,单位是像素。

(2) 强度:设置斜角不透明度,"强度"值越大,倾斜角度越大。

(3) 品质:设置斜角的品质,分高、中和低三个品质,"高"近似于高斯模糊,"低"为默认值,可以实现最佳回放性能。

(4) 阴影:设置对象阴影的阴影颜色。

(5) 加亮显示:设置对象边界内应用投影。

(6) 角度:设置对象边界内应用投影的角度。

(7) 距离:设置斜角的宽度,正值向右偏移,负值向左偏移。

(8) 挖空:设置挖空对象并在挖空图像上只显示斜角。

(9) 类型:设置对象的斜角类型,包括"内侧"、"外侧"和"全部"。

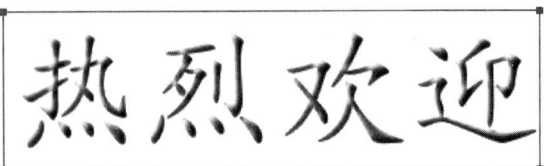

图 2-111 文字"斜角"效果

5) 渐变发光

文字"渐变发光"效果如图 2-112 所示,其选项如下。

(1) 模糊 X 和模糊 Y:用来设置渐变发光的宽度和高度,单位是像素。

(2) 强度:设置渐变发光的不透明度。

(3) 品质:设置渐变发光的品质,分高、中和低三个品质,"高"近似于高斯模糊,"低"为默认值,可以实现最佳回放性能。

(4) 角度:设置对象的发光角度,角度值的取值范围为 1°~360°。

(5) 距离:设置发光与对象之间的距离,正值向右偏移,负值向左偏移。

(6) 挖空:设置挖空源对象并在挖空图像上只显示渐变发光。

(7) 类型:设置对象渐变发光的类型,包括"内侧"、"外侧"和"全部"。

(8) 渐变:设置两种或多种可相互混合的颜色。

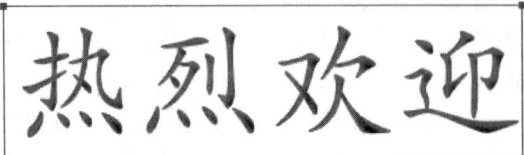

图 2-112 文字"渐变发光"效果

6）渐变斜角

文字"渐变斜角"效果如图 2-113 所示，其选项如下。

（1）模糊 X 和模糊 Y：用来设置渐变斜角的宽度和高度，单位是像素。

（2）强度：设置渐变斜角的平滑度。

（3）品质：设置渐变斜角的品质，分高、中和低三个品质，"高"近似于高斯模糊，"低"为默认值，可以实现最佳回放性能。

（4）角度：设置对象的渐变倾斜角度，角度值的取值范围为 1°～360°。

（5）距离：设置渐变斜角与对象之间的距离，正值向右偏移，负值向左偏移。

（6）挖空：设置挖空源对象并在挖空图像上只显示渐变斜角。

（7）类型：设置对象渐变斜角的类型，包括"内侧"、"外侧"和"全部"。

（8）渐变：设置两种或多种可相互混合的颜色。

图 2-113　文字"渐变斜角"效果

7）调整颜色

文字"调整颜色"效果如图 2-114 所示，其选项如下。

（1）亮度：取值范围为-100～100，值越小图像越暗，值越大图像越亮。

（2）对比度：取值范围为-100～100，调整图像的加亮、阴影和中调。

（3）饱和度：取值范围为-100～100，值越小图像越灰暗，值越大图像越亮。

（4）色相：取值范围为-180～180，设置对象的周围颜色值的不同，设置出冷色调、中间色调和暖色调。

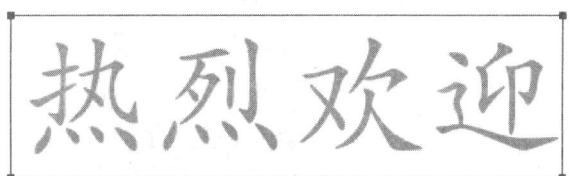

图 2-114　文字"调整颜色"效果

2.4.3　混合模式

在 Flash CC 中用户可以使用混合模式改变一个对象的图像与其下方任意对象的图像的组合方式，从而获得多种混合效果。Flash CC 提供对混合模式的实时控制，用户可以混合重叠多个影片剪辑中的颜色，从而创造出丰富的动画效果。

1．认识混合模式

混合模式是将多个元素中相同位置上的每个像素的值与其他位置像素的值进行处理，在同一位置上生成一个新的像素值的结果。也就是改变两个或两个以上重叠对象的透明度或者颜色相互关系的过程。使用混合模式可以重叠影片剪辑中的颜色形成独特的效果。

混合模式为对象和图像的不透明度增加了控制尺度，可以使用 Flash CC 混合模式创建突出显示或阴影效果，以透显下层图像的细节或者对不饱和的图像涂色。混合模式不仅取决于要应用混合的对象的颜色，还取决于基准颜色。

2．混合模式的类型

混合模式的显示效果不仅取决于要应用混合的对象的颜色，还取决于基础颜色和混合类型。建议用户体验不同的混合模式，获得最佳效果，如图 2-115 所示。

（1）一般：正常应用颜色，不与基准颜色发生交互。

（2）图层：可以层叠各个影片剪辑，而不影响其颜色。

（3）变暗：只替换比混合颜色亮的区域。比混合颜色暗的区域将保持不变。

（4）正片叠底：将基准颜色与混合颜色复合，从而产生较暗的颜色。

（5）变亮：只替换比混合颜色暗的像素。比混合颜色亮的区域将保持不变。

（6）滤色：将混合颜色的反色与基准颜色复合，从而产生漂白效果。

（7）叠加：复合或过滤颜色，具体操作需取决于基准颜色。

（8）强光：复合或过滤颜色，具体操作需取决于混合模式颜色。该效果类似于用点光源照射对象。

（9）增加：通常用于在两个图像之间创建动画的变亮分解效果。

（10）减去：通常用于在两个图像之间创建动画的变暗分解效果。

（11）差值：从基色减去混合色或从混合色减去基色，具体取决于哪一种的亮度值较大。该效果类似于彩色底片。

（12）反相：反转基准颜色。

（13）Alpha：应用 Alpha 遮罩层。

（14）擦除：删除所有基准颜色像素，包括背景图像中的基准颜色像素。

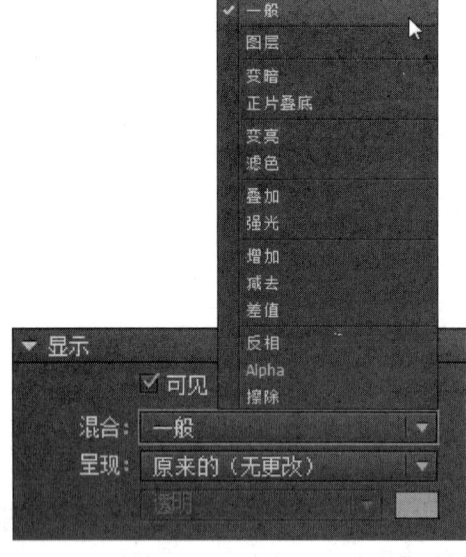

图 2-115　图层混合模式

3．混合模式的应用

使用混合模式，可以在选择相应的影片剪辑实例或按钮实例后，使用"属性"面板将混合模式应用于所选影片剪辑实例或按钮实例。混合模式应用的具体步骤如下。

（1）选择要应用混合模式的影片剪辑实例。

（2）若要调整影片剪辑实例的颜色和透明度，请使用"属性"面板中的"色彩效果"选项。

（3）从"属性"面板的"显示"选项区域中，选择影片剪辑的混合模式。对所选的影片剪辑实例应用混合模式。

（4）测试所选混合模式是否适合预期的效果，如图2-116所示。

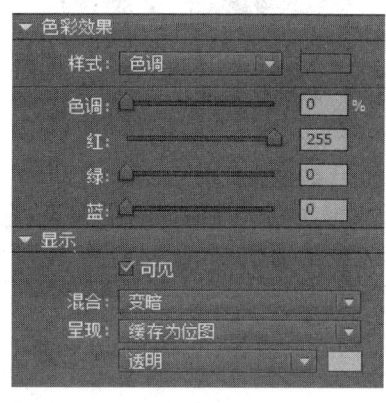

(a)　　　　　　　　　　　　　　　　　(b)

图2-116　图层混合模式设置及"变暗"效果

（5）体验影片剪辑的颜色设置和透明度设置及不同的混合模式，以获得所需效果。

2.5　项目实战问答

 NO.1　如何绘制不规则的圆角矩形？

答：绘制不规则的圆角矩形的操作步骤如下。

（1）打开工具面板，选择"矩形"工具。

（2）在属性面板中的"矩形选项"选项卡中单击"将边角半径控件锁定为一个控件"超链接取消链接，如图2-117所示。

（3）依次在各个文本框中输入相应的数值，然后再进行绘制即可，如图2-118所示。

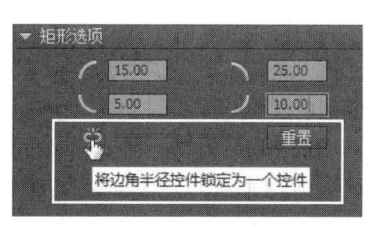

图2-117　取消超链接　　　　　　　　　　图2-118　绘制不规则圆角矩形

 NO.2　如何进行查找和替换？

答：在Flash CC中也可像在办公软件中一样，都可以对文本进行查找和替换，来提高工作效率。

（1）选择"编辑→查找和替换"命令，或按Ctrl+F组合键，打开"查找和替换"对话框，如

图2-119所示。

(a)　　　　　　　　　　　　　　　(b)

图2-119　"查找和替换"对话框

（2）在"查找"和"替换"文本框中输入要查找和替换的文本，单击"替换"或"全部替换"按钮对查找的文本内容进行替换，如图2-120所示。

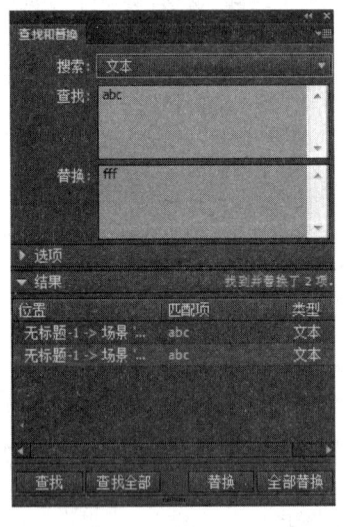

(a)　　　　　　　　　　　　　　　(b)

图2-120　"查找和替换"结果

2.6　项目小结

通过本项目的学习，使同学们能够熟练运用Flash CC的典型工具及相应的属性面板完成动画的创作。大家可以根据自己的需要选择背景图片、祝福语、音乐、主题等，轻松获得电子贺卡动画效果。使电子贺卡在传递"含蓄"的表白和祝福的同时，又形成了自己独特的文化内涵，加强了人们之间的相互尊重与体贴。

2.7　项目训练2

拓展能力训练项目——友情贺卡。

项目任务

设计制作一张友情贺卡。

客户要求

以"冬天的思念"为主题,设计一张 550×400 像素的照片,以寄托对朋友的关怀和思念。

关键技术

(1)情景交融。

(2)动画节奏及时间控制。

(3)绘图工具的灵活使用。

参照效果图

友情贺卡的最终制作效果,如图 2-121 所示。

图 2-121　"友情贺卡"效果

项目 3 广 告 制 作

项目导学

学习任务	学习内容	能力要求
项目实战 1：首饰广告	① Flash CC 的元件、实例与库的使用方法	① 掌握 Flash CC 的元件、实例与库的使用方法
项目实战 2：梦幻乐园	② Flash CC 导入多媒体文件	② 掌握 Flash CC 导入多媒体文件的方法
广告动画制作及音频使用	③ 绘图工具简单应用	③ 熟练掌握常用基本绘图工具的使用方法
项目实战问答	④ 关键帧操作、动画制作	

3.1 项目实战 1：首饰广告

3.1.1 项目实战描述与效果

◆ 素材：Flash CC\项目 3\素材\首饰广告
◆ 源文件：Flash CC\项目 3\效果\首饰广告.fla

1. 项目实战描述

本项目创作主要是使用 Flash CC 的文件导入功能，以及利用"库"来进行整理和使用素材，并将素材置入元件或舞台中，最终实现动画效果，需要注意动画的节奏。

2. 项目实战效果

最终任务效果如图 3-1 所示。

图 3-1 "首饰广告"效果

3.1.2 项目实战详解

1. 创建文档并导入素材

（1）选择"文件→新建"命令，在弹出的"新建文档"对话框中选择"ActionScript 3.0"选项，在"属性"面板中，设置"大小"为600×400像素、"舞台"背景为深红色（#500103），如图3-2所示，改变舞台的大小和颜色。

（2）选择"文件→导入→导入到库"命令，在弹出的"导入到库"对话框中选择"Flash CC\项目 3\素材\首饰广告"文件夹中所有素材，单击"打开"按钮，素材被导入到"库"面板中，如图3-3所示。

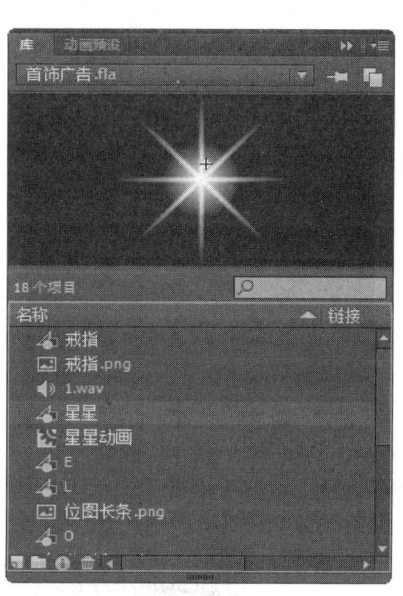

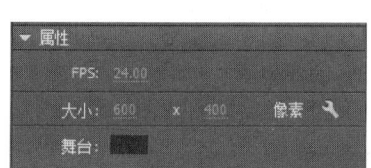

图3-2　创建文档对话框　　　　　　　　图3-3　导入素材到"库"面板

2. 制作图形元件

（1）在"库"面板下方单击"新建元件"按钮，弹出"创建新元件"对话框，在"名称"选项的文本框中输入文字"戒指"，在"类型"选项的下拉列表中选择"图形"选项，单击"确定"按钮，新建一个图形元件"戒指"，如图3-4所示，舞台窗口随之转换为图形元件的舞台窗口，将"库"面板中的"戒指.png"拖曳到舞台窗口中，如图3-5所示。

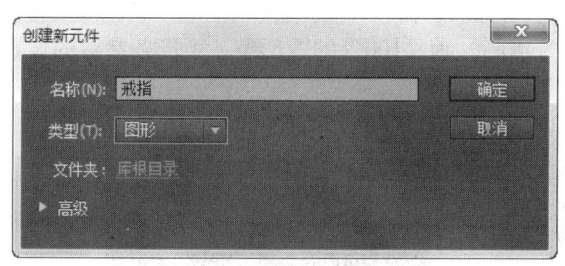 

图3-4　"创建新元件"对话框　　　　　　图3-5　"戒指"舞台效果

（2）在"库"面板下方单击"新建元件"按钮，弹出"创建新元件"对话框，在"名称"选项的文本框中输入文字"导航条"，在"类型"选项的下拉列表中选择"图形"选项，单击"确定"

按钮，新建一个图形元件"导航条"，舞台窗口随之转换为图形元件的舞台窗口，将"库"面板中的"导航条.jpg"拖曳到舞台窗口中。

（3）在"库"面板下方单击"新建元件"按钮，弹出"创建新元件"对话框，在"名称"选项的文本框中输入文字"玫瑰花"，在"类型"选项的下拉列表中选择"图形"选项，单击"确定"按钮，新建一个图形元件"玫瑰花"，舞台窗口随之转换为图形元件的舞台窗口，将"库"面板中的"玫瑰花.png"拖曳到舞台窗口中。

（4）在"库"面板下方单击"新建元件"按钮，弹出"创建新元件"对话框，在"名称"选项的文本框中输入英文"This life with you soon"，在"类型"选项的下拉列表中选择"图形"选项，单击"确定"按钮，新建一个图形元件"This life with you soon"，舞台窗口随之转换为图形元件的舞台窗口。

（5）选择"文本"工具，在舞台窗口中输入英文"This life with you soon"，打开字符"属性"面板，设置参数如图3-6所示。

图3-6　文字1参数　　　　　　　　　　　图3-7　文字2参数

（6）在舞台窗口中选择文字，按Ctrl键的同时拖曳文字，复制出一个文字，打开字符"属性"面板，设置参数如图3-7所示。微微调整文字1和文字2的位置，效果如图3-8所示。

图3-8　文字图形元件效果

（7）在"库"面板下方单击"新建元件"按钮，弹出"创建新元件"对话框，在"名称"选项的文本框中输入文字"矩形条"，在"类型"选项的下拉列表中选择"图形"选项，单击"确定"按钮，新建一个图形元件"矩形条"，舞台窗口随之转换为图形元件的舞台窗口。

（8）选择"矩形"工具，将"笔触颜色"选项设置为"无"，"填充颜色"选项设置为"白色半透明"。在舞台窗口中绘制一个"宽"为"600"、"高"为"100"的矩形条，矩形条参数的设置如图3-9所示，效果如图3-10所示。

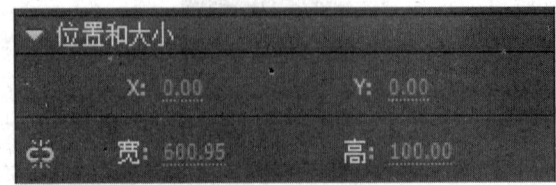 

图3-9　矩形条参数的设置　　　　　　　　图3-10　矩形条效果

（9）在"库"面板下方单击"新建元件"按钮，弹出"创建新元件"对话框，在"名称"选项的文本框中输入文字"长条1",在"类型"选项的下拉列表中选择"图形"选项,单击"确定"按钮,新建一个图形元件"长条1",舞台窗口随之转换为图形元件的舞台窗口。将"库"面板中"矩形条"图形元件拖曳到舞台窗口中。

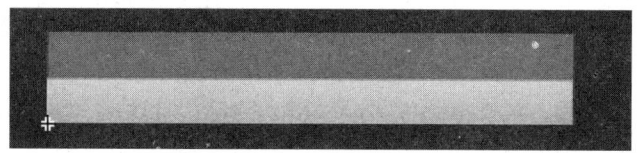

图3-11 "长条1"图形元件

（10）单击"时间轴"面板下方的"插入图层"按钮,创建新图层"图层2",将"库"面板中的"位图长条.png"拖曳到舞台窗口中,摆放效果如图3-11所示。用同样的方法创建"长条2"图形元件,效果如图3-12所示。

图3-12 "长条2"图形元件效果

（11）在"库"面板下方单击"新建元件"按钮,弹出"创建新元件"对话框,在"名称"选项的文本框中输入文字"星星",在"类型"选项的下拉列表中选择"图形"选项,单击"确定"按钮,新建一个图形元件"星星",舞台窗口随之转换为图形元件的舞台窗口。

（12）选择"椭圆工具",按Shift键的同时拖曳鼠标,绘制一个正圆。打开正圆的"属性"面板,将"宽"和"高"选项均设置为"35"。选择"修改→颜色"命令,打开"颜色"面板,设置参数如图3-13所示,舞台窗口中正圆的效果如图3-14所示。

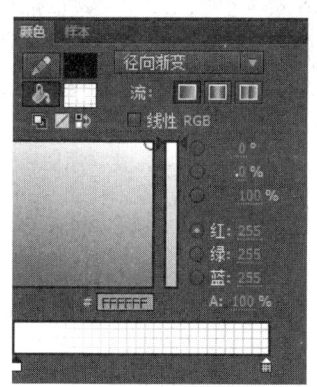

图3-13 颜色面板

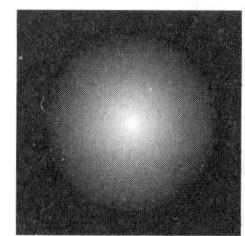

图3-14 正圆效果

（13）选择"选择工具",在舞台窗口中选中正圆,按Ctrl键的同时拖曳鼠标复制出一个圆,按Ctrl+G组合键,将复制的圆成组。打开它的"属性"面板,将"宽"选项设置为"80","高"选项设置为"3.6",如图3-15所示。

（14）选择"窗口→变形"命令,打开"变形"面板,选中"旋转"单选按钮,将"旋转"参数设置为"45",单击3次"重制选区和变形"按钮,如图3-16所示,效果如图3-17所示。将所有图形中心对齐,如图3-18所示。

（15）单击"时间轴"面板下方的"场景1"图标,进入"场景1"的舞台窗口。选中"图层1",

选择"文本工具",在舞台窗口中输入英文"Love",打开文字的"属性"面板,将"大小"选项设置为"60","颜色"选项设置为黄色(#FFFF00),效果如图 3-19 所示。

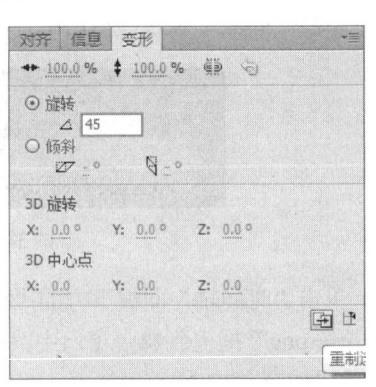

图 3-16 "变形"面板

图 3-15 "长条 2"图形元件

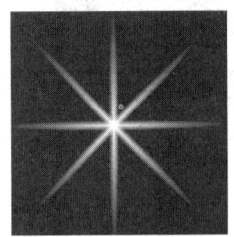

图 3-17 旋转效果

图 3-18 星星效果

(16)在舞台窗口中选中文字,按 Ctrl 键的同时拖曳文字,复制出一个文字,打开文字的"属性"面板,将"颜色"选项设置为深黄色(#666600),微微调整两个文字的位置,如图 3-20 所示。

图 3-19 Love 文字前色

图 3-20 Love 文字添加后色

(17)选择"选择工具",框选两个"Love"文字,多次按 Ctrl+B 组合键,将文字分离为形状。选中"Love 形状"并右击,在弹出的快捷菜单中选择"分散到层"命令,将其分散到各图层。此时,"时间轴"面板中的"图层 1"为空白关键帧,多出了"图层 2"、"图层 3"、"图层 4"和"图层 5",分别为图层 2 至图层 5 重命名为"L"、"O"、"V"和"E",如图 3-21 所示。在舞台窗口中分别选中"L"、"O"、"V"和"E"图形并右击,在弹出的快捷菜单中选择"转换为元件"命令,将其转换为图形元件。

图 3-21 "Love 形状"分散到图层

3. 制作动画元件

(1)在"库"面板下方单击"新建元件"按钮,弹出"创建新元件"对话框,在"名称"选项的文本框中输入文字"星星动画",在"类型"选项的下拉列表中选择"影片剪辑"选项,单击"确定"按钮,新建一个影片剪辑元件"星星动画",舞台窗口随之转换为影片剪辑元件的舞台窗口。

(2)将"库"面板中的"星星"图形元件拖曳到舞台窗口中,选择"窗口→变形"命令,打开"变形"面板,将"宽度缩放"、"高度缩放"选项均设置为 12%,如图 3-22(a)所示。选中第 26 帧和第 51 帧,按 F6 键,在该帧上插入关键帧。选中第 26 帧,在"变形"面板中,将"宽度缩放"选项设置为 6.3%,"高度缩放"选项设置为 6%,如图 3-22(b)所示。

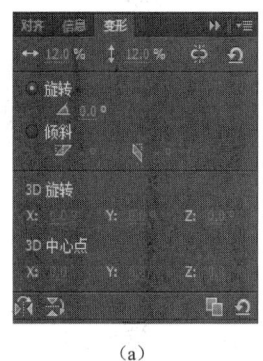 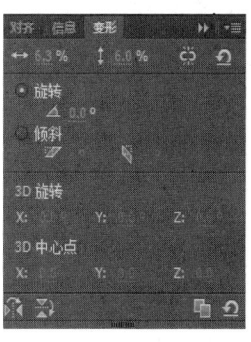

(a)   (b)

图 3-22 星星动画变形参数

(3)分别选中第 1 帧和第 26 帧并右击,在弹出的快捷菜单中选择"创建传统补间"命令,生成传统补间动画,如图 3-23 所示。

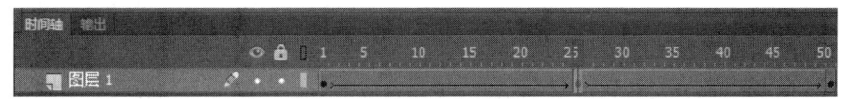

图 3-23 星星动画时间轴

(4)双击"库"面板中的"戒指"图形元件,进入图形元件舞台窗口。单击"时间轴"面板下方的"插入图层"按钮,创建新图层"图层 2"。选择"线条工具"和"选择工具",在"戒指"高光区域绘制如图 3-24 所示的图形,将"填充颜色"选项设置为白色,按 Delete 键,将笔触删除。

(5)选择"窗口→颜色"命令,打开"颜色"面板,在"颜色类型"选项的下拉列表中选择"线性渐变"选项,具体设置参数如图 3-25 所示。选择"颜料桶工具",在图形上方,从上向下拖曳鼠标,效果如图 3-26 所示。

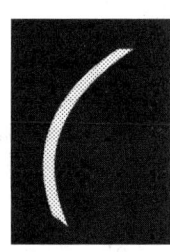 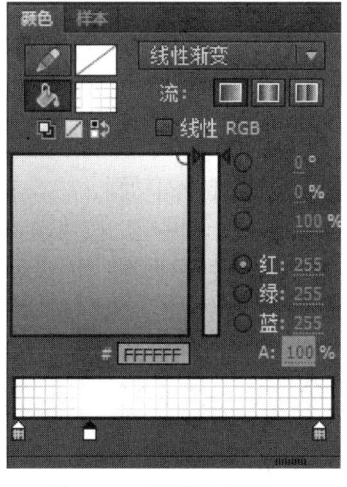 

图 3-24 高光图形   图 3-25 "颜色"面板   图 3-26 "线性渐变"后效果

(6)选中第 30 帧,按 F6 键,在该帧上插入关键帧。选择"颜料桶工具",在图形下方,从上向下拖曳鼠标,效果如图 3-27 所示。选中第 1 帧并右击,在弹出的快捷菜单中选择"创建补间形状"命令,生成形状补间动画,如图 3-28 所示。

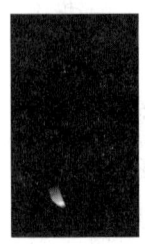

图 3-27 第 30 帧画面

图 3-28 形状补间动画

4．时间轴动画制作

（1）单击"时间轴"面板下方的"场景 1"图标,进入"场景 1"的舞台窗口。选中"图层 1"重命名为"长条 1",将"库"面板中的"长条 1"拖曳到舞台窗口中,打开"属性"面板,将"X"、"Y"选项分别设置为"0"。选择第 9 帧,按 F6 键,在该帧上插入关键帧。将"Y"选项设置为"200"。选择第 36 帧,按 F6 键,在该帧上插入关键帧。将"Y"选项设置为"520"。

（2）单击"时间轴"面板下方的"插入图层"按钮,创建新图层并将其命名为"长条 2",将"库"面板中的"长条 2"拖曳到舞台窗口中,打开"属性"面板,将"X"选项设置为"0","Y"选项设置为"400"。选择第 9 帧,按 F6 键,在该帧上插入关键帧。将"Y"选项设置为"200"。选择第 36 帧,按 F6 键,在该帧上插入关键帧,将"Y"选项设置为"520"。选择第 43 帧,按 F6 键,在该帧上插入关键帧,将"Y"选项设置为"-50"。

（3）分别选中"长条 1"图层的第 1 帧和第 9 帧,"长条 2"图层的第 1 帧、第 9 帧和第 36 帧,单击鼠标右键,在弹出的快捷菜单中选择"创建传统补间"命令,生成传统补间动画。如图 3-29 所示。

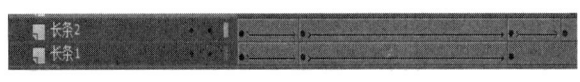

图 3-29 长条动画

（4）单击"时间轴"面板下方的"插入图层"按钮,创建新图层并将其命名为"导航动画",选中第 45 帧,按 F6 键,在该帧上插入关键帧,将"库"面板中的"导航条"图形元件拖曳到舞台窗口中,打开"属性"面板,将"X"选项设置为"0","Y"选项设置为"-52"。选中 51 帧,按 F6 键,在该帧上插入关键帧,将"Y"选项设置为"9";选中第 54 帧,按 F6 键,在该帧上插入关键帧,将"Y"选项设置为"0"。选中第 45 帧和第 51 帧,单击鼠标右键,在弹出的快捷菜单中选择 "创建传统补间"命令,生成传统补间动画。

（5）单击"时间轴"面板下方的"插入图层"按钮,创建新图层并将其命名为"玫瑰花",选中第 54 帧,按 F6 键,在该帧上插入关键帧,将"库"面板中的"玫瑰花"图形元件拖曳到舞台窗口中,位置如图 3-30 所示。选中第 74 帧,按 F6 键,在该帧上插入关键帧。选中第 54 帧,在舞台窗口中选择玫瑰花实例,打开"属性"面板,在"色彩效果"选项组的"样式"选项的下拉列表中选择"Alpha"并将其值设置为"0",如图 3-31 所示。在第 54 帧上右击,在弹出的快捷菜单中选择"创建传统补间"命令,生成传统补间动画。

（6）选择"L"图层第 1 帧,按住鼠标左键,移动鼠标到该图层的第 74 帧,将该关键帧移动到第 74 帧。在舞台窗口中选中"L"实例,打开该实例的"属性"面板,设置参数如图 3-32 所示。选中第 81 帧,按 F6 键,在该帧上插入关键帧,在舞台窗口中选中该实例,打开该实例的"属性"面板,设置参数如图 3-33 所示。选中第 74 帧并右击,在弹出的快捷菜单中选择 "创建传统补间"

命令，生成传统补间动画。

图3-30 玫瑰花位置

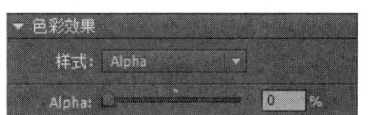

图3-31 玫瑰花第54帧属性

图3-32 "L"实例第74帧参数　　图3-33 "L"实例第81帧参数　　图3-34 "O"实例第74帧参数

（7）选择"O"图层的第1帧，按住鼠标左键，移动鼠标到该图层第74帧，将该关键帧移动到第74帧。在舞台窗口中选中"O"实例，打开该实例的"属性"面板，设置参数如图3-34所示。选中第81帧，按F6键，在该帧上插入关键帧，在舞台窗口中选中该实例，打开该实例的"属性"面板，设置参数如图3-35所示。选中第74帧并右击，在弹出的快捷菜单中选择"创建传统补间"命令，生成传统补间动画。

（8）选择"V"图层的第1帧，按住鼠标左键，移动鼠标到该图层第81帧，将该关键帧移动到第81帧。在舞台窗口中选中"V"实例，打开该实例的"属性"面板，设置参数如图3-36所示。选中第88帧，按F6键，在该帧上插入关键帧，在舞台窗口中选中该实例，打开该实例的"属性"面板，设置参数如图3-37所示。选中第81帧并右击，在弹出的快捷菜单中选择"创建传统补间"命令，生成传统补间动画。

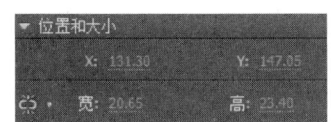 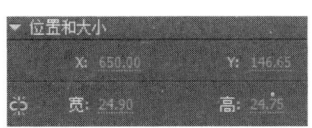 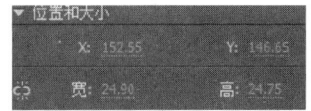

图3-35 "O"实例第81帧参数　　图3-36 "V"实例第81帧参数　　图3-37 "V"实例第88帧参数

（9）选择"E"图层的第1帧，按住鼠标左键，移动鼠标到该图层第88帧，将该关键帧移动到第88帧。在舞台窗口中选中"E"实例，打开该实例的"属性"面板，设置参数如图3-38所示。选中第95帧，按F6键，在该帧上插入关键帧，在舞台窗口中选中该实例，打开该实例的"属性"面板，设置参数如图3-39所示。选中第88帧并右击，在弹出的快捷菜单中选择"创建传统补间"命令，生成传统补间动画。

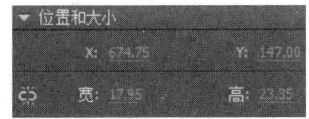 

图3-38 "E"实例第88帧参数　　图3-39 "E"实例第95帧参数

（10）单击"时间轴"面板下方的"插入图层"按钮，创建新图层并将其命名为"戒指动画"，选中第99帧，按F6键，在该帧上插入关键帧，将"库"面板中的戒指图形元件拖曳到舞台窗口中，在舞台窗口中选择"戒指"实例，打开该实例的"属性"面板，设置参数如图3-40所示。选中第109帧，按F6键，在该帧上插入关键帧，在舞台窗口中选择"戒指"实例，打开该实例的"属性"面板，设置参数如图3-41所示。选中第99帧并右击，在弹出的快捷菜单中选择"创建传统补间"命令,生成传统补间动画。

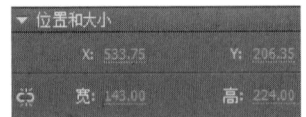
图 3-40 "戒指"实例第 99 帧参数

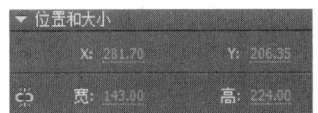
图 3-41 "戒指"实例第 109 帧参数

(11) 单击"时间轴"面板下方的"插入图层"按钮,创建新图层并将其命名为"星星动画",选中第 112 帧,按 F6 键,在该帧上插入关键帧,将"库"面板中的"星星动画"影片剪辑元件拖曳到舞台窗口中,选择"选择工具",在舞台窗口中适当调整实例的位置,如图 3-42 所示。

(12) 单击"时间轴"面板下方的"插入图层"按钮,创建新图层并将其命名为"文字",选中第 120 帧,按 F6 键,在该帧上插入关键帧,将"库"面板中的"This life with you soon"图形元件拖曳到舞台窗口中,打开该图形元件的"属性"面板,设置参数如图 3-43 所示。

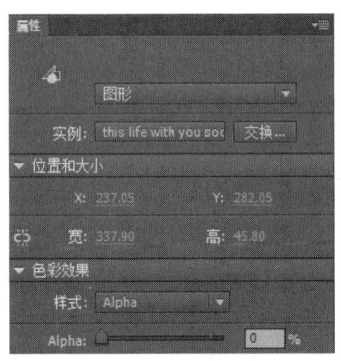

图 3-42 "星星动画"实例的位置　　图 3-43 "This life with you soon"图形元件第 120 帧参数

(13) 选中第 133 帧,按 F6 键,在该帧上插入关键帧,在舞台窗口中选择"文字"实例,打开该实例的"属性"面板,设置参数如图 3-44 所示。选中第 138 帧,按 F6 键,在该帧上插入关键帧,在舞台窗口中选择"文字"实例,打开该实例的"属性"面板,设置参数如图 3-45 所示。选中第 143 帧,按 F6 键,在该帧上插入关键帧,在舞台窗口中选择"文字"实例,打开该实例的"属性"面板,设置参数如图 3-46 所示。选中第 147 帧,按 F6 键,在该帧上插入关键帧,在舞台窗口中选择"文字"实例,打开该实例的"属性"面板,设置参数如图 3-47 所示。

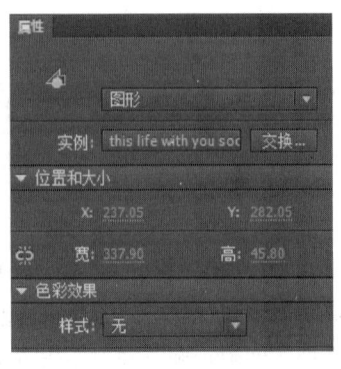

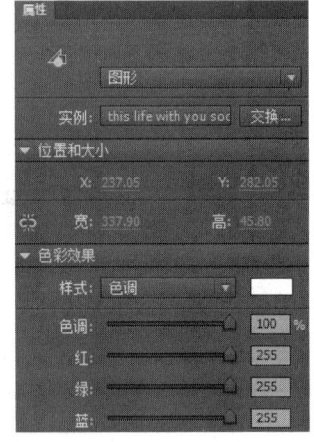

图 3-44 "This life with you soon"图形元件第 133 帧参数　　图 3-45 "文字"实例第 138 帧参数

(14) 分别选中第 120 帧、第 133 帧、第 138 帧和第 143 帧,单击鼠标右键,在弹出的快捷菜单中选择"创建传统补间"命令,生成传统补间动画。在"时间轴"面板中,选中除"文字"图层以外的其他图层的第 147 帧,按 F5 键,在该帧上插入普通帧。

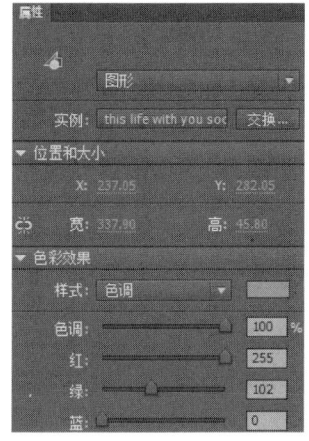

图 3-46 "文字"实例第 143 帧参数

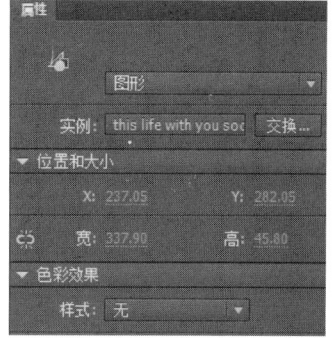

图 3-47 "文字"实例第 147 帧参数

(15)新建图层并命名为"音乐",将库面板中的"1.mp3"拖入舞台窗口中。

(16)新建图层并命名为"Actions",在该图层的第 147 帧,输入"stop()"语句。

(17)首饰广告动画效果制作完成,按 Ctrl+Enter 组合键即可查看效果。

3.2 项目实战 2:梦幻乐园

◆ 素材:Flash CC\项目 3\素材\梦幻乐园
◆ 源文件:Flash CC\项目 3\效果\梦幻乐园.fla

3.2.1 项目实战描述与效果

1. 项目实战描述

本项目创作主要是通过使用 Flash CC 的图形绘制、颜色填充方式、图形的归纳与整理、元件的特性和补间动画等功能来制作游乐场的广告动画,需要事先规划好各部分的制作,将各部分素材制作完毕后整合到一起,形成一个完整的广告动画。

2. 项目实战效果

最终任务效果如图 3-48 所示。

图 3-48 游乐场广告效果

3.2.2 项目实战详解

1．制作背景

（1）新建一个空白文档，将舞台大小设置为 1050×867 像素。按 Ctrl+F8 组合键，在弹出的"创建新元件"对话框中输入元件名称"背景"，在"类型"下拉列表中选择"影片剪辑"，单击"确定"按钮建立新元件。

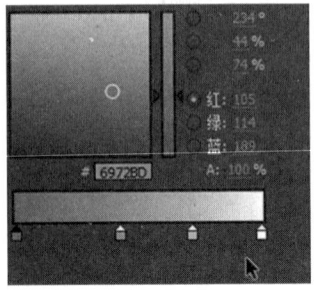

图 3-49　设置渐变颜色

（2）进入元件，选择"工具栏"中的"矩形工具"，绘制一个宽为 1050 像素、高为 660 像素的矩形，并进行线性渐变填充，渐变颜色设置如图 3-49 所示，将该矩形作为天空背景。

（3）再次利用"矩形工具"制作一个宽为 1050 像素、高为 125 像素的矩形，填充棕色，放置在第一个矩形的下方，作为地面。

（4）作为道路的矩形宽为 1050 像素、高为 82 像素，颜色为灰色，并在上面制作一些道路线，"天空"、"地面"、"道路"三个部分的组合效果如图 3-50 所示。

（5）创建新元件，取名为"云彩"，类型为"图形"，在该元件中利用"钢笔工具"勾勒出云彩的形状，并填充白色，并复制出多个云彩。之后进入"背景"元件，新建"图层 2"，将"库"面板中的"云彩"元件拖曳至舞台中，调整大小及位置，效果如图 3-51 所示。

（6）在元件"背景"内，选中"图层 1"的第　帧，按 F5 键添加普通帧，在"图层 2"的第 325 帧上按 F6 键添加关键帧，选中"图层 2"的第　帧，在舞台上选中云彩向左移动一定距离，之后选择"图层 2"的第 1 帧，单击鼠标左键，在弹出的快捷菜单中选择"创建传统补间命令"，制作云彩的飘动动画，广告的背景制作完成。

图 3-50　三部分的组合效果

图 3-51　将云彩加入至背景中

（7）单击屏幕左上角的"场景 1"按钮，回到主舞台，将"库"面板中的"背景"元件拖曳至舞台中，利用"对齐"面板使其与舞台进行垂直与水平对齐。

2．绘制城堡

（1）新建元件并命名为"城堡"，"类型"选择为"图形"，进入元件内部，利用"工具栏"中的"钢笔工具"及"轮廓工具"勾勒出城堡的轮廓。

（2）选择"工具栏"中的"多角星形工具"，在"属性"面板中单击"选项"按钮，弹出"工具设置"对话框，在"样式"下拉菜单中选择"多边形"，在"边数"数字框中输入"3"，单击"确定"按钮，这样就可以绘制三角形，利用该工具绘制出城堡的塔尖，城堡的线稿效果如图 3-52 所示。

(3) 利用"工具栏"中的"颜料桶工具"为城堡的各部分填充基本色，基本色填充完毕后，利用"钢笔工具"在需要填充暗部颜色的地方勾勒出封闭的形状，再用"颜料桶工具"填充暗部颜色，为了得到更好的画面效果，塔尖部分的暗部区域采用"线性渐变"的填充方式。城堡的颜色稿效果如图 3-53 所示。

图 3-52　城堡线稿效果　　　　　　　　图 3-53　城堡颜色稿效果

（4）回到主舞台，在"时间轴"面板上单击"新建图层"按钮，新建"图层 2"，将"库"面板中的"城堡"元件拖曳至舞台中，调整大小及位置。

3．绘制城墙及其他辅助图形

（1）新建一个名为"城墙"的图形元件，进入元件内部，利用制作城堡的方式制作出城墙，并填充各部分颜色，其最终效果如图 3-54 所示。

图 3-54　城墙的最终效果

（2）在主舞台中新建"图层 3"，将"城墙"元件拖曳至舞台上，调整大小及位置关系。

（3）新建一个名为"火山"的图形元件，在元件内勾勒出火山图形的线稿，按 Shift+F9 组合键，弹出"颜色"面板，将其山体部分采用"纯色"的填充方式，岩浆部分采用"线性渐变"的填充方式，线稿及填色稿如图 3-55 所示。

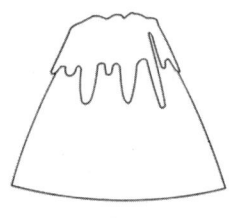　　　　　　　　

　　　（a）　　　　　　　　　　　　　（b）

图 3-55　"火山"的线稿及填色稿效果

（4）单击屏幕左上角的"场景 1"按钮，回到主舞台，选中"图层 2"（城堡元件所在图层），将元件"火山"拖曳至舞台中。

（5）在"图层 2"中选中"火山"元件，选择"修改→排列→下移一层"命令，将"火山"排列在"城堡"后方，如图 3-56 所示。

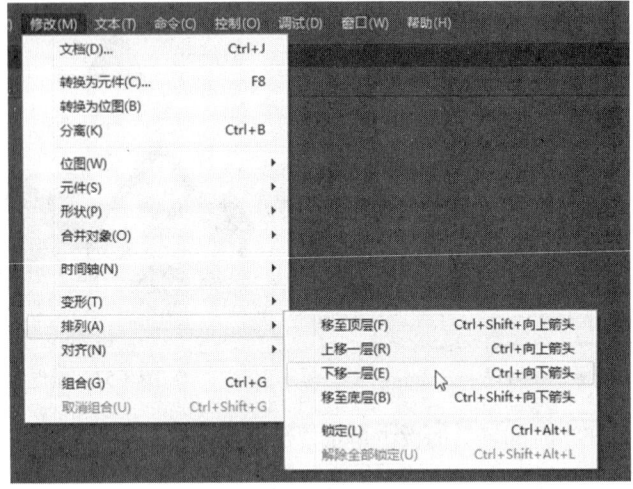

(a)

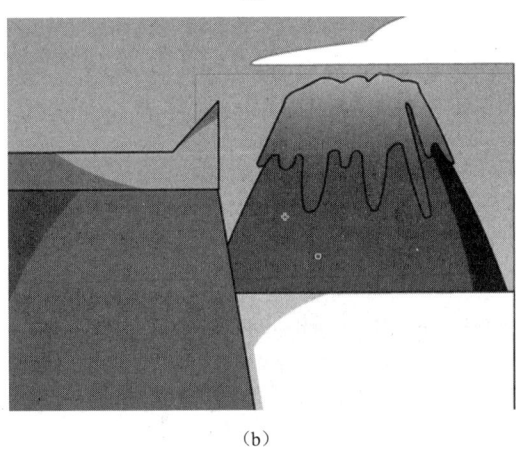

(b)

图 3-56　执行"下移一层"命令及所得到的效果

（6）新建一个名为"树"的图形元件，在元件内勾勒出树图形的线稿并填充颜色，其线稿及填色稿如图 3-57 所示。

　　　　　　　(a)　　　　　　　　　　　　　　　(b)

图 3-57　"树"的线稿及填色稿效果

(7)将"树"元件也拖曳至主舞台的"图层 2"中,放置在"火山"的前方。

4．制作摩天轮

(1)新建两个图形元件,分别命名为"摩天轮支架 01"和"摩天轮支架 02",在这两个元件中分别绘制图形,并进行渐变颜色填充,如图 3-58 和图 3-59 所示。

(2)新建一个图形元件并命名为"红车厢",在元件内绘制出红色的摩天轮车厢,效果如图 3-60 所示。

(3)在"库"面板中选择"红车厢"元件,单击鼠标右键,在弹出的快捷菜单中选择"直接复制"命令,弹出"直接复制元件"对话框,在"名称"文本框中输入"绿车厢",在"类型"下拉列表中选择"图形"选项,单击"确定"按钮,如图 3-61 所示。

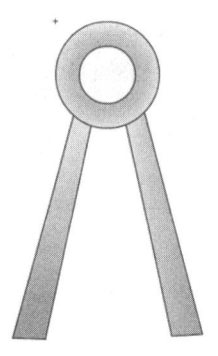 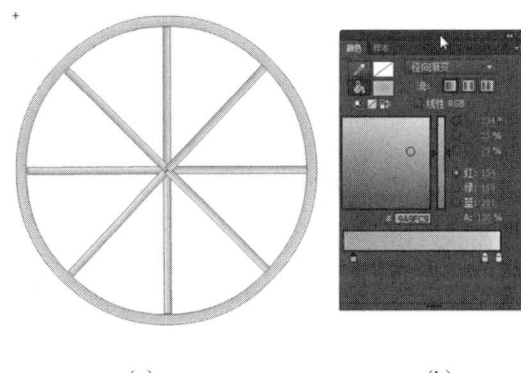

(a) (b)

图 3-58 "摩天轮支架 01"中的图形　　图 3-59 "摩天轮支架 02"中的图形及渐变设置

 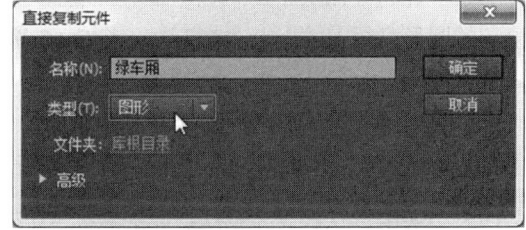

图 3-60 "红色摩天轮车厢"效果　　图 3-61 "直接复制元件"对话框

(4)进入复制的"绿车厢"元件,将元件内车厢图形的颜色更改为绿色。利用同样的方法复制出"黄车厢"元件和"蓝车厢"元件,并将元件内部的车厢图形分别更改为黄色和蓝色,如图 3-62 所示。

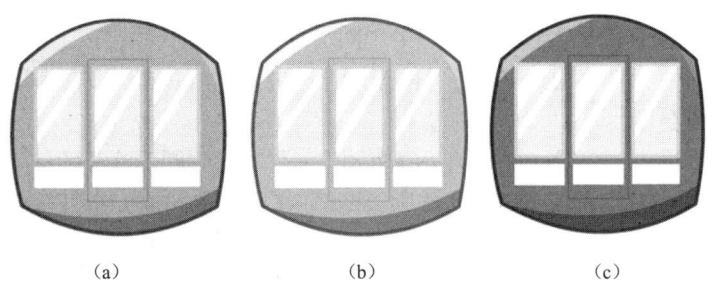

(a) (b) (c)

图 3-62 在复制的元件内部改变车厢图形的颜色

(5)新建一个影片剪辑元件并命名为"摩天轮动画",进入该元件,新建"图层 2"和"图层

3"。选中"图层1",将"库"面板中的"摩天轮支架02"元件拖曳至舞台中;选中"图层2",将"库"面板中的"摩天轮支架01"元件拖曳至舞台中,选中"图层3",将"库"面板中的"绿车厢"元件拖曳至舞台中,调整它们之间的比例及位置关系,如图3-63所示。

（6）首先制作"摩天轮支架02"的旋转动画,选中"图层1"的第200帧,按F6键插入关键帧,再选中该图层的第1帧并右击,选择"创建传统补间"命令,然后在"属性"面板的"补间"选项区域"旋转"下拉列表中选择"顺时针"选项,并在右侧输入"3",如图3-64所示。

 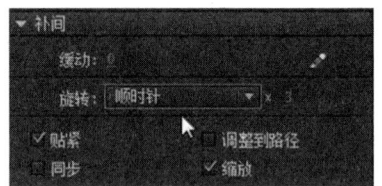

图3-63　调整三者之间的比例和位置　　　　图3-64　"补间"选项区域

（7）利用引导动画来制作车厢的旋转,选中"图层3"并右击,在弹出的快捷菜单中选择"添加传统运动引导层"命令,则"图层3"上方会创建出一个引导图层,"图层3"成为被引导图层。选择"引导层",选择"工具栏"中的"椭圆工具",在"属性"面板的"填充和笔触"选项区域中将"填充颜色"设置为无,如图3-65所示。在舞台中创建与摩天轮支架02相同大小的圆。

（8）先将"图层1"、"图层2"、"图层3"隐藏,选择"工具栏"中的"橡皮擦工具",在刚才绘制的圆形路径上擦出一个缺口,如图3-66所示。

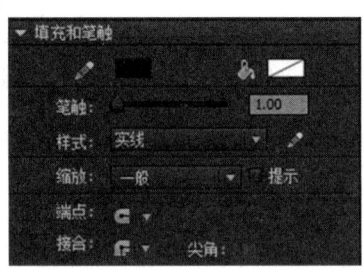 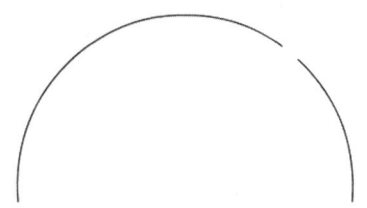

图3-65　"填充和笔触"选项区域　　　　图3-66　在圆形路径上擦出缺口

（9）显示"图层3",在第1帧时将"绿车厢"元件移动到圆形路径的起始位置,选中"引导层"的第200帧,按F5键插入普通帧,选中"图层3"的第200帧,按F6键插入关键帧,在第200帧时将"绿车厢"元件移动到圆形路径的末端,选中第1帧并右击,在弹出的快捷菜单中选择"创建传统补间"命令。

（10）显示"图层3",在第1帧时将"绿车厢"元件移动到圆形路径的起始位置,选中"引导层"的第200帧,按F5键插入普通帧,选中"图层3"的第200帧,按F6键插入关键帧,在第200帧时将"绿车厢"元件移动到圆形路径的末端,选中第1帧并右击在弹出的快捷菜单中,选择"创建传统补间"命令。

（11）将其他车厢元件也拖曳至"摩天轮动画"元件内,调整大小及位置,为每一个车厢设置引导动画,使它们跟着摩天轮一起旋转,效果如图3-67所示。摩天轮动画制作完毕。

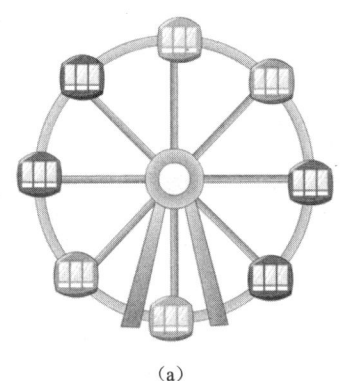
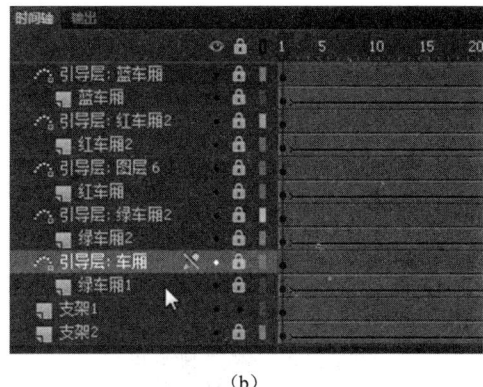

（a） （b）

图 3-67 放置好每个车厢的位置并分别制作引导动画

（12）回到主舞台，将"摩天轮动画"元件拖曳至"图层 2"中，使其处于城墙和城堡之间。

5．制作气球

（1）新建一个名为"红气球"的图形元件，在元件内绘制气球图形，并填充红色。然后在"库"面板中选中"红气球"元件并右击，在弹出的快捷菜单中选择"直接复制"命令，执行两次该命令，将复制出的两个元件分别改名为"黄气球"和"蓝气球"，进入元件，将元件内的气球图形的颜色更改为黄色和蓝色，如图 3-68 所示。

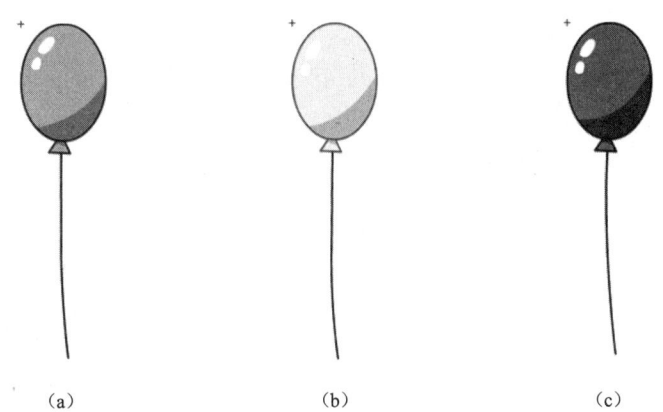

（a） （b） （c）

图 3-68 制作三种颜色的气球

（2）回到主舞台，新建一个图层并命名为"静态气球"，选择该图层，在"库"面板中将几个气球元件拖曳至舞台中并摆放好位置，效果如图 3-69 所示。

图 3-69 摆放静态气球的位置

(3) 新建三个图层，分别命名为"飘动气球 1"、"飘动气球 2"、"飘动气球 3"，在每个图层中拖曳一个气球元件。分别选中这三个图层并右击，在弹出的快捷菜单中选择"添加传统运动引导层"命令，为每一个图层都创建一个引导层，如图 3-70 所示。

(4) 分别选中三个引导层，利用"工具栏"中的"钢笔工具"在舞台上创建如图 3-71 的路径。

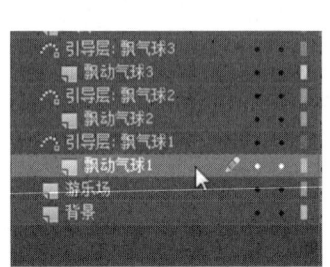

图 3-70　为三个气球所在图层分别添加引导层　　　图 3-71　为三个引导层分别创建路径

(5) 选中"飘动气球 1"图层的第 70 帧，按 F6 键插入关键帧，在第 1 帧时将气球放置到其引导路径的起始端，在第 70 帧时将气球放置到其引导路径的终止端，如图 3-72 所示。然后再次选中第 1 帧并右击，在弹出的快捷菜单中选择"创建传统补间"命令，引导动画创建完毕。

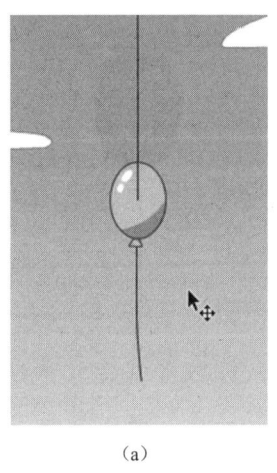

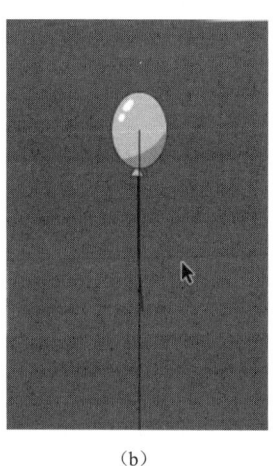

(a)　　　　　　　　　　　　　　　　(b)

图 3-72　在第 1 帧和第 70 帧时分别将气球放置在其引导路径的起始端和终止端

(6) 为"飘动气球 2"图层和"飘动气球 3"图层中的气球也设置引导动画，"飘动气球 2"的引导动画设置为从第 15 帧至第 90 帧，"飘动气球 3"的引导动画设置为从 20 帧至第 150 帧，得到三个气球依次飘升的效果，其关键帧状态如图 3-73 所示。

图 3-73　三个气球图层的关键帧状态

6. 制作文字部分

（1）在主舞台中新建一个图层并将图层名更改为"广告语"，选择该图层，单击"工具栏"中的"文本工具"，在"属性"面板中将"系列"设置为"方正彩云简体"，将"大小"设置为50磅，"字母间距"设置为0，"颜色"设置为白色，如图3-74所示。

（2）为了使文字与背景有更好的结合效果，在文字下方创建一个圆角矩形，填充淡绿色（#66FF99），"Alpha"设置为30%，效果如图3-75所示，并将其放置在舞台右侧，如图3-76所示。选中该层的第150帧，按F6键插入关键帧，将文字放置到舞台的中间位置，如图3-77所示。

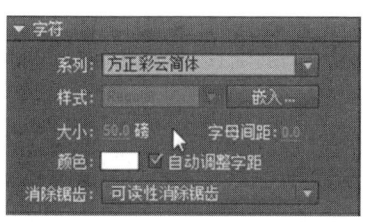 

图3-74　"字符"选项区域中参数的设置　　　图3-75　在文字底部创建圆角矩形并填充颜色

（3）新建一个图层并将名称更改为"LOGO"，选择"文件→导入→导入到库"命令，在光盘中的"Flash CC\项目3\素材\"文件夹中选择"梦幻乐园.png"文件，单击下方的"打开"命令，进行导入，将该素材放置到舞台上的相应位置。

图3-76　文字放置在舞台右侧　　　　　　　图3-77　文字放置在舞台中间

（4）新建一个图层并命名为"音乐"，将库面板中的1.mp3拖入舞台窗口中。

（5）新建一个图层并命名为"Actions"，在该层的第150帧，输入"stop()"语句，时间轴面板如图3-78所示。

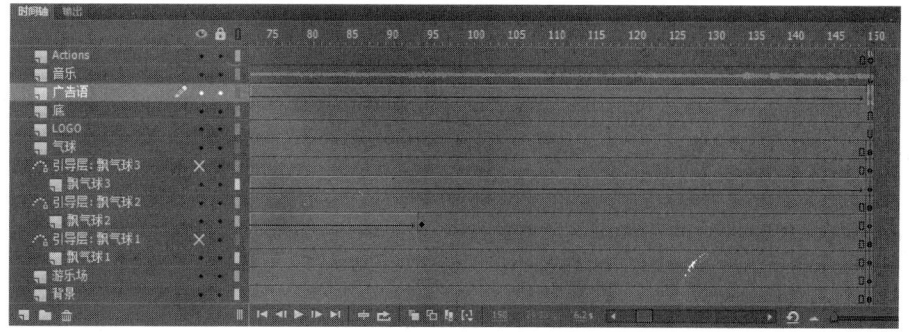

图3-78　时间轴面板

（6）梦幻乐园动画效果制作完成，按 Ctrl+Enter 组合键即可查看效果。

3.3 知识链接：元件、实例和库的应用

为了方便利用 Flash CC 软件制作动画，同时控制最后生成动画的大小，Flash CC 特别引入了"元件"这一概念，实例和库分别是元件置入舞台后的状态和元件存放的位置。

3.3.1 元件和实例的使用

Flash CC 软件中的元件分为三类，分别是图形、按钮和影片剪辑，元件中可以直接进行制作或进行素材的整合，当元件置入舞台上成为实例时，如果需要更改元件中的某些部分，可以直接进入元件内进行修改，修改后的结果会直接反映在舞台上的实例中。

1．创建图形元件

在动画中所需要的静态图像或动画片段都可以在图形元件中进行制作或处理，但如果将交互式控件或声音置入图形元件中将不起作用。创建图形元件的方法如下。

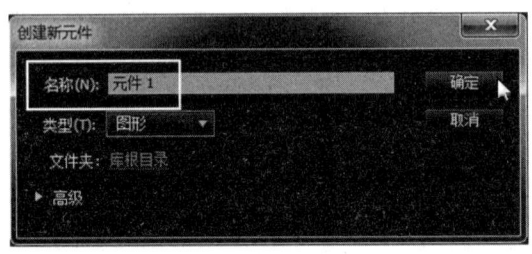

图 3-79 "创建新元件"对话框

（1）选择"插入→新建元件"命令或按 Ctrl+F8 组合键，会弹出"创建新元件"对话框。

（2）在"创建新元件"对话框中的"名称"文本框中可以输入元件的名称，这里输入"元件1"，在"类型"下拉列表中选择"图形"选项，单击"确定"按钮即可创建图形元件，如图 3-79 所示。

（3）在图形元件中，可以进行素材的导入或直接绘制图形，操作完成后，单击左上角的 场景1 按钮或 ← 按钮就可以返回主舞台。

2．创建按钮元件

按钮是一种特殊的交互动画，在按钮元件中可以针对用户利用鼠标进行人机交互的四种状态进行设置，分别是默认状态、感应鼠标状态、点击鼠标状态和按钮隐藏状态。

（1）选择"插入→新建元件"命令或按 Ctrl+F8 组合键，会弹出"创建新元件"对话框。

（2）在"创建新元件"对话框中的"名称"文本框中可以输入元件的名称，在"类型"下拉列表中选择"按钮"选项，单击"确定"按钮即可创建按钮元件。

（3）在按钮元件中，选择时间轴上的"弹起"帧，利用绘图工具绘制图形，如图 3-80 所示。

（4）然后依次选择"指针"和"按下"两个关键帧，并分别调整这两个关键帧的图形状态，如图 3-81 所示。

在"点击"关键帧中设置图形会使按钮处于隐藏状态，但按钮的功能不变，这里就不在这一关键帧上设置图形了。

图 3-80 时间轴上的"弹起"帧的按钮状态　　图 3-81 "指针"与"按下"帧的按钮状态

（5）将处理完的按钮元件拖曳至主舞台中，按 Ctrl+Enter 组合键测试按钮效果。

3．创建影片剪辑元件

影片剪辑元件主要用于制作动画片段，由于该元件具备自身独立的时间轴，而且将该元件拖曳至舞台中时，只在舞台上占一个关键帧的位置，因此用来制作一些小的动画片段十分方便。在影片剪辑元件中制作的动画拖曳到舞台上进行播放时会循环播放。

（1）选择"插入→新建元件"命令或按 Ctrl+F8 组合键，会弹出"创建新元件"对话框。

（2）在"创建新元件"对话框中的"名称"文本框中可以输入元件的名称，这里输入"气球"，在"类型"下拉列表中选择"影片剪辑"选项，单击"确定"按钮即可创建影片剪辑元件。

（3）进入该元件，利用绘图工具绘制气球，如图 3-82 所示。

（4）选中"图层 1"的第 30 帧，按 F6 键插入关键帧，在这一帧中，调整气球的形状。然后重新选中第 1 帧并右击，在弹出的快捷菜单中选择"创建补间形状"命令完成动画。如图 3-83 所示。

（5）将制作完的影片剪辑元件拖曳至舞台中，按 Ctrl+Enter 组合键测试影片剪辑元件的动画效果。

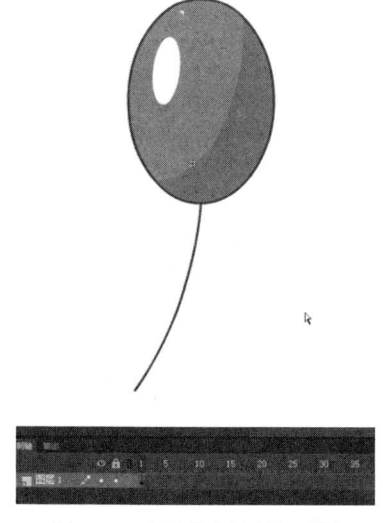
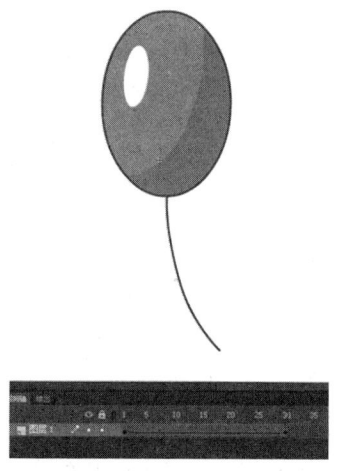

图 3-82 在元件中绘制气球图　　图 3-83 调整第 30 帧时气球形状，创建"补间"形状

4．实例

将制作好的元件置入舞台或其他元件中后，便称为实例。在舞台中选择绘制好的图形，选择

"修改→转换为元件"命令，或按 F8 键，便可将图形转换为元件，在"库"面板中将该元件拖曳至舞台上即可创建一个实例，如图 3-84 所示。

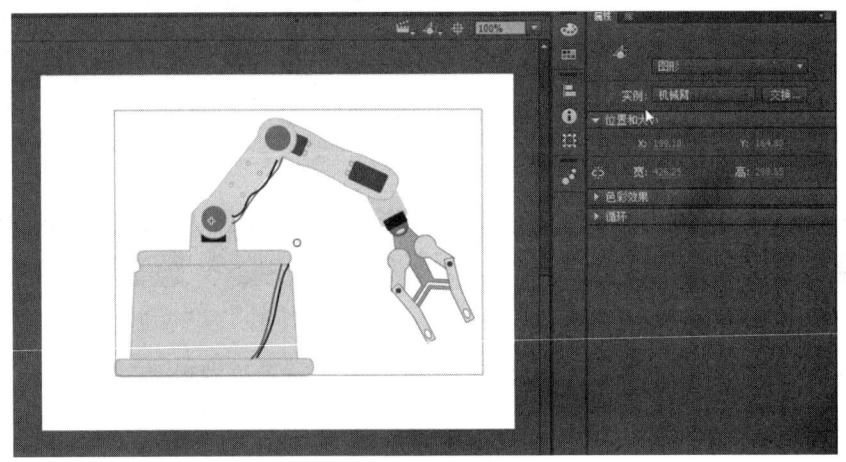

图 3-84　将"库"面板中的元件拖曳至舞台后便成为实例

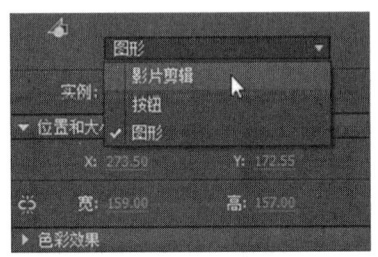

图 3-85　实例的类型选择

（1）在 Flash CC 中，实例的类型是可以转换的，选中舞台上的实例后，在"属性"面板中的"图形"下拉列表中可以转换实例类型，与元件的类型相同，分别是"图形"、"按钮"和"影片剪辑"，如图 3-85 所示。

无论选择哪种实例类型，"属性"面板中"位置和大小"选项区域中的"X"、"Y"、"宽度"、"高度"文本框分别用于设置实例在舞台中的具体位置及大小。

（2）在"色彩效果"选项区域中的"样式"下拉列表中下，包含了"亮度"、"色调"、"高级"、"Alpha" 4 个选项，每一个选项均可以用来改变实例的颜色效果。

Ⅱ "亮度"选项用来调整实例的明暗效果。亮度滑块默认值为 0，此时实例颜色不变，最小值为-100%，此时实例为黑色。最大值为 100%，此时实例为白色。

② "色调"选项可利用一种颜色对原实例进行着色，在颜色窗口中直接选择一种颜色、或调整"红"、"绿"、"蓝"三个滑块的数值来确定颜色。"色调"滑块用来确定所选颜色对原实例的影响程度，当其值为 0 时，表示没有影响，值为 100%时，所选颜色完全覆盖原实例颜色，如图 3-86 所示。

♌ "高级"选项对话框，可以调整实例的红、绿、蓝三原色的配色比例及透明度,其中的"Alpha"、"红"、"绿"、"蓝"四项命令均可通过两个文本框进行调整，左侧文本框用来减少相应的透明度比例及颜色的分量，右侧文本框可增加或减少相应的透明度及颜色值。

♏ "Alpha"选项，用来改变实例的透明度，滑块默认值为 100%，实例透明度无变化，最小值为 0，实例变得完全透明。

（3）当实例类型为"按钮"或"影片剪辑"时，可通过"属性"面板下方的"滤镜"菜单为实例添加滤镜效果，Flash CC 所提供的滤镜选项如图 3-87 所示。

（4）选择舞台中的实例，执行"修改→分离"命令或按 Ctrl+B 组合键，可打断实例与元件之间的链接，使之还原为基本图形单位，对其进行修改将不影响元件的内容。

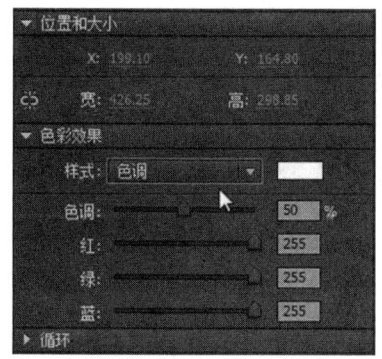
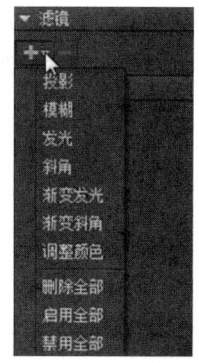

图 3-86 "色调"选项中所包含参数　　　　图 3-87 "滤镜"菜单中的选项

3.3.2 库的使用

Flash CC 中的库用于存储 Flash CC 中创建或导入的媒体资源。用户可以在 Flash CC 应用程序中创建永久的库,也可以打开任意 Flash CC 文档的库,将文件的库项目用于当前文档。选择"窗口→库"命令,也可通过按 Ctrl+L 组合键打开"库"面板,各按钮的名称如图 3-88 所示。

① "新建元件"按钮:单击此按钮,会弹出"创建新元件"对话框,在该对话框中可以设置新建元件的名称及新建元件的类型。

② "新建文件夹"按钮:在一些复杂的 Flash 文件中,库文件通常会很多,管理起来十分不方便。因此,需要使用"新建文件夹"的功能,在库中创建一些文件夹,将同类的文件放入相应的文件夹中,使元件的调用更灵活、方便。

③ "属性"按钮:用于查看和修改库元件的属性,在弹出的"元件属性"对话框中显示了元件的名称、类型等一系列的信息,如图 3-89 所示。

④ "删除"按钮:用来删除库中多余的文件和文件夹。

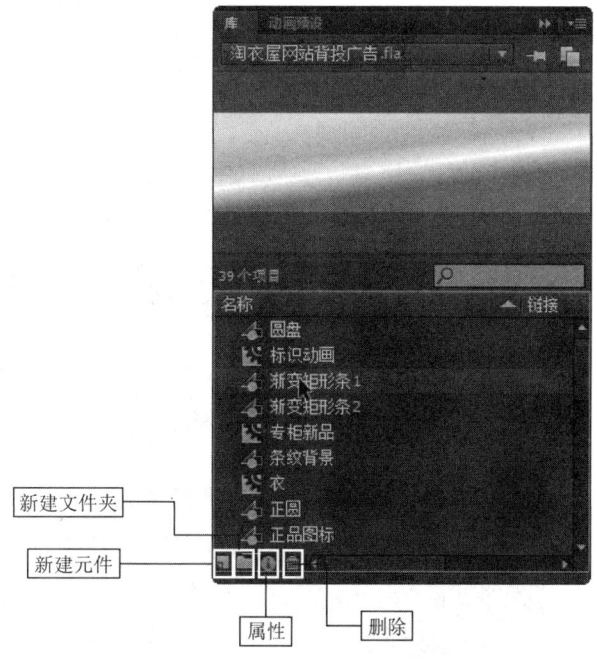

图 3-88 "库"面板各按钮的名称

图 3-89 "元件属性"对话框

3.4 知识链接：导入多媒体文件

利用 Flash CC 软件，无论是制作情景动画、广告动画还是网页，很多时候都需要使用素材文件，该软件可支持导入的素材文件主要包括图片素材、声音素材和视频素材。

3.4.1 导入外部文件

在本节中主要介绍 Flash CC 导入图片文件，图片文件是该软件在使用时最常导入的素材，能够进行导入的图片格式包括位图的 JPG、TIF、PNG、PSD、GIF，矢量图的 AI 格式等。

1. 导入位图

（1）选择"文件→导入→导入到库"命令，弹出"导入"对话框，在计算机中选择某一图片文件，选择"打开"命令，该文件就会被导入到软件的"库"面板中。

（2）在 Flash CC 中可以导入 PSD 文件作为素材，PSD 格式是 Photoshop 软件的标准图片格式，文件内可包含"图层"、"文本"、"形状"等元素，当选择"文件→导入→导入到库"命令并选择计算机中的 PSD 格式文件时，单击"打开"按钮，将弹出如图 3-90 所示的对话框。

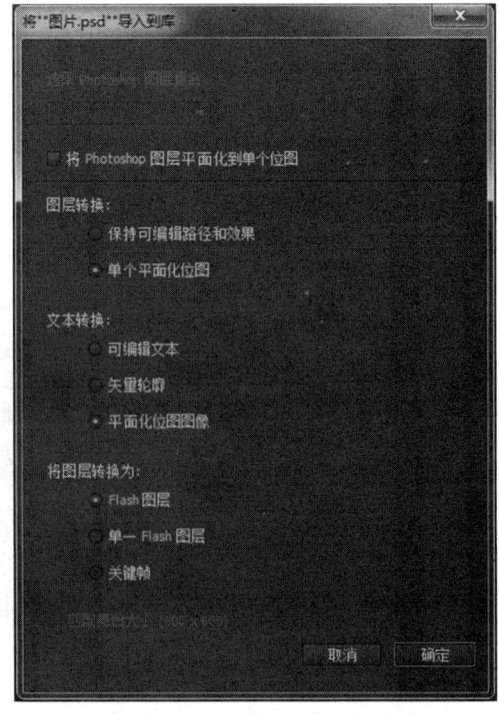

图 3-90 在导入 PSD 格式文件时所弹出的对话框

① 如选中"将 Photoshop 图层平面化到单个位图"复选框，则下方的全部选项将变为灰色状态，不可选择，在导入 PSD 文件时，软件将自动合并文件中的所有图层，以单一图层的方式导入到 Flash CC 中。

② 在"图层转换"选项中，选中"保持可编辑路径和效果"单选按钮，则在导入 PSD 文件后，将保留文件内所包含的路径、图层样式等效果；选中"单个平面化位图"单选按钮，则将具有路径、图层样式等元素的图层进行合并，以单一图层的方式导入。

③ 在"文本转换"选项中可设置文本图层导入时的状态，当选中"可编辑文本"单选按钮时，PSD 文件中的文本在导入后将被创建为可编辑文本；当选中"矢量轮廓"单选按钮时，将把 PSD 文件中的文本在导入后转换为路径；当选中"平面化位图图像"单选按钮时，将把 PSD 文件的文本图层栅格化并合并后进行导入。

④ "将图层转换为"选项可设置 PSD 文件导入后图层的状态，选中"Flash 图层"单选按钮时，Flash CC 将根据所导入的 PSD 文件的图层数来设置相应的 Flash 图层数量，并将 PSD 文件中每一个图层中的图像元素分配到相应的 Flash 图层中；选中"单一 Flash 图层"单选按钮时，Flash CC 将把 PSD 文件中所有图层上的图像元素放置在一个 Flash 图层中。

2．导入矢量素材

（1）Flash CC 可以导入 AI 格式的矢量文件作为素材，在选择"文件→导入→导入到库"命令，选择电脑中的 AI 格式文件并单击"打开"按钮时，将弹出如图 3-91 所示的对话框。

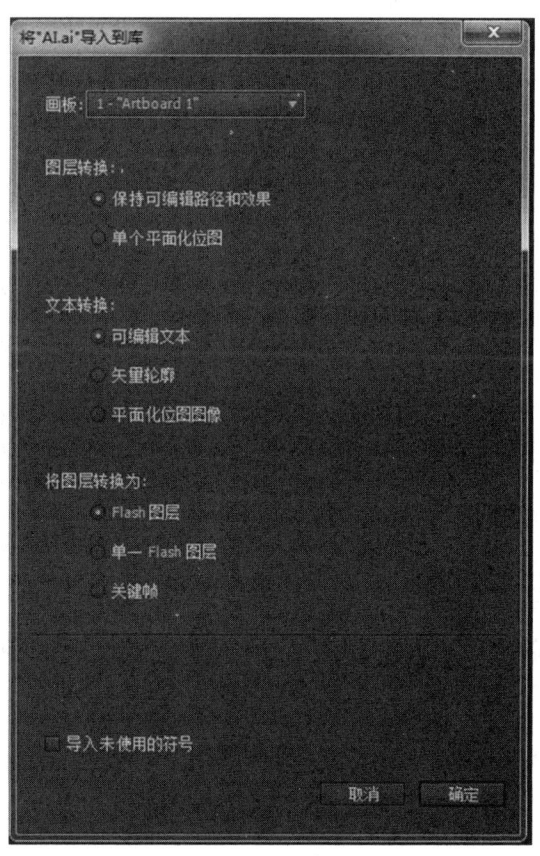

图 3-91　在导入 AI 格式文件时所弹出的对话框

（2）在"画板"下拉菜单中可以选择 AI 文件中所包含的画板进行导入。在"图层转换"、"文本转换"、"将图层转换为"选项中的各项与"导入 PSD 文件"中的选项基本相同,设置完毕后,单击"确定"按钮即可导入 AI 文件。

3.4.2 导入声音

声音是动画作品中必不可少的元素,Flash CC 中可以导入声音文件作为素材,声音文件导入后,也将和图片素材一样被保存到"库"面板中统一管理、使用。

1. 主要的音频格式

(1) 在多种格式的声音文件中,在 Flash CC 中最常用的声音格式为 MP3 和 WAV 格式,AU 和 ALFF 格式的音频文件的使用频率并不高。而且 Flash CC 不支持直接使用 MIDI 格式的文件作为素材,如要使用该格式需经过 JavaScript 脚本进行处理。

① WAV:该格式的音频文件支持单声道和立体声,可采用多种采样率和位分辨率。利用各种相关软件创建的 WAV 格式文件均可应用于 Flash CC 中。

② MP3:该格式的主要优点是文件容量小,同样长度的 MP3 文件,其大小只有 WAV 文件的1/10,虽然经过压缩,但由于其编码技术的优异,使其音质接近 CD,而且文件体积小,具有传输方便的优点。该格式为 Flash CC 的默认音频输出格式。

③ RAW:该格式不对文件进行任何的压缩处理,且与之前版本的 Flash 兼容,缺点是会导致输出后的动画文件体积大,不宜通过 Web 传播。

(2) 音频文件同样通过"文件→导入→导入到库"快捷命令进行导入,选中导入到"库"面板中的音频文件并右击,在弹出的快捷菜单中选择"属性"命令,会弹出如图 3-92 所示的"声音属性"对话框,可通过此对话框观看音频的各项信息,单击右侧的"测试"按钮可对声音进行试听。

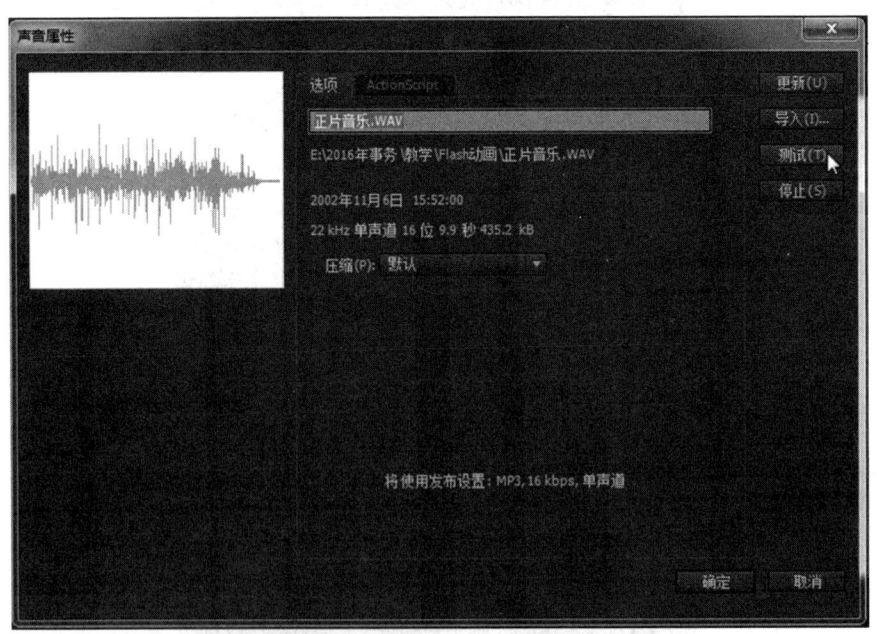

图 3-92 "声音属性"对话框

2. 声音的播放

(1) 将声音文件导入到"库"面板中后,选择"时间轴"面板上的某一个图层,将"库"面板中的声音素材拖曳至舞台中,则图层变为如图 3-93 所示的状态,这时测试影片便可听到声音。

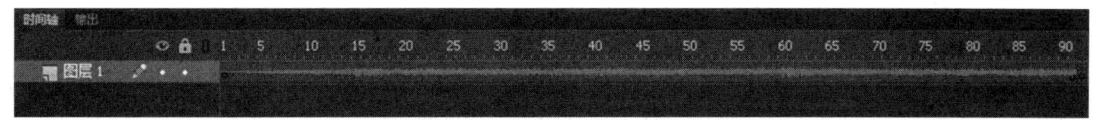

图 3-93 声音素材拖曳至舞台后相应图层的状态

(2) 声音素材拖曳至舞台后,在"属性"面板中可设置声音的播放方式,如图 3-94 所示。

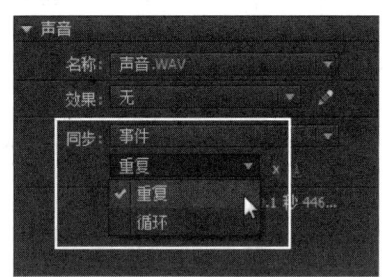

图 3-94 声音的播放方式

① 重复:选择该选项后,可以在右侧的文本框中输入重复播放的次数,声音将按设置进行重复播放。

② 循环:声音将始终进行循环播放。

3. 声音的效果

将声音素材置入舞台中后,"属性"面板中的"声音"选项区域中,在"效果"下拉列表中可以对声音的播放效果做出多种设置,如图 3-95 所示。

① 无:将不应用任何效果。若选择该项,之前应用过的播放效果也将被取消。

② 左声道:选择该选项,则只在左声道播放音频。

③ 右声道:选择该选项,则只在右声道播放音频。

④ 向右淡出:选择该选项,声音会从左声道传到右声道,并逐渐减小幅度。

⑤ 向左淡出:选择该选项,声音会从右声道传到左声道,并逐渐减小幅度。

⑥ 淡入:选择该选项,在声音开始播放后会逐渐增强其幅度。

⑦ 淡出:选择该选项,在声音开始播放后会逐渐减小其幅度。

⑧ 自定义:可以创建自己的声音效果,并可单击"效果"右侧的 按钮,弹出"编辑封套"对话框,对声音进行编辑,如图 3-96 所示。

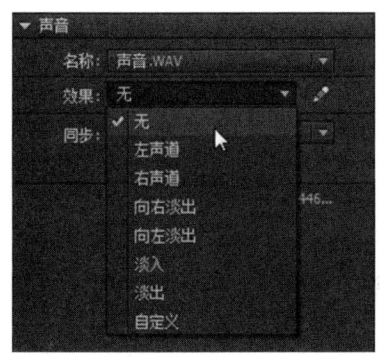

图 3-95 声音播放效果的设置

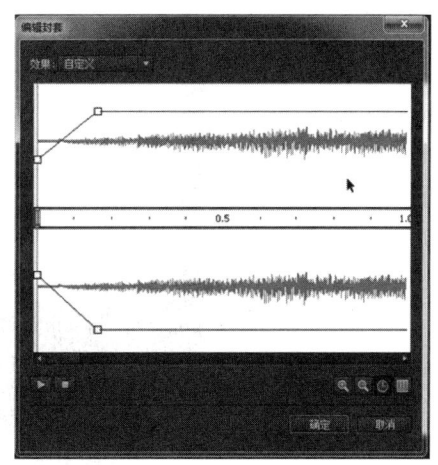

图 3-96 "编辑封套"对话框

4. 编辑封套

打开"编辑封套"对话框后,可以看到该对话框主要分为两个编辑区域,上方代表左声道波形编辑区,下方代表右声道波形编辑区,如图 3-97 和图 3-98 所示。

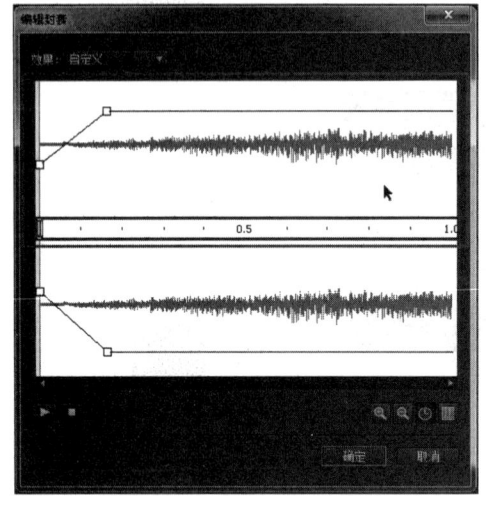 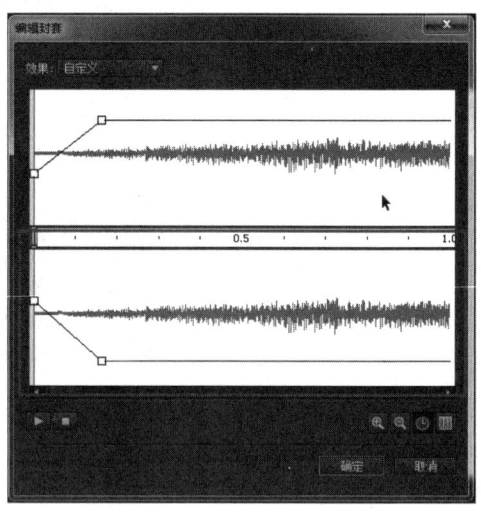

图 3-97　左声道波形编辑区　　　　　　图 3-98　右声道波形编辑区

① 效果:在该下拉列表中可以设置声音的播放效果。

② 声音的播放和停止:单击对话框左下角的 ▶ 按钮,可以播放声音,以测试效果。单击 ■ 按钮,可以停止播放。

③ 声音波形的放大和缩小:单击对话框右下角的 ⊕ 按钮,可以使对话框中的声音波形在水平方向放大,可以进行更细致的调整。单击 ⊖ 按钮,可以使对话框中的声音波形在水平方向缩小,可以观看声音的整体效果,并进行调整。

④ 时间单位的显示:左、右声道波形区的中间位置为时间刻度区,如图 3-99 所示,在对话框右下角单击 ⊙ 按钮,可以使时间刻度以秒为单位显示。单击 ▦ 按钮,可以使时间刻度以帧为单位显示。

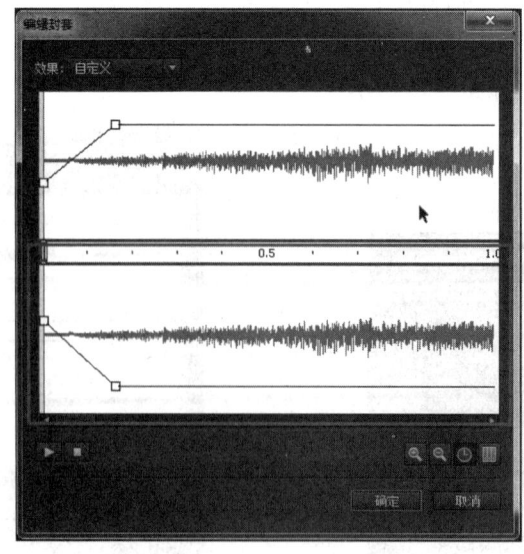

图 3-99　对话框中的时间刻度区

4. 声音的同步方式

所谓同步指的是影片与声音在播放时的配合方式，在"属性"面板的"声音"选项区域中"同步"下拉列表中提供了 4 种同步方式，如图 3-100 所示。

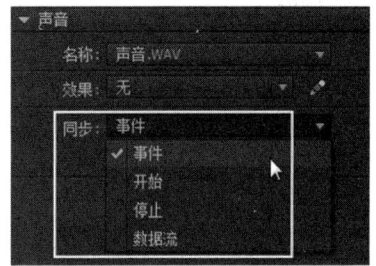

图 3-100　声音的同步方式

① 事件：默认的声音同步模式。选择该选项，当动画播放到声音的开始关键帧时，声音开始播放，并且是独立于时间轴的，即使动画停止，声音也会继续播放，到播放完毕为止。

② 开始：该选项适用于在一个动画中添加了多个声音文件的情况。如果动画中某一段声音选择了该选项，则动画播放到该声音时，如果有其他的声音正在播放，则自动取消播放"同步"设置为"开始"的声音，只有在没有其他声音播放的情况下，才会对该声音进行播放。

③ 停止：选择该选项，当动画播放到该声音的开始帧时，该声音与其他正在播放的声音都会停止播放。

④ 数据流：选择该选项，Flash CC 将自动调整动画和音频的同步效果，将声音完全附加到动画上，如果动画将在 Web 站点上播放，则要选择该选项设置。

3.4.3　导入视频

基于 Flash CC 软件所具有的技术优势，也可以将视频文件作为素材导入，使其与位图、矢量图、声音文件一起，打造有特色的动画作品。

导入视频文件有以下几种方式。

（1）选择"文件→导入→导入视频"命令，弹出"导入视频"对话框，如图 3-101 所示。

（2）单击"文件路径"右侧的按钮，弹出"打开"对话框，选择相关素材文件，单击下方的"打开"按钮，将该文件引入到"文件路径"中，如图 3-102 所示。

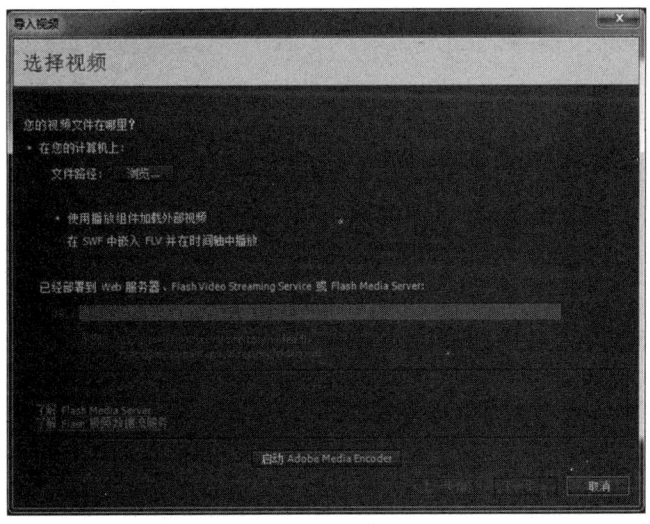

图 3-101　"导入视频"对话框

（3）在"导入视频"对话框中单击"下一步"按钮，接着在对话框左下角的"外观"下拉列表中选择任意外观，不同的选项会使视频的长宽比有所变化，如图 3-103 所示。然后再次单击"下一步"按钮。

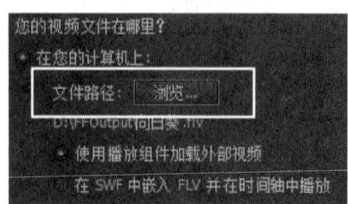
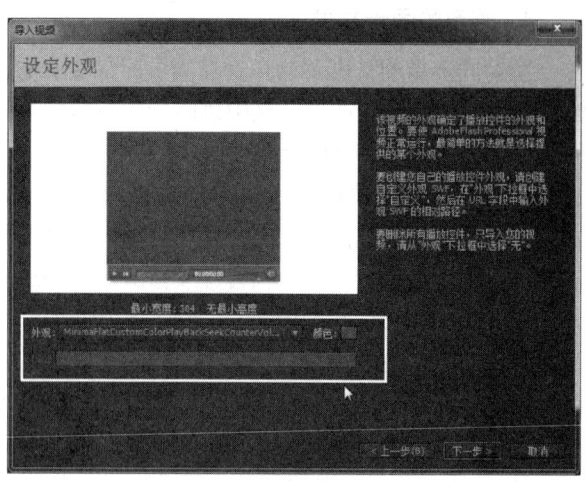

图 3-102　选择的视频文件将出现在对话框中　　　图 3-103　进行"外观"的选择

（4）单击"完成"按钮即可将视频导入到舞台中，可选择工具栏中的"任意变形工具"对视频的大小进行调整，之后按 Ctrl+Enter 组合键测试动画。

在视频文件导入后，可以在"属性"面板中设置视频文件的属性，主要包括名称及文件大小等方面的设置。

3.5　项目实战问答

　NO.1　前景及背景导入图片素材时，图片格式如何设置？

答：在 Flash CC 动画的制作中，要使素材服务于作品的需要，需要注意一下几个问题。
（1）作为背景的素材处于画面的最后方，在图层的顺序上看处于最下方图层中，因此在图片格式上没有过多要求，所要注意的是背景图片与舞台的大小关系，图片比舞台小，则最后生成的动画四周会有白边，图片比舞台大，则最后生成的动画难以看到全部背景，因此应使背景图片的大小与舞台大小一致。
（2）作为前景的图片在导入 Flash CC 之前，应先在 Photoshop 等图像处理软件中将图片的底色清除，除画面需要保留的部分外，其余部分不留颜色像素，处于透明状态，并保存为 PSD、PNG 等可保留图片透明信息的图片格式，这样在导入到 Flash CC 之后，可与背景达到很好的合成。

　NO.2　不同类型元件中的动画放入舞台需要注意什么？

答：在制作较复杂的动画效果时，将部分动画片段在元件中制作，不但可以有效地控制最终输出文件的大小，而且便于进行制作统筹，需要注意的问题主要有以下几点。
（1）在"影片剪辑"元件中制作的动画片段，置入到舞台后，在"时间轴"面板中只占一个关键帧的位置，动画片段会全部保留，在动画输出时该片段会循环播放。

（2）在"图形"元件中制作的动画效果如需要保留，则需要在将该元件置入舞台后，使实例所在图层的帧数与元件内动画的帧数保持一致，则元件内动画在最终输出时可全部保留。

3.6 项目小结

通过本项目的学习，用户可以了解到"元件"和"实例"是创建 Flash CC 动画的重要组成部分，并掌握使用库资源的方法。

用户应重点注意区分"元件"和"实例"的关系，"元件"可以在影片或其他影片剪辑中重复使用，"实例"则可以与其他的元件颜色、大小和功能有很大的差别。"元件"存放在"库"面板中，用户可以在 Flash CC 影片之间将元件作为共享资源。

3.7 项目训练 3

拓展能力训练项目——游戏广告。

项目任务

设计制作游戏广告。

客户要求

以"游戏广告"为主题，设计大小为 550×300 像素、帧频为 24 帧的游戏广告，以吸引玩家眼球，将此款游戏推广出去。

关键技术

（1）游戏角色人物，具有较强的艺术感。

（2）动画节奏及时间控制。

（3）画面切换灵活自然。

参照效果图

游戏广告的最终制作效果，如图 3-104 所示。

图 3-104 "游戏广告"效果

项目 4

电子相册制作

 项目导学

学习任务	学习内容	能力要求
项目实战 1：婚纱相册制作 项目实战 2：宝宝相册制作 图层 帧及时间轴 项目实战问答	① Flash CC 属性面板及动画的创建 ② 图层的类型及图层的基本操作 ③ 帧的类型及基本操作 ④ 时间轴的基本操作	① 掌握相关各属性面板的应用 ② 重点掌握遮罩动画的创建 ③ 掌握遮罩层及被遮罩层的创建方法及含义 ④ 能够根据需要创建各种类型的帧

4.1 项目实战 1：婚纱相册制作

4.1.1 项目实战描述与效果

◆ 素材：Flash CC\项目 4\素材\婚纱相册
◆ 源文件：Flash CC\项目 4\源文件\婚纱相册

1. 项目实战描述

Flash CC 电子相册是将照片连接起来，形成动态影片，在 Internet 上和朋友们分享的一种方式。通过这种方式可以记录幸福的时光，表达对生活的热爱。相信大家通过该项目的演练，能够对电子相册的创作得心应手。

本项目主要介绍通过"任意变形工具"、"矩形工具"、"线条工具"、"颜色"面板、"库"面板、"对齐"面板、"元件"的创建与使用、"传统补间动画"及"ActionScript 3.0"语言的编写等知识来制作"婚纱相册"项目。

2. 项目实战效果

最终任务效果如图 4-1 所示。

4.1.2 项目实战详解

1. 导入图片

（1）选择"文件→新建"命令，在弹出的"新建文档"对话框中选择"ActionScript 3.0"选项，单击"确定"按钮，进入新建文档舞台窗口。按 Ctrl+F3 组合键，弹出"属性"面板，单击"大小"右侧的"编辑"按钮，弹出"文档设置"对话框，将舞台宽度设置为 800 像素，高度设置为 450 像素，将背景颜色设置为白色（#FFFFFF），如图 4-2 所示。

图 4-1 "婚纱相册"效果

（2）选择"文件→导入→导入到库"命令，在弹出的"导入到库"对话框中选择"项目 4→素材→婚纱相册"文件夹下的所有文件，单击"打开"按钮，这些图片都被导入到"库"面板中，如图 4-3 所示。

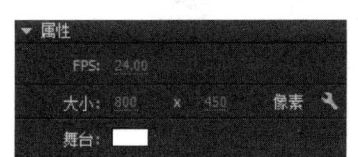

图 4-2 "属性"面板

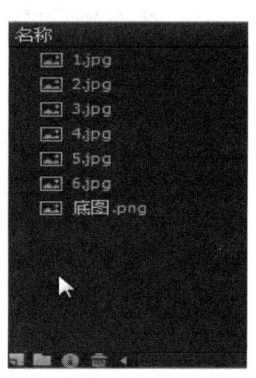

图 4-3 "库"面板

2．制作照片图形元件

（1）按 Ctrl+F8 组合键，弹出"创建新元件"对话框，在"名称"选项文本框中输入文字"照片"，在"类型"下拉列表中选择"图形"选项，单击"确定"按钮，创建"照片"图形元件，舞台窗口也随之转换为该元件的舞台窗口。

（2）分别将"库"面板中的图片"1"、"2"、"3"、"4"、"5"、"6"拖曳到舞台窗口中，并放置在同一高度，调出其"属性"面板，将所有照片的"Y"选项设置为"-60"，"X"选项保持不变。选择"选择工具"，按住 Shift 键的同时选中所有照片，按 Ctrl+K 组合键，调出"对齐"面板，选择"水平平均间隔"命令，效果如图 4-4 所示。

图 4-4 照片元件

（3）按 Alt+Shift+F9 组合键，调出"颜色"面板，将"填充颜色"设置为黑色，"Alpha"选项设置为"50%"，如图 4-5 所示。选择"矩形工具"，在工具箱中将"笔触颜色"设置为"无"，在舞台中绘制一个矩形，将其放置到照片的下方，效果如图 4-6 所示。

3．进入场景制作相册

（1）选中"图层 1"并将其重新命名为"底图"，使用"选择工具"将"底图"图片拖曳到舞台窗口中，按 Ctrl+K 组合键，调出"对齐"面板，选中"与舞台对齐"单选按钮，然后单击"水平中齐"、"垂直中齐"、"匹配宽度"、"匹配高度"4 个图标，使图片与舞台大小相符合，效果如图 4-7 所示。选中"底图"图层的第 250 帧，按 F5 键，插入普通帧。

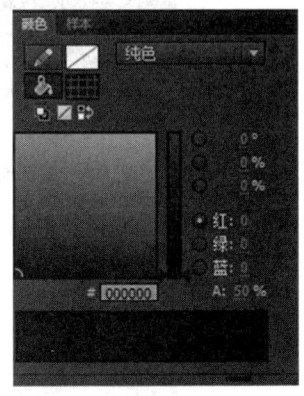

图 4-5 "颜色"面板

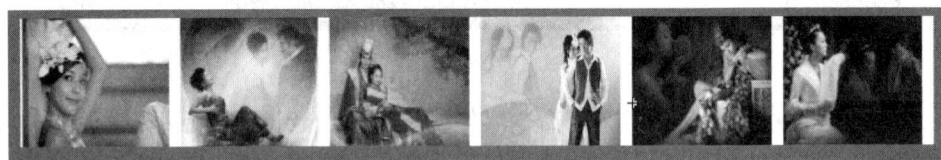

图 4-6 绘制矩形并放置到照片下方

图 4-7 底图

（2）单击"时间轴"面板下方的"新建图层"按钮，创建新图层并将其命名为"照片"。选中"照片"图层的第 1 帧，按 F6 键，插入关键帧。将"库"面板中的"照片"图形元件拖曳到舞台窗口的左边外侧，效果如图 4-8 所示。

（3）选中"照片"图层的第 250 帧，按 F6 键，插入关键帧。按住 Shift 键的同时，将"照片"实例水平拖曳到舞台窗口的右边外侧，效果如图 4-9 所示。选中"照片"图层的第 2 帧并右击，在弹出的快捷菜单中选择"创建传统补间"命令，生成动画效果。

图 4-8 照片在窗口左边外侧

图 4-9 照片在窗口右边外侧

（4）在"时间轴"面板中创建新图层并将其命名为"遮罩"。选中"遮罩"图层的第 1 帧，按 F6 键，插入关键帧。选择"矩形工具"，按 Ctrl+F3 组合键，打开"属性"面板，将"笔触颜色"设置为白色，"笔触高度"设置为"5"，将"填充颜色"设置为灰色（#666666），在舞台窗口绘制一个矩形。选中"任意变形工具"，将其调整到与照片实例等高，并放置到舞台窗口中下方，效果如图 4-10 所示。

图 4-10　绘制矩形并放置到舞台窗口中下方

（5）选择"选择工具"，按 Shift+Alt 组合键的同时，将矩形水平向左拖曳，进行复制。用相同的方法再次向右拖曳矩形进行复制，效果如图 4-11 所示。

图 4-11　复制矩形

（6）在"遮罩"图层的名称上右击，在弹出的快捷菜单中选择"遮罩层"命令，将图层转换为遮罩层，如图 4-12 所示。在"遮罩"图层中单击"锁定/解除锁定所有图层"按钮，锁定"遮罩"图层。

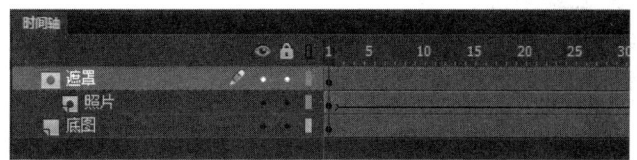

图 4-12　创建遮罩效果

（7）单击"时间轴"面板下方的"新建图层"按钮，创建新图层并将其命名为"白框"。选择"线条工具"，在"属性"面板中将"笔触颜色"设为白色，"笔触高度"设置为"2"，按住 Shift 键分别在舞台窗口中绘制一条垂直线段和一条水平线段，如图 4-13 所示。选中水平线段的同时，按住 Shift+Alt 组合键，向下拖曳线段，复制出一条新水平线段，并将其放置在竖直线段的下端，效果如图 4-14 所示。选择"选择工具"，同时选中 3 条线段，按 Ctrl+G 组合键组合线段，效果如

图 4-15 所示。将组合线段拖曳到与灰色矩形边框重合的位置，效果如图 4-16 所示。

  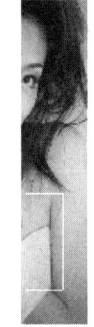

图 4-13　绘制水平线段与垂直线段　　　图 4-14　复制水平线段　　　图 4-15　组合线段

（8）选中组合线段，按住 Alt 键的同时，将其向外侧拖曳进行复制，共复制 3 次。选中任意两个组合线段，选择"修改→变形→水平翻转"命令，将其水平翻转。将组合线段分别放置到与舞台窗口中的灰色矩形边框重合的位置，效果如图 4-17 所示。

 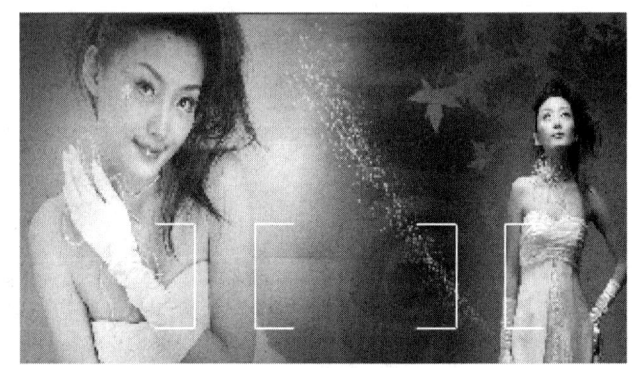

图 4-16　组合线段与灰色矩形边框重合　　　　　　图 4-17　组线段效果

（9）选中"照片"图层的第 250 帧，同前，选择"窗口→动作"命令，弹出"动作"面板，输入"Stop()"语句，如图 4-18 所示。按 Ctrl+Enter 组合键即可查看效果，最终运行效果如图 4-1 所示。

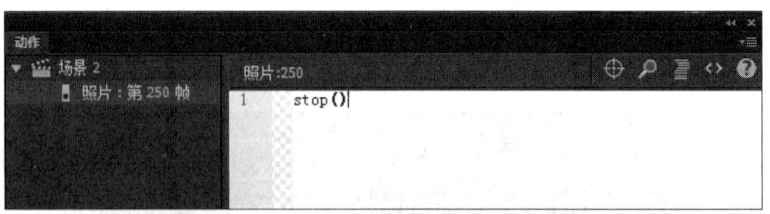

图 4-18　"动作"面板

4.2　项目实战 2：宝宝相册制作

- 素材：Flash CC\项目 4\素材\宝宝相册
- 源文件：Flash CC\项目 4\源文件\宝宝相册

4.2.1 项目实战描述与效果

1. 项目实战描述

本项目是"电子相册"类创作的拓展与延伸,进一步介绍通过"文字工具"、"任意变形工具"、"颜色"面板、"库"面板的使用,"传统补间动画"的应用及"ActionScript 3.0"语言的编写来完成"宝宝的相册"的创作。本项目以这些内容为基础进行创作,使学生能够熟练掌握"电子相册"类的创作方法与流程,最终能够根据客户需求及市场调研结果,设计出适应市场的"贺卡"类动画产品。

2. 项目实战效果

最终任务效果如图 4-19 所示。

(a)

(b)

图 4-19 "宝宝相册"效果

4.2.2 项目实战详解

1. 创建新文件

(1) 新建一个大小为 763×574 像素的 Flash 文档,将文件保存并命名为"教师节贺卡",其"属性"面板如图 4-20 所示。

（2）执行"文件→导入→导入到库"命令，将所有素材导入到库中，"库"面板如图 4-21 所示。

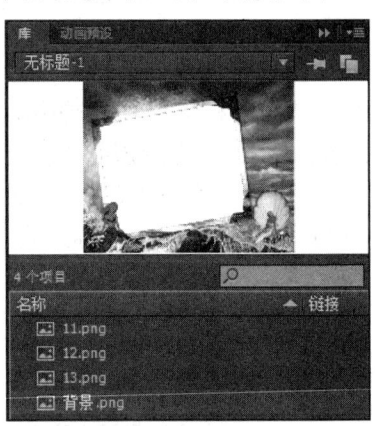

图 4-20　文档"属性"面板　　　　　　图 4-21　"库"面板

2．进入场景制作相册

（1）单击"时间轴"面板下方的"场景 1"图标，进入"场景 1"的舞台窗口。将"图层 1"重新命名为"背景"。将"库"面板中的"背景"图片拖入舞台窗口中并调整好大小，选中该图层的第 210 帧，按 F5 键插入普通帧，效果如图 4-22 所示。

图 4-22　"场景 1"舞台窗口

（2）新建一个图层并将其命名为"图 1"，将"库"面板中的"1.jpg"拖曳到舞台窗口中，选中调整好位置，选中该图层的第 210 帧，按 F5 键插入普通帧，其舞台效果如图 4-23 所示。

图 4-23　"图 1"舞台效果

(3)新建一个图层并将其命名为"图2",选中第36帧并右击,按F6键,插入"空白关键帧",将库面板中的"2.jpg"拖曳到舞台窗口中,并调整好位置,其舞台效果如图4-24所示。

图4-24 "图2"舞台效果

(4)选中第36帧并右击,在弹出的快捷菜单中选择"创建补间动画"命令,创建补间动画后,"图2"会变为蓝绿色,选中第73帧和第110帧,按F6键创建关键帧,时间轴如图4-25所示,选中该图层的第210帧,按F5键插入普通帧。

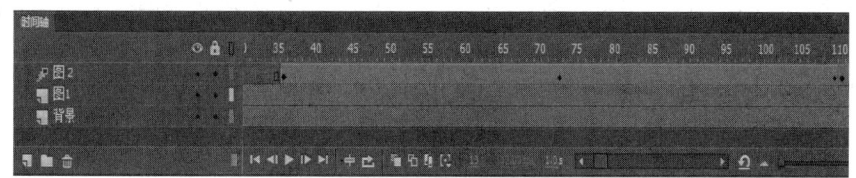

图4-25 时间轴

图4-26 "属性"面板

(5)在"图2"中选择第36帧中的元件,打开"属性"面板。在"属性"面板的"色彩效果"选项区域,在"样式"下拉列表中选择"Alpha"选项,并将数值调整为"0",如图4-26所示。添加"色彩效果"后舞台中的元件变为完全透明。选择第110帧,执行与第36帧同样的操作。

(6)新建一个元件并将其命名为"矩形",在"类型"下拉列表中选择"影片剪辑"选项,单击"确定"按钮,进入元件内部,选择第1帧并绘制如图4-27所示的矩形,选中该层的第45帧,按F6键插入关键帧,使用工具箱中的"任意变形"工具,对矩形进行放大,如图4-28所示。单击鼠标右键,从弹出的快捷菜单中选择"创建传统补间"命令。新建"图层2",选中第45帧并右击,从弹出的快捷菜单中选择"动作"命令,输入"stop()"语句。

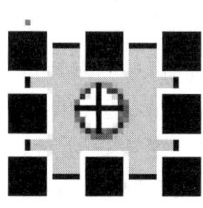

图4-27 绘制矩形

图4-28 放大矩形

（7）制作好矩形元件后，返回场景1中，新建一个图层并将其命名为"遮罩1"，选中第36帧并右击，按F6键插入空白关键帧，将刚刚做好的矩形元件拖曳到舞台中，并调整好位置，其舞台效果如图4-29所示，选中该图层的第210帧，按F5键插入普通帧。在这一图层中将矩形元件作为遮罩层，就能得到一个逐渐显现图片的渐变动画了。在"遮罩1"图层上右击，在弹出的快捷菜单中选择"遮罩层"命令。将其转化为遮罩层后，遮罩层和被遮罩层的标志也会随之改变，如图4-30所示。

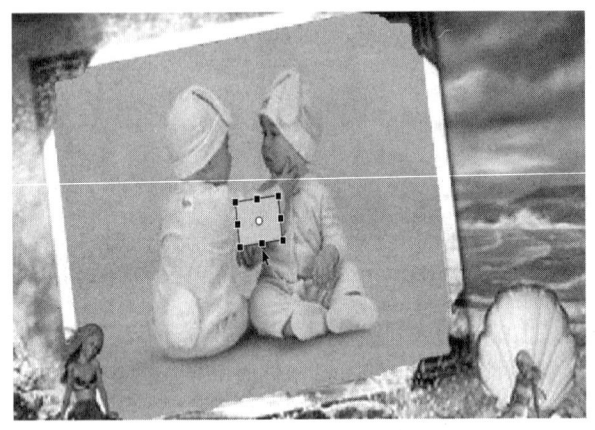

图4-29　矩形元件拖曳到舞台　　　　　　　图4-30　遮罩层和被遮罩层标志改变

（8）新建一个图层并将其命名为"图3"，选中第116帧并右击，按F6键插入空白关键帧，将库面板中的"3.jpg"拖曳到舞台中，并调整好位置，其舞台效果如图4-31所示，选中该图层的第210帧，按F5键插入普通帧。

图4-31　"图片3"舞台效果

（9）新建一个图层并将其命名为"遮罩2"，选中第116帧并右击，按F6键插入空白关键帧，使用工具箱中的"矩形工具"在左侧绘制一个细长的矩形并调整好位置，其舞台效果如图4-32所示。选中第116帧并右击，选择"创建补间动画"命令，创建补间动画。选择第210帧，使用工具箱中的"任意变形"工具，调整细长矩形使其覆盖整个窗口，效果如图4-33所示。

（10）选中"遮罩2"图层并右击，从弹出的快捷菜单中选择"遮罩层"命令，为其创建渐变的动画效果。

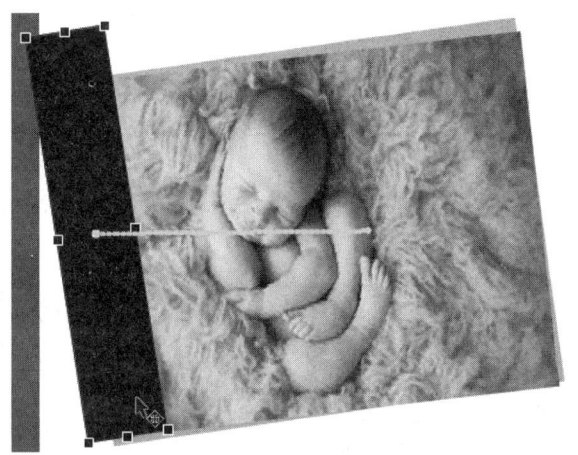

图 4-32 绘制一个细长的矩形

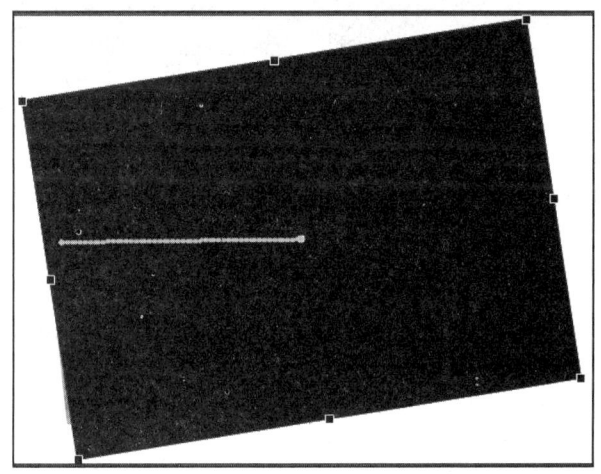

图 4-33 调整细长矩形使其覆盖整个窗口

（11）新建一个图层并将其命名为"脚本"，选中第 210 帧并右击，从弹出的快捷菜单中选择"动作"命令，在出现的"动作"面板中输入"stop()"语句，如图 4-34 所示。按 Ctrl+Enter 组合键即可查看效果，最终运行效果如图 4-1 所示。

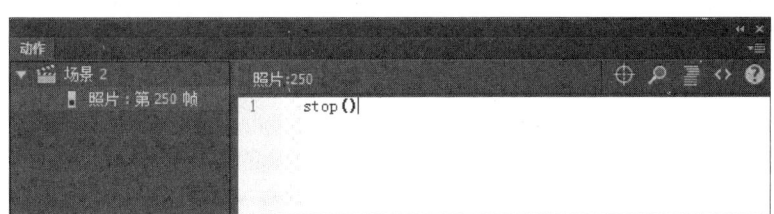

图 4-34 "动作"面板

4.3 知识链接：图层、帧和时间轴

在 Flash CC 中，图层是作为"时间轴"面板的一部分出现的，它在 Flash 动画中所起的作用是非常重要的。每一个图层都保持独立，其中的内容互不影响，可以单独操作，同时又可以合成不同的连续可见的视图。

4.3.1 图层

1. 图层的类型

在制作 Flash CC 动画的过程中，需要使用不同类型的图层，如制作"遮罩动画"，就要创建遮罩和被遮罩图层。默认是一个名为"图层 1"的普通图层，在动画制作的过程中，可以添加新的图层或修改图层的名称和位置，如图 4-35 所示。

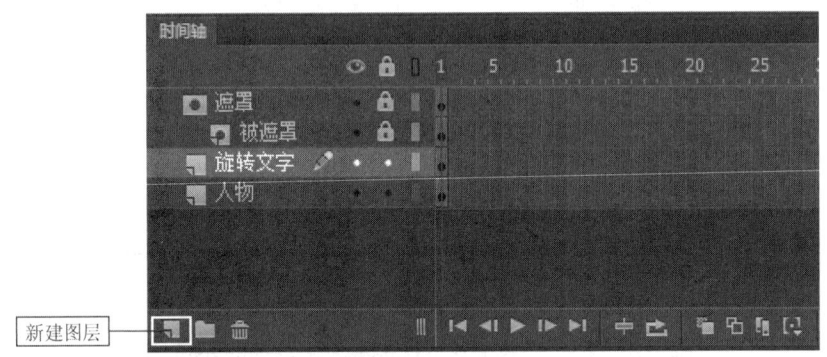

图 4-35 图层的类型

在"时间轴"面板中有 6 种图层类型的图层控制区，包括"图层文件夹"、"普通图层"、"遮罩图层"、"被遮罩图层"、"引导图层"和"被引导图层"。下面分别介绍不同的图层类型。

1）普通图层

"普通图层"就是含有文字或图形文件的照片，一张张按顺序叠放在一起，组合起来形成动画的最终效果。

新建一个 Flash 文档，默认情况下只有一个普通图层。单击"时间轴"面板下方的"新建图层"按钮，即可新建一个普通图层，图层里可以放置各种动画元素，图层还可以将舞台窗口中的元素精确定位。

 专家提醒

（1）图层可以看成一摞透明的纸，如果图层上没有任何信息，就可以透过它直接看到下一层，如果上面的图层里有图像则会遮挡下一层的图像信息。

（2）图层的数目会受计算机内存的限制，图层的增加不会影响 Flash CC 最终输出文件的大小。

2）引导图层和被引导图层

直接创建动画时，运动对象沿直线段运动，如果想让运动对象沿着曲线或者某个事先确定好的路径运动，就通过"引导图层"来产生动画。传统的"引导层动画"，"引导图层"在上方，存放的是运动的轨迹，它的子集图层称为"被引导图层"，存放的是运动的对象。

选中图层并右击，在弹出的快捷菜单中选择"引导层"命令，会发现"引导图层"的图标变为 形状。这时的"引导图层"没有实际意义，只有将该图层下面的图层向"引导图层"上拖动，使"引导图层"和下面的图层形成引导和被引导的关系，这样"引导图层"才算创建成功，如图 4-36 所示。

图 4-36 引导图层和被引导图层

也可以选中图层并右击，在弹出的快捷菜单中选择"添加传统运动引导层"命令，这样得到的结果与前边的方法得到的结果是一样的。

"被引导图层"的名称位于"引导图层"名称的下面，并且缩进显示。在"被引导图层"内创建传统补间动画，并将开始点和结束点与"引导图层"中的运动轨迹对齐。播放动画，当运动对象沿着轨迹线运动时，引导层动画就创建成功了。

> 一个引导图层下面可以引导多个图层，引导图层中的所有内容只是在制作动画时用作参考线，并不出现在作品的最终效果中，也就是说引导图层里的对象，在编辑状态下可见，在预览动画时是不可见的。

3）遮罩图层和被遮罩图层

"遮罩动画"是 Flash CC 中常用的一种技术，用它可以产生一些特殊的效果，如探照灯效果等。"遮罩动画"由两部分组成，包括"遮罩图层"与"被遮罩图层"。"遮罩图层"是通过普通图层转化过来的。把"遮罩图层"比作一个手电筒，当"遮罩图层"移动时，它下面的"被遮罩图层"的对象就像被手电筒照过一样，只有有光的地方才能看到，即光照到哪里（遮罩图层中的对象在哪里）就能看到哪里，"被遮罩图层"只显示"遮罩图层"有对象的地方。

为得到特殊的显示效果，可以在"遮罩图层"创建一个任意形状的"窗口"，"遮罩图层"下方的"被遮罩图层"上的图像可以通过这个"窗口"显示出来，而"窗口"之外的图像则不会显示，这个就是"遮罩动画"的原理。

简单地说，"遮罩图层"提供的"窗口"也称为形状，"被遮罩图层"提供的图像也称为内容，"遮罩动画"的结果是看到两个图层公共的部分，有"窗口"的位置没有图像，不能看不到任何对象，有图像而没有"窗口"也看不到任何对象。

当定义一层为"遮罩图层"时，其下的一层会自动变为"被遮罩图层"，并在图层控制区中缩进显示，效果如图 4-37 所示。

图 4-37 遮罩图层和被遮罩图层

"遮罩图层"中的对象可以是形状、文字、符号、影片剪辑、按钮或组对象等，但是位图及线条不能进行遮罩，它们不能对"被遮罩图层"起作用。一个"遮罩动画"的"遮罩图层"只能是一个图层，而"被遮罩图层"可以是多个图层，一个"遮罩图层"可以同时遮罩几个图层从而产生各种特殊的效果。

2．图层的基本操作

1）创建图层

选择"插入→时间轴→图层"命令，创建一个新的图层，或者在"时间轴"面板下方单击"新建图层"按钮，创建一个新的图层。

2）选取图层

选取图层就是将图层变为当前图层，用户可以在当前层上放置对象、添加文本和图形及进行编辑。要使图层成为当前图层的方法很简单，在"时间轴"面板中，单击鼠标左键，选中该图层即可。当前图层会在"时间轴"面板中以深色显示。按住 Ctrl 键的同时，在要选择的图层上单击，可以一次选择多个不连续的图层，如图 4-38 所示。

按住 Shift 键的同时，单击两个图层，在这两个图层中间的其他图层也会被同时选中，如图 4-39 所示。

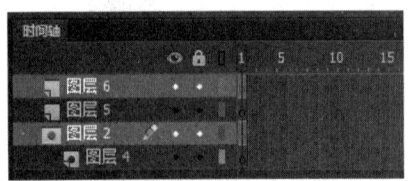
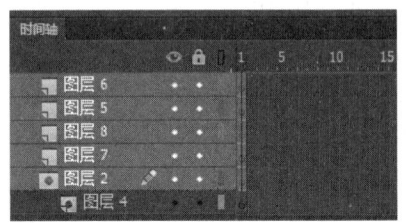

图 4-38　按 Ctrl 键选取多个不连续图层　　　　　图 4-39　按 Shift 键选取多个连续图层

3）排列图层

可以根据需要，在"时间轴"面板中为图层重新排列顺序。在"时间轴"面板中选中"图层 3"，按住鼠标不放，将"图层 3"向下拖曳，这时会出现一条实线，将实线拖曳到"图层 1"的下方，松开鼠标，则"图层 3"移动到"图层 1"的下方。

4）复制、粘贴图层

可以根据需要，将图层中的所有对象复制并粘贴到其他图层或场景中。在"时间轴"面板中，单击鼠标左键，选中要复制的图层，如图 4-40 所示。选择"编辑→时间轴→复制图层"命令，或右击从出现的快捷菜单中选择"复制图层"命令，进行复制，如图 4-41 所示。

图 4-40　选中"图层 1"　　　　　　　　　　　图 4-41　复制图层

5）删除图层

如果某个图层不再需要，可以将其进行删除。删除图层有以下两种方法。

（1）在"时间轴"面板中选中要删除的图层，在面板下方单击"删除"按钮，即可删除选中图层，如图 4-42 所示。

（2）在"时间轴"面板中选中要删除的图层，按住鼠标不放，将其向下拖曳，这时会出现实线，将实线拖曳到"删除"按钮上进行删除，如图 4-43 所示。

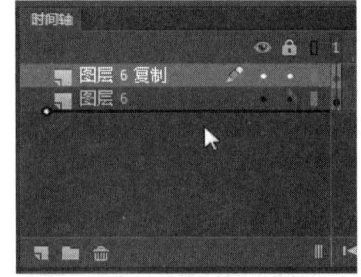

图 4-42　"删除"按钮删除图层　　　　　　　图 4-43　拖曳删除图层

6）隐藏、锁定图层和图层的现况显示模式

（1）隐藏图层。动画经常是多个图层叠加在一起的效果，为了便于观察某个图层中对象的效果可以把其他的图层线隐藏起来。在"时间轴"面板中单击"显示或隐藏所有图层"按钮下方的小黑圆点，那么小黑圆点所在的图层就被隐藏，在该图层上显示出一个叉号图标，如图 4-44 所示。此时图层将不能被编辑。在"时间轴"面板中单击"显示或隐藏所有图层"按钮，面板中的所有图层将被同时隐藏，如图 4-45 所示。

图 4-44 隐藏"图层 1"　　　　　　　图 4-45 隐藏所有图层

（2）锁定图层。如果某个图层上的内容已符合要求，则可以锁定该图层，以避免内容被意外地更改。在"时间轴"面板中单击"锁定或解除锁定所有图层"按钮下方的小黑圆点，那么小黑圆点所在的图层就被锁定，在该图层上显示出一个锁状图标，如图 4-46 所示。此时图层将不能被编辑。在"时间轴"面板中单击"锁定或解除锁定所有图层"按钮，面板中的所有图层将被同时锁定，如图 4-47 所示。再单击一下此按钮，即可解除锁定。

图 4-46 锁定"图层 1"　　　　　　　图 4-47 锁定所有图层

（3）图层的线框显示模式。为了便于观察图层中的对象，可以将对象以线框的模式进行显示。在"时间轴"面板中单击"将所有图层显示为轮廓"按钮下方的长方形，那么长方形所在图层中的对象就呈线框模式显示，在该图层上实心长方形变为线框图标，如图 4-48 所示，此时并不影响编辑图层。

在"时间轴"面板中单击"将所有图层显示为轮廓"按钮，面板中的所有图层将被同时以线框模式显示，如图 4-49 所示，再单击此按钮，即可回到普通模式。

 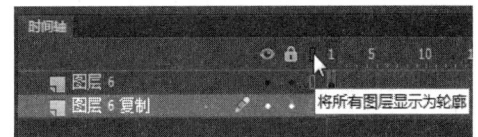

图 4-48 将选中图层显示为轮廓　　　　图 4-49 将所有图层显示为轮廓

7）重命名图层

可以根据需要更改图层的名称，更改图层名称有以下两种方法。

（1）双击"时间轴"面板中的图层名称，名称变为可编辑状态，如图 4-50 所示。输入要更改的图层名称，按 Enter 键确认，完成图层名称的修改，如图 4-51 所示。

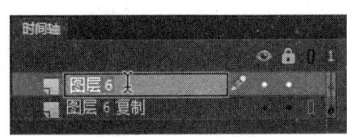 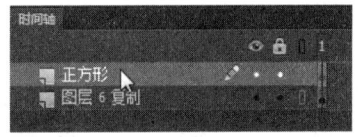

图 4-50 双击图层名称　　　　　　　图 4-51 完成图层名称修改

（2）选中要修改名称的图层，选择"修改→时间轴→图层属性"命令，弹出"图层属性"对话框，如图 4-52 所示，在"名称"选项的文本框中可以重新设置图层的名称，如图 4-53 所示，单击"确定"按钮，完成图层名称的修改。

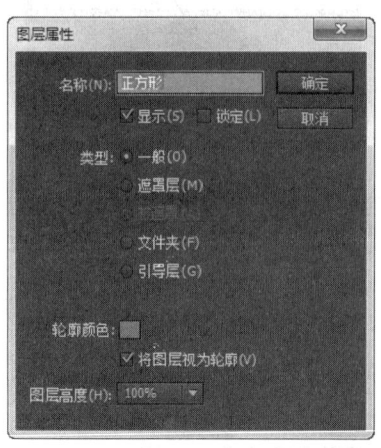

图 4-52 "图层属性"对话框

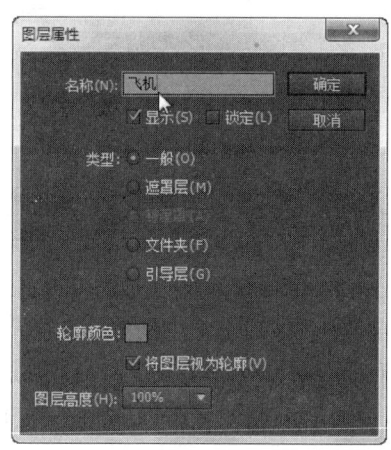

图 4-53 修改名称

3. 设置图层属性

选中一个图层并右击,在弹出的快捷菜单中选择"属性"命令,弹出"图层属性"对话框。或者选择"修改→时间轴→图层属性"命令,弹出"图层属性"对话框,如图 4-54 所示。其中各选项作用如下。

(1) "名称"文本框:为该图层命名。

(2) "显示"复选框:选中该复选框后,表示该层处于显示状态,否则处于隐藏状态。

(3) "锁定"复选框:选中该复选框后,表示该层处于锁定状态,否则处于解锁状态。

(4) "类型"栏:利用该栏的单选按钮,可以用来确定选定图层的类型。

(5) "轮廓颜色"按钮:单击该按钮,调出"颜色"面板,可以设定在以轮廓线显示图层对象时,轮廓线的颜色,如图 4-55 所示。它仅在"将图层视为轮廓"复选框被选中时有效。

(6) "将图层视为轮廓"复选框:选中该复选框后,将以轮廓线方式显示该图层内的对象。

(7) "图层高度"下拉列表框:用来选择一种百分数,在时间轴窗口中可以改变图层帧单元格的高度,它在观察声波图形时非常有用。

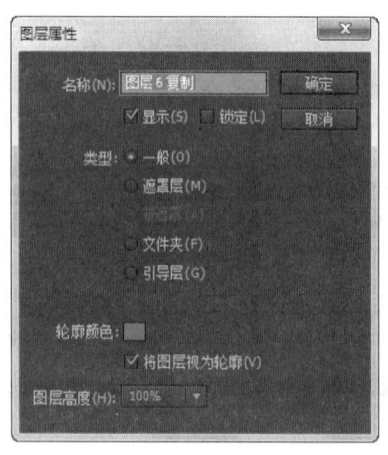

图 4-54 "图层属性"对话框

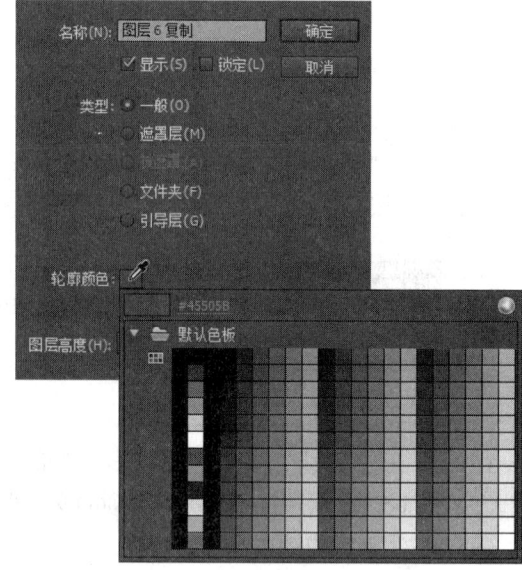

图 4-55 轮廓线颜色

4.3.2 帧

1. 帧的类型

在 Flash CC 动画制作过程中，帧包括下述多种显示形式。

（1）空白关键帧。在"时间轴"面板中，白色背景带有黑圈的帧为空白关键帧。表示在当前舞台中没有任何内容，如图 4-56 所示。

（2）关键帧。在"时间轴"面板中，灰色背景带有黑点的帧为"关键帧"。表示在当前场景中存在一个"关键帧"，在"关键帧"相对应的舞台中存在一些内容，如图 4-57 所示。

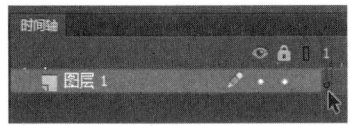 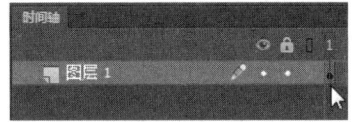

图 4-56　空白关键帧　　　　　　　　图 4-57　关键帧

（3）普通帧。在"时间轴"面板中，存在多个帧。带有黑色圆点的第 1 帧为"关键帧"，最后一帧上面带有黑色的矩形框为"普通帧"。除了第 1 帧以外，其他帧均为"普通帧"，如图 4-58 所示。

（4）传统补间帧。在"时间轴"面板中，带有黑色圆点的第 1 帧和最后一帧为"关键帧"，中间蓝色背景带有黑色箭头的帧为"传统补间帧"，如图 4-59 所示。

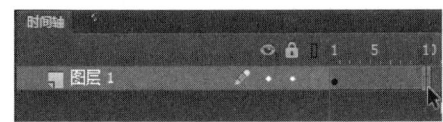 

图 4-58　普通帧　　　　　　　　图 4-59　传统补间帧

（5）形状补间帧。在"时间轴"面板中，带有黑色圆点的第 1 帧和最后一帧为"关键帧"，中间绿色背景带有黑色箭头的帧为"形状补间帧"，如图 4-60 所示。

在"时间轴"面板中，带有黑色箭头的帧上出现虚线，表示是未完成或中断了的"补间动画"，虚线表示未能生成"形状补间帧"，如图 4-61 所示。

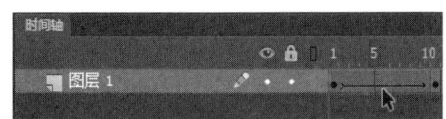 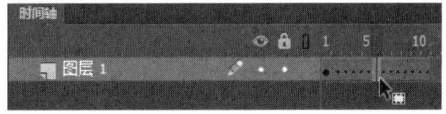

图 4-60　形状补间帧　　　　　　　　图 4-61　未生成形状补间帧

（6）包含动作语句的帧。在"时间轴"面板中，第 1 帧上出现一个字母"a"，表示这一帧中包含了使用"动作"面板设置的动作语句，如图 4-62 所示。

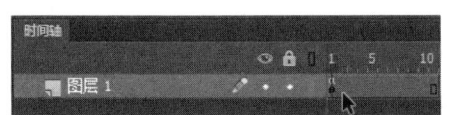 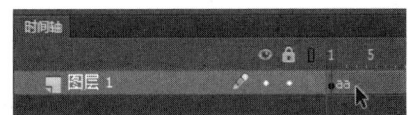

图 4-62　包含动作语句的"帧"　　　　　　图 4-63　"帧"标签

（7）帧标签。在"时间轴"面板中，第 1 帧上出现一面红旗，表示这一帧的"标签"类型是"名称"。红旗右侧的"aa"是"帧标签"的名称，如图 4-63 所示。

在"时间轴"面板中，第 1 帧上出现两条绿色斜杠，表示这一帧的"标签"类型是"注释"，如图 4-64 所示。"帧注释"是对帧的解释，帮助理解该帧在影片中的作用。

在"时间轴"面板中，第 1 帧上出现一个金色的锚，表示这一帧的"标签"类型是"锚记"，如图 4-65 所示。"帧锚记"表示该帧是一个定位，方便用户在浏览器中快进、快退。

图 4-64　帧注释

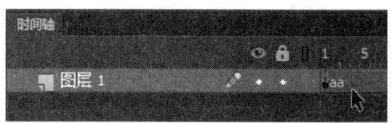
图 4-65　帧锚记

2．帧的操作

在"时间轴"面板中，可以对"帧"进行一系列的操作。

1）插入帧

（1）选择"插入→时间轴→帧"命令，可以在"时间轴"上插入一个普通帧。

（2）选择"插入→时间轴→关键帧"命令，可以在"时间轴"上插入一个关键帧。

（3）选择"插入→时间轴→空白关键帧"命令，可以在"时间轴"上插入一个空白关键帧。

2）选择帧

（1）选择"编辑→时间轴→选择所有帧"命令，选中"时间轴"中的所有帧。单击要选择的"帧"，"帧"变为深色。

（2）选中要选择的"帧"，再向前或向后进行拖曳，其间鼠标经过的帧全部被选中。

（3）按住 Ctrl 键的同时，单击要选择的帧，可以选中多个不连续的帧。

（4）按住 Shift 键的同时，单击要选择的两个帧，这两个帧中间的所有帧都被选中。

3）移动帧

（1）单击鼠标左键，选中一个或多个帧，按住鼠标左键，移动所选帧到目标位置，在移动过程中，如果按住 Alt 键，会在目标位置上复制所选的帧。

（2）单击鼠标左键，选中一个或多个帧，选择"编辑→时间轴→剪切帧"命令，或按 Ctrl+Alt+X 组合键，剪切所有选中的帧。

（3）单击鼠标左键，选中目标位置，选择"编辑→时间轴→粘贴帧"命令，或按 Ctrl+Alt+V 组合键在目标位置上粘贴所选的帧。

4）删除帧

（1）单击鼠标左键，选中要删除的帧，在弹出的快捷菜单中选择"清除帧"命令，将选中的帧删除。

（2）单击鼠标左键，选中要删除的帧，按 Shift+F5 组合键，删除帧。

（3）单击鼠标左键，选中要删除关键帧，按 Shift+F6 组合键，删除关键帧。

4.3.3　时间轴

"时间轴"面板由"图层"和"时间轴"组成，如图 4-66 所示。

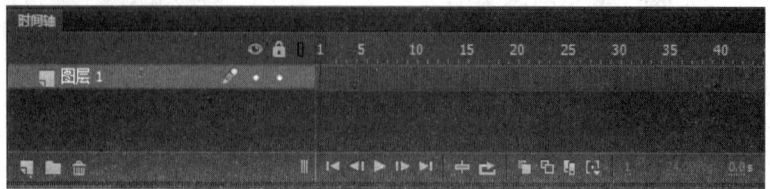

图 4-66　"时间轴"面板

① "显示或隐藏所有图层"按钮：单击此按钮可以隐藏或显示图层中的内容。
② "锁定或解除锁定所有图层"按钮：单击此按钮可以锁定或解锁图层。
③ "将所有图层显示为轮廓"按钮：单击此按钮可以将图层中的内容以线框的方式显示。
④ "新建图层"按钮：用于创建新图层。
⑤ "新建文件夹"按钮：用于创建图层文件夹。
⑥ "删除"按钮：用于删除无用的图层。

1. 播放头和运行时间

（1）播放头。"播放头"指的是"时间轴"面板上方的红色小方块。显示当前帧并可以通过它移动到活动时间段中的任何帧上。拖动它可以在不同帧之间来回转换，看各帧之间有什么不同。

（2）运行时间。在"时间轴"面板下方，如图 4-67 所示为"运行时间"，表示当前"时间轴"中的动画时间长度。"运行时间"的单位为"s"。当"播放头"滑动到哪一帧时，"运行时间"显示为当前播放头所在位置的动画时间。

图 4-67　运行时间

2. 洋葱皮工具

一般情况下，Flash CC 的舞台只能显示当前的帧中的对象。如果希望在舞台上出现多帧对象以帮助当前帧对象的定位和编辑，Flash CC 提供的"绘图纸"功能可以将其实现。

（1）"绘图纸外观"按钮：单击此按钮，"时间轴"标尺上出现绘图纸的标记显示，如图 4-68 所示。在标记范围内的帧上的对象将同时显示在舞台中，如图 4-69 所示。可以用鼠标拖动标记点来增加显示的帧数，如图 4-70 所示。

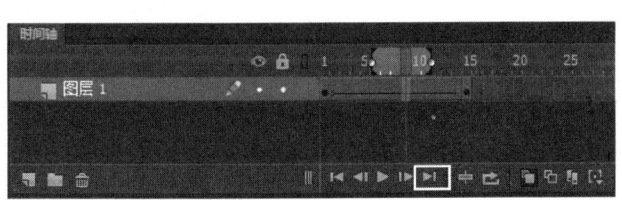

图 4-68　绘图纸外观

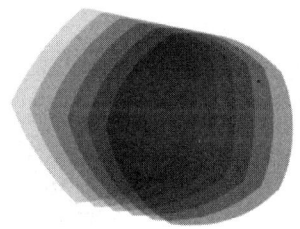

图 4-69　绘图纸外观效果

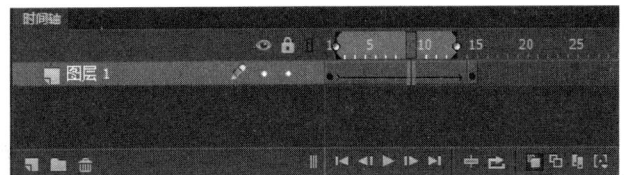

图 4-70　增加显示的帧数

（2）"绘图纸外观轮廓"按钮：单击此按钮，"时间轴"标尺上出现"洋葱皮"的标记显示，如图 4-71 所示，在标记范围内的帧上的对象将以轮廓线的形式同时显示在舞台中，如图 4-72 所示。

图 4-71　绘图纸外观轮廓

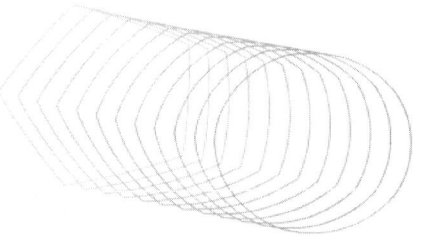

图 4-72　轮廓线的形式显示效果

（3）"编辑多个帧"按钮：单击此按钮，如图 4-73 所示，"洋葱皮"标记范围内的帧上的对象将同时显示在舞台中，可以同时编辑所有的对象，如图 4-74 所示。

图 4-73　编辑多个"帧"

（4）"修改标记"按钮：单击此按钮，弹出下拉列表，如图 4-75 所示。

图 4-74　编辑多个"帧"效果

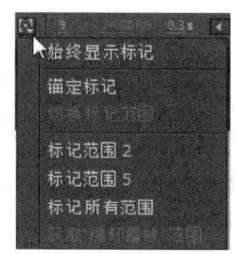

图 4-75　弹出的下拉列表

（5）"始终显示标记"命令：在"时间轴"标尺上总是显示出绘图纸标记。
（6）"锚记标记"命令：将锁定"绘图纸"标记的显示范围，移动"播放头"将不会改变显示范围，如图 4-76 所示。

图 4-76　锚记标记

（7）"标记范围 2"命令："绘图纸"标记显示范围为从当前帧的前 2 帧开始，到当前帧的后 2

帧结束,如图 4-77 所示。

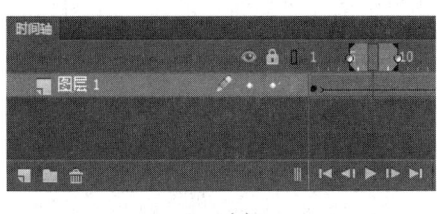
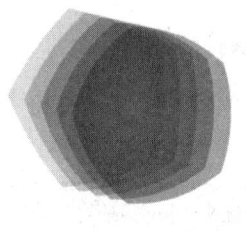

(a)   (b)

图 4-77 标记范围 2

(8)"标记范围 5"命令:"绘图纸"标记显示范围为从当前帧的前 5 帧开始,到当前帧的后 5 帧结束,如图 4-78 所示。

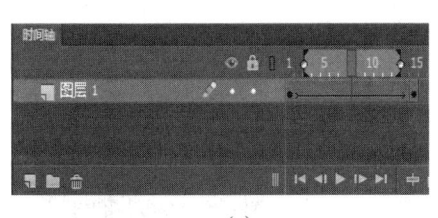

(a)   (b)

图 4-78 标记范围 5

(9)"标记整个范围"命令:"洋葱皮"标记显示范围为时间轴中的所有帧,效果如图 4-79 所示。

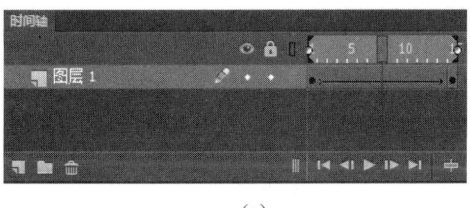

(a)   (b)

图 4-79 标记整个范围

3. 帧频

在 Flash CC 中,"帧频"就是影片播放的速度,动画就是有很多张序列图片组成。例如,一个动作如果用 12 帧频来播放,就把这一个动作分为 12 个分解动作;如果用 24 帧来播放一个动作,就会分为 24 个分解动作。一般默认的是 12 帧频或 24 帧频,也就是说 1 秒钟 Flash CC 动画会从第 1 帧播放到第 24 帧。

4.4 项目实战问答

 NO.1 如何翻转帧?

答: 要制作同样效果的动画(如作了一个由小到大的补间动画,现在想制作一个同样效果的动画，只不过是由大到小），只是将变化的前后结果颠倒，只需将原有的帧进行翻转即可，其具体操作步骤如下。

选择要翻转的动画并在其上右击，在出现的快捷菜单中选择"翻转关键帧"命令即可轻松实现，原动画效果如图 4-80 所示，翻转后的动画效果，如图 4-81 所示。

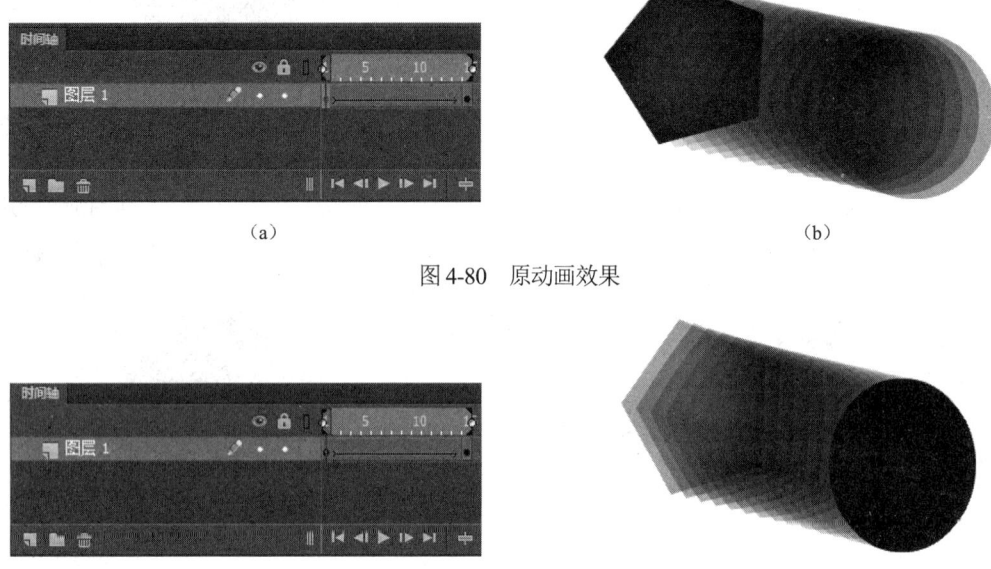

图 4-80　原动画效果

图 4-81　翻转后的动画效果

 NO.2　帧标签、帧注释和帧锚记的用法分别是什么？

答：用户在帧上添加不同的标记，它的用途和显示方式是不同的，而且其作用范围也不同，下面就分别对其用法进行介绍。

（1）帧标签即帧名称，用来标志帧中的关键帧，使 ActionScript 代码能准确定位和查找。

（2）帧注释就是直接在帧上注明帧或帧区域的作用，它是一段说明性的文字。

（3）帧锚记也就是动画的记忆点，当动画发布成网页文件时，用户在 IE 的地址中输入锚点，就可以直接跳转到对应的片段播放。

4.5　项目小结

通过本项目的学习，使同学们能够熟练运用 Flash CC 的典型工具及相应的属性面板完成动画的创作。大家可以根据自己的需要选择背景图片、相框、音乐、主题等，轻松得到电子相册美妙效果。使用电子相册可以记录下人生的美好时光，满足当今社会人们在工作和生活中不断提高的物质与精神需求。

4.6　项目训练 4

拓展能力训练项目——绚丽的鲜花相册。

项目任务

设计制作绚丽的鲜花电子相册。

客户要求

以"绚丽的鲜花"为主题,设计大小为 763×576 像素,分辨率为 96 像素/英寸的电子相册,以展示美丽动人的花朵。

关键技术

(1)鲜花选取角度恰当,具有较强的艺术感。

(2)动画节奏及时间控制。

(3)绘图工具的灵活使用。

参照效果图

绚丽的鲜花相册的最终制作效果,如图 4-82 所示。

(a)

(b)

图 4-82 "绚丽的鲜花相册"最终制作效果

项目 5

网 页 制 作

  项目导学

学习任务	学习内容	能力要求
项目实战 1：游园社区	① Flash CC 中各种特殊动画的制作方法	① 掌握 Flash CC 的各种特殊动画的制作方法，能够制作复杂动画
项目实战 2：个人主页	② 网页页面布局	② 能够合理布局网页页面
网页页面布局及按钮动作	③ ActionScript 3.0 实现按钮动作	③ 实现按钮功能
项目实战问答		

5.1 项目实战 1：游园社区

5.1.1 项目实战描述与效果

◆ 素材：Flash CC\项目 5\素材\游园社区
◆ 源文件：Flash CC\项目 5\源文件\游园社区.fla

1. 项目实战描述

本项目创作主要是使用 Flash CC 进行"游园社区"网页制作，根据设计要求使网页页面布局合理，并灵活使用 ActionScript 3.0 脚本语言实现所需动作。

2. 项目实战效果

最终任务效果如图 5-1 所示。

图 5-1 "网游社区"效果

5.1.2 项目实战详解

1. 创建文档并导入素材

（1）执行"文件→新建"命令，新建一个文档，在"属性"面板中设置舞台大小为 897×360

像素、帧频为 4，如图 5-2 所示。

（2）执行"文件→导入"命令，将该项目的素材文件全部导入"库"面板中，如图 5-3 所示。

图 5-2　"属性"面板　　　　　　　　　图 5-3　"库"面板

2. 制作按钮元件

按 Ctrl+F8 组合键，弹出"创建新元件"对话框，新建按钮元件并命名为"元件 1"，如图 5-4 所示。随即转入按钮元件创建界面，图层面板如图 5-5 所示，第 1 帧效果如图 5-6 所示，第 2 帧效果如图 5-7 所示。

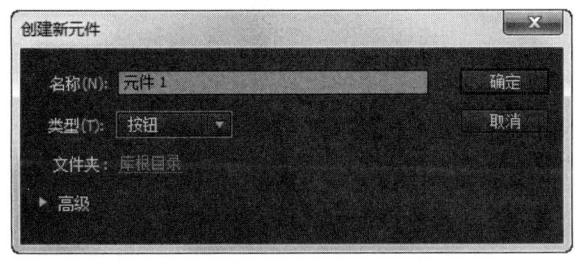

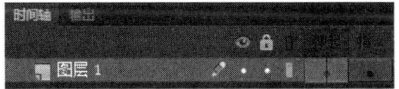

图 5-4　"创建新元件"对话框　　　　　图 5-5　图层面板

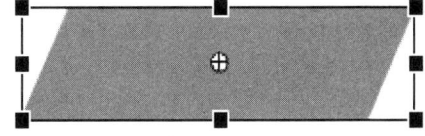

图 5-6　第 1 帧效果　　　　　　　　　图 5-7　第 2 帧效果

3. 时间轴动画制作

（1）单击"时间轴"面板下侧的"场景 1"图标，进入"场景 1"的舞台窗口。选中"图层 1"并重命名为"背景"，将"库"面板中的相关素材图片拖入，选中第 15 帧，按 F5 键添加普通帧。舞台窗口如图 5-8 所示。

图 5-8　背景层

（2）单击"时间轴"面板下侧的"插入图层"按钮，创建新图层并将其命名为"条"，使用"矩形工具"绘制如图 5-9 所示的图形，选中第 15 帧，按 F5 键添加普通帧，其属性面板如图 5-10 所示。

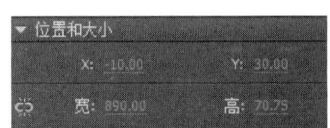

图 5-9　绘制矩形条　　　　　　　　　　　图 5-10　"属性"面板中"位置和大小"选项区域

（3）单击"时间轴"面板下侧的"插入图层"按钮，创建新图层并将其命名为"按钮"，将"库"面板中的按钮元件拖入舞台窗口中，选中第 15 帧，按 F5 键添加普通帧，效果如图 5-11 所示。

（4）单击"时间轴"面板下侧的"插入图层"按钮，创建新图层并将其命名为"文字"，将"库"中的按钮元件拖入舞台窗口中，效果如图 5-12 所示。

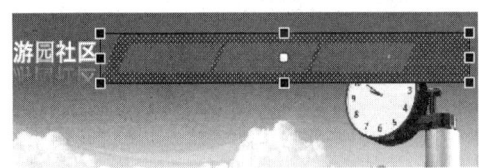
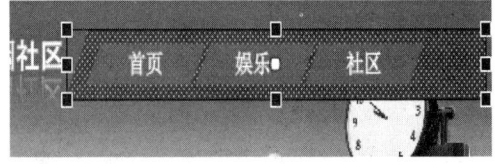

图 5-11　"按钮"按钮元件　　　　　　　　图 5-12　"文字"按钮元件

（5）单击"时间轴"面板下侧的"插入图层"按钮，创建新图层并将其命名为"展示"，选中第 2 帧，按 F6 键，在该帧上插入关键帧，将"库"面板中的"长椅"图片拖曳至舞台窗口中，选中第 5 帧，按 F6 键，在该帧上插入关键帧，对图片进行水平翻转并右击，从出现的快捷菜单中选择"创建传统补间"命令，如图 5-13 所示。用同样的方法，选中第 7 帧，按 F6 键，在该帧上插入关键帧，将"layer1"图片拖入舞台窗口中，在第 10 帧适当调整位置并右击，从出现的快捷菜单中选择"创建传统补间"命令，如图 5-14 所示。选中第 12 帧，按 F6 键，在该帧上插入关键帧，将"库"面板中的"layer5"图片拖曳舞台窗口中，选中第 15 帧，按 F6 键，在该帧上插入关键帧，对图片进行放大处理并右击，从出现的快捷菜单中选择"创建传统补间"命令，如图 5-15 所示，选中第 15 帧，按 F5 键添加普通帧，时间轴面板如图 5-16 所示。

图 5-13 拖入"长椅"图片

图 5-14 拖入"layer1"图片

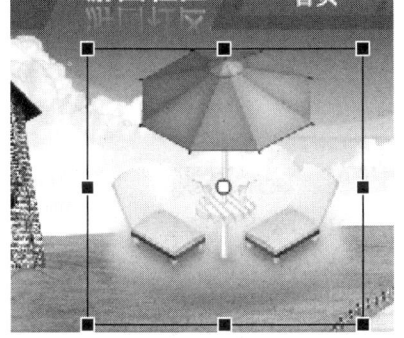
图 5-15 拖入"layer5"图片

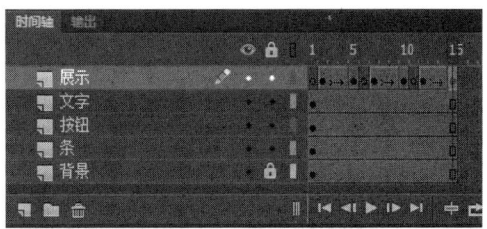
图 5-16 "时间轴"面板

（6）单击"时间轴"面板下侧的"插入图层"按钮，创建新图层并将其命名为"actions"，选中第 1 帧并右击，选择"动作"命令，动作面板如图 5-17 所示。分别选中第 5 帧、第 10 帧和第 15 帧，选择"动作"命令，动作面板如图 5-18 所示。

```
Actions:1
1
2   /* 在此帧处停止
6
7   stop();
8
9   /*单击以转到帧并播放
16
17  an1.addEventListener(MouseEvent.CLICK, fl_ClickToGoToAndPlayFromFrame);
18
19  function fl_ClickToGoToAndPlayFromFrame(event:MouseEvent):void
20  {
21      gotoAndPlay(2);
22  }
23
24  /*单击以转到帧并播放
31
32  an2.addEventListener(MouseEvent.CLICK, fl_ClickToGoToAndPlayFromFrame_2);
33
34  function fl_ClickToGoToAndPlayFromFrame_2(event:MouseEvent):void
35  {
36      gotoAndPlay(7);
37  }
38
39
40  /*单击以转到帧并播放
47
48  an3.addEventListener(MouseEvent.CLICK, fl_ClickToGoToAndPlayFromFrame_4);
49
50  function fl_ClickToGoToAndPlayFromFrame_4(event:MouseEvent):void
51  {
52      gotoAndPlay(12);
53  }
54
```

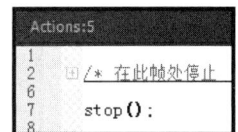

图 5-17 "Actions:1"动作面板　　　　　　图 5-18 "Actions:5"动作面板

（7）新建图层"音乐"，将"库"面板中的"bg1.wav"素材拖入舞台窗口中。
（8）游园社区效果制作完成，按 Ctrl+Enter 组合键即可查看效果。

5.2 项目实战 2：个人主页

- 素材：Flash CC\项目 5\素材\个人主页
- 源文件：Flash CC\项目 5\效果\个人主页

5.2.1 项目实战描述与效果

1．项目实战描述

本项目创作主要是使用 Flash CC 进行社交网网页制作，利用软件提供的各项功能来进行网页的版式、字体的设计与制作，利用各种内部填充方式制作个性 LOGO。

2．项目实战效果

最终任务效果如图 5-19 所示。

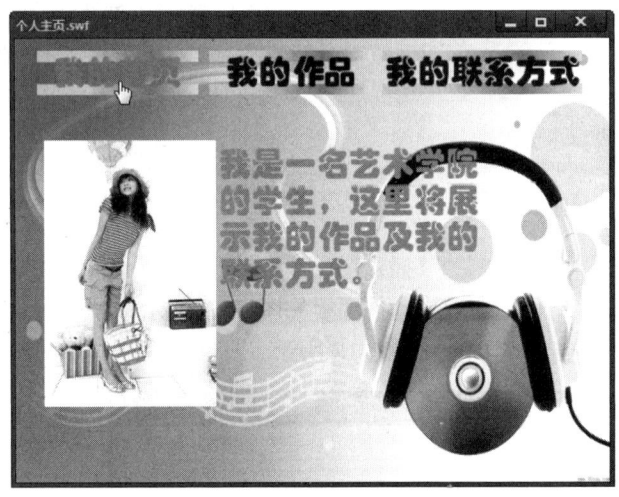

（a）

（b）

图 5-19 "个人主页"效果

（c）

图 5-19 "个人主页"效果（续）

5.2.2 项目实战详解

1. 创建文档并导入素材

（1）执行"文件→新建"命令，新建一个文档，在"属性"面板中设置舞台大小为 550×400 像素、帧频为 24，如图 5-20 所示。

（2）执行"文件→导入"命令，将该项目的素材文件，全部导入"库"面板中，如图 5-21 所示。

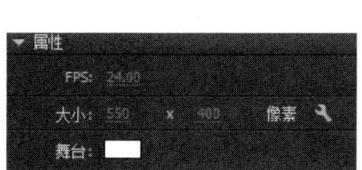

图 5-20 "属性"面板　　　　　　　　图 5-21 "库"面板

2. 制作按钮元件

按 Ctrl+F8 组合键，弹出"创建新元件"对话框，新建按钮元件并命名为"an1"如图 5-22 所示。随即转入按钮元件创建界面，图层面板如图 5-23 所示，第 1 帧效果如图 5-24 所示，第 2 帧效果如图 5-25 所示，第 3 帧效果如图 5-26 所示，第 4 帧效果如图 5-27 所示。用同样的方法制作"an2"及"an3"按钮元件。

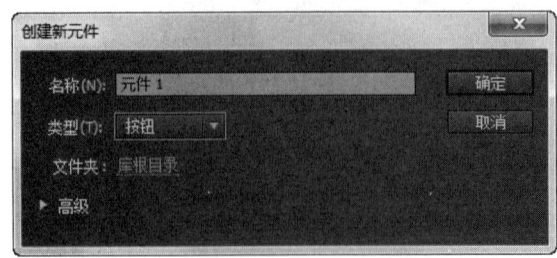

图 5-22 "创建新元件"对话框　　　　　图 5-23 图层面板

图 5-24 第 1 帧效果　　　　　　　　图 5-25 第 2 帧效果

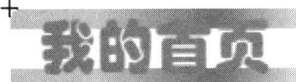

图 5-26 第 3 帧效果　　　　　　　　图 5-27 第 4 帧效果

3．时间轴动画制作

（1）单击"时间轴"面板下侧的"场景 1"图标，进入"场景 1"的舞台窗口。选中"图层 1"并重命名为"背景"，将"库"面板中的"bg1.jpg"素材拖入舞台窗口中，选中第 93 帧，按 F5 键添加普通帧，舞台窗口如图 5-28 所示。

图 5-28 背景层

（2）单击"时间轴"面板下侧的"插入图层"按钮，创建新图层并将其命名为"an1"，将"库"面板中的按钮元件"an1"拖入舞台窗口中，选中第 93 帧按 F5 键添加普通帧，用同样的方法，再创建 2 个新图层并将其命名为"an2"及"an3"，将"库"面板中的按钮元件"an2"及"an3"拖入舞台窗口中，如图 5-29 所示。

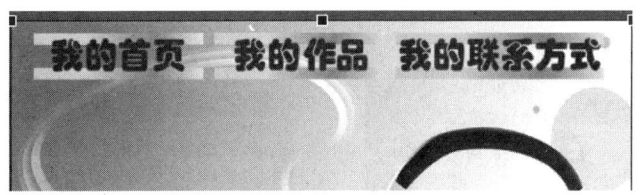

图 5-29　按钮元件拖入舞台窗口中

（3）单击"时间轴"面板下侧的"插入图层"按钮，创建新图层并将其命名为"首页"，选中第 2 帧，按 F6 键，在该帧上插入关键帧，将"库"面板中的"我的首页"素材拖曳至舞台窗口中，选中 31 帧，按 F6 键，在该帧上插入关键帧，对图片进行水平移动并右击，从出现的快捷菜单中选择"创建传统补间"命令，如图 5-30 和图 5-31 所示。用同样的方法，选中第 33 帧，按 F6 键，在该帧上插入关键帧，将"我的作品"素材拖入舞台窗口中，在第 62 帧适当调整位置上右击，从出现的快捷菜单中选择"创建传统补间"命令，如图 5-32 和图 5-33 所示。选中第 64 帧，按 F6 键，在该帧上插入关键帧，将"库"面板中的"我的联系方式"素材拖曳至舞台窗口中，选中第 93 帧，按 F6 键，在该帧上插入关键帧并右击，从出现的快捷菜单中选择"创建传统补间"命令，如图 5-34 和图 5-35 所示，选中第 93 帧，按 F5 键插入普通帧，"时间轴"面板如图 5-36 所示。

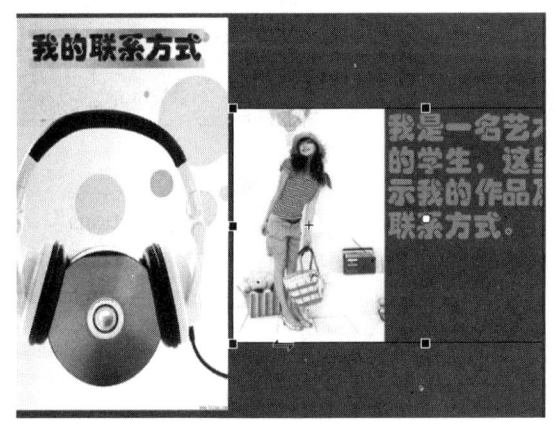

图 5-30　拖入"我的首页"素材

图 5-31　移动"我的首页"素材

图 5-32　拖入"我的作品"素材

图 5-33　移动"我的作品"素材

图 5-34 拖入"我的联系方式"素材

图 5-35 移动"我的联系方式"素材

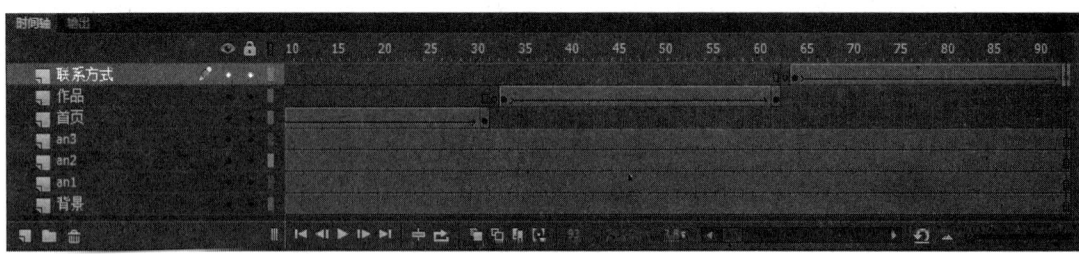
图 5-36 "时间轴"面板

（4）单击"时间轴"面板下侧的"插入图层"按钮，创建新图层并将其命名为"actions"，分别选中第 1 帧、第 2 帧和第 3 帧并右击，选择"动作"命令，动作面板如图 5-37～图 5-39 所示。分别选中第 31 帧、第 32 帧、第 62 帧、第 63 帧及第 93 帧并右击，选择"动作"命令，动作面板如图 5-40 所示。

```
/*单击以转到帧并播放
a1.addEventListener(MouseEvent.CLICK, fl_ClickToGoToAndPlayFromFrame);
function fl_ClickToGoToAndPlayFromFrame(event:MouseEvent):void
{
    gotoAndPlay(2);
}
/* 在此帧处停止
stop();
```

图 5-37 "Actions:1"动作面板

```
/*单击以转到帧并播放
a2.addEventListener(MouseEvent.CLICK, fl_ClickToGoToAndPlayFromFrame_2);
function fl_ClickToGoToAndPlayFromFrame_2(event:MouseEvent):void
{
    gotoAndPlay(33);
}
```

图 5-38 "Actions:2"动作面板

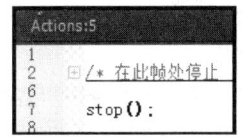

图 5-39 "Actions:3"动作面板　　　　图 5-40 "Actions:5"动作面板

（5）新建图层"音乐"，将"库"面板中的"bg.wav"素材拖入舞台窗口中。

（6）个人主页效果制作完成，按 Ctrl+Enter 组合键即可查看效果。

5.3 知识链接：各类动画的设计与制作

制作动画是 Flash CC 的主要功能，为了能够完成多样的动画效果，Flash CC 提供了多种动画制作方法，主要包括逐帧动画、渐变动画、补间动画、引导动画、遮罩动画和骨骼动画，其中逐帧动画、渐变动画和补间动画属于基本的动画方式，引导动画、遮罩动画和骨骼动画比较复杂，可以称为特殊动画。

5.3.1 制作逐帧动画

人类具有视觉暂留的特点，即人眼看到物体或画面后，在 1/24 秒内不会消失，利用这一原理，在一幅画面没有消失之前播放下一幅画面，就会给人造成流畅的视觉变化效果。"逐帧动画"就是通过连续播放一系列静止画面，给视觉造成连续变化的效果。

"逐帧动画"是一种常见的动画形式，其原理是在"连续的关键帧"中分解动画动作，也就是在时间轴的每帧上逐帧绘制不同的内容，使其连续播放而形成动画。

1．逐帧动画的概念

创建简单的逐帧动画主要是通过添加"关键帧"、修改"关键帧"来创建动画的。"逐帧动画"又称为"帧帧动画"，它是一个简单而常见的动画形式，其原理是通过"连续的关键帧"分解动画动作，也就是说连续播放含有不同内容的帧来形成动画。

"逐帧动画"的每一帧都是由制作者确定，而不是由 Flash CC 通过计算得到的，然后依次播放这些画面，即生成动画效果。逐帧动画适用于制作非常复杂的动画，GIF 格式的动画就属于这种动画。"逐帧动画"在时间轴上表现为连续出现的"关键帧"，如图 5-41 所示。

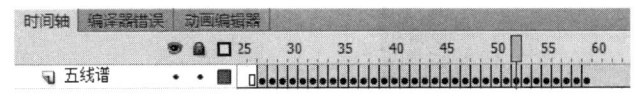

图 5-41 逐帧动画

2．逐帧动画的特点

"逐帧动画"在时间轴上的每一个"关键帧"内都定义了不同的内容，因此这种动画形式不仅会增加制作负担而且最终输出的文件量也很大。但它的优势也很明显，由于它的播放模式与电影类似，因此适合表演很细腻的动画，如人物或动物行走、跑跳等动作，很多都是使用逐帧动画实现的。

为了使一帧的画面事件显示的时间长一些，可以在"关键帧"后边添加几个与其内容一样的普通帧。

专家提醒

每个新关键帧中最初包含的内容与前面的关键帧是一样的，为了形成逐帧动画，用户应对内容做出修改或直接将其删除后再导入新的内容。

5.3.2 制作渐变动画

Flash CC 软件可以实现基于形状的渐变动画效果，形状渐变的对象必须为矢量图形。

下面通过制作一个水滴落下的动画来了解一下渐变动画的制作方法。

（1）新建一个空白文档，选择"文件→导入→导入到库"命令，在"导入到库"对话框中打开本书自带光盘，在"Flash CC\项目 5\素材"文件夹中找到"水龙头.png"图片，单击"打开"按钮，将文件导入到"库"面板中。

（2）将"库"面板中的"水龙头.png"图片拖曳至舞台上，调整其大小和位置，如图 5-42 所示。

（3）单击"时间轴"面板的下侧的"新建图层"按钮，新建"图层 2"，并在上面使用"钢笔工具"绘制一个水滴的形状并填充颜色，然后将"图层 2"拖曳至"图层 1"下方，如图 5-43 所示。

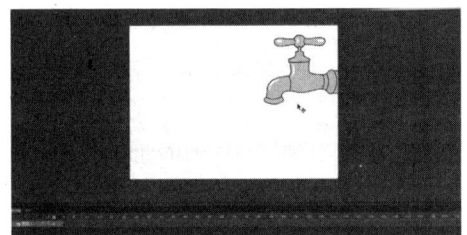
图 5-42 调整图片的大小及位置

图 5-43 绘制水滴图形

（4）按住 Shift 键的同时单击选中"图层 1"和"图层 2"的第 30 帧，按 F5 键插入普通帧。然后选中"图层 2"的第 25 帧，按 F6 键插入关键帧。并将水滴图形调整到如图 5-44 所示位置。

（5）选中"图层 2"的第 30 帧，按 F6 键插入关键帧，删除舞台上的水滴图形，选择工具栏中的"钢笔工具"，绘制如图 5-45 所示的图形。

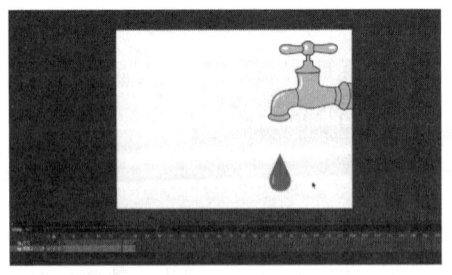
图 5-44 调整水滴图形的位置

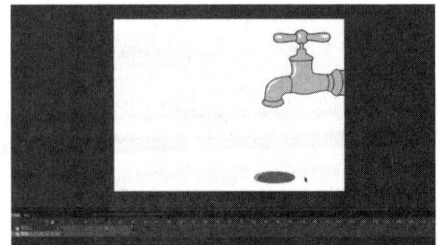
图 5-45 绘制新的水滴形状

（6）分别选中"图层 2"的第 1 帧和第 25 帧并右击，在弹出的快捷菜单中选择"创建补间形状"命令，创建后"时间轴"如图 5-46 所示，完成动画，按 Ctrl+Enter 组合键测试影片。

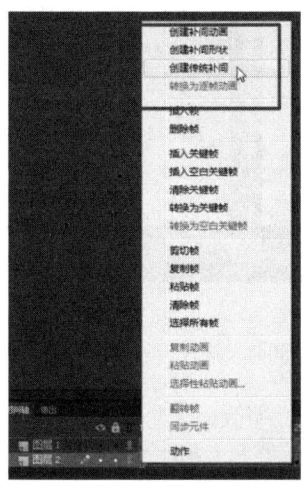

(a)　　　　　　　　　　　　　　　　(b)

图 5-46　"创建补间形状"命令以及创建后"时间轴"的状态

5.3.3　制作补间动画

补间动画是 Flash CC 动画中应用最为广泛的动画制作方式，其计算方法不仅可以最大限度地减小文件体积，而且制作简单、快捷，包括制作对象远近的变化、位置的变化、颜色的变化等。

1．补间动画的属性设置

用来制作补间动画的必须是元件对象，在补间动画被设置之后，选择进行补间的首关键帧，在"属性"面板上即可出现补间动画的属性，如图 5-47 所示，下面简单介绍一下这些属性所代表的功能。

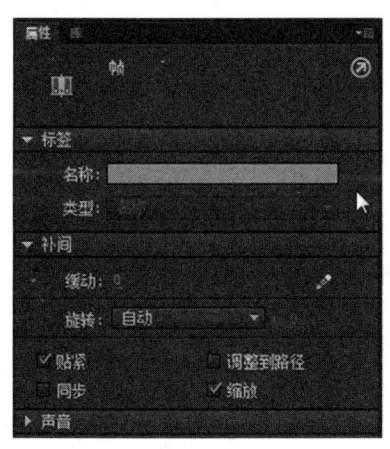

图 5-47　"属性"面板中"补间动画"选项区域

（1）在"名称"文本框内可输入补间动画的名称，该名称将会显示在关键帧的位置上，在制作较复杂的动画时便于识别每个图层的内容。

（2）"缓动"数值框用来控制补间动画的匀速、变速状态，其默认值为 0，动画为匀速运动，输入 1～100 的正值时，动画的运动由快到慢，做减速运动，数值旁显示"输出"，输入 -1～-100 的负值时，动画的运动由慢到快，做加速运动，数值旁显示"输入"。

（3）单击"缓动"右侧的按钮，会弹出"自定义缓入/缓出"对话框，可以通过调节动画曲线的方式设置匀速、变速效果，其横坐标的数值代表关键帧，纵坐标的百分比数值代表对象的运动幅度。在匀速、减速、加速状态下的曲线形状如图 5-48 所示。

（4）"旋转"用来设置对象的旋转，其下拉列表中包括"无"、"自动"、"顺时针"、"逆时针"4 个选项，当选择"顺时针"或"逆时针"选项时，可在右侧数字框内输入数值控制旋转的圈数。

（5）"贴紧"复选框，选中后可使对象在沿路径运动时自动捕捉路径。

（6）"调整到路径"复选框，选中后可使对象在沿路径运动的情况下，随着路径的改变而改变自身角度。

（7）"同步"复选框，选中后可使动画在舞台中首尾循环播放。

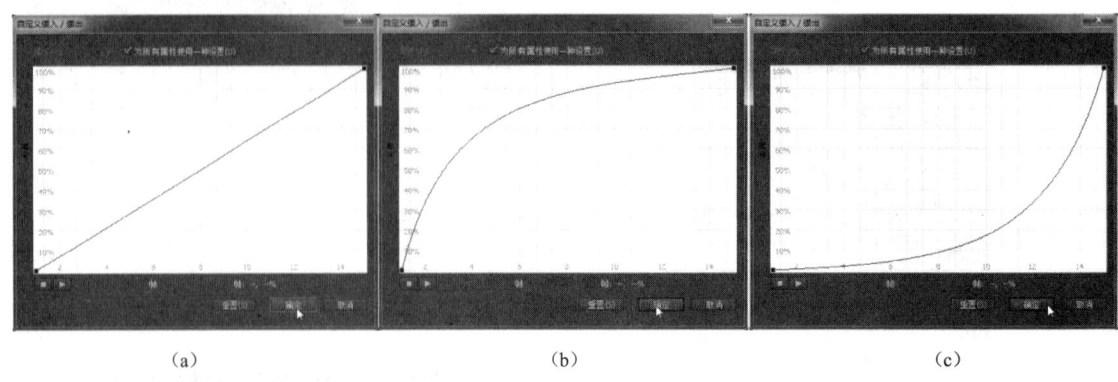

(a)　　　　　　　　　　　　(b)　　　　　　　　　　　　(c)

图 5-48　动画在匀速、减速、加速状态下的曲线形状

(8)"缩放"复选框，选中后可使对象在运动时按比例进行缩放。

2. 制作补间动画

下面打开随书附赠光盘中"Flash CC\项目 5\源文件"中的"飞鱼.fla"文件，用来制作补间动画，具体步骤如下。

(1) 打开"飞鱼.fla"文件，可以在"库"面板中看到"背景.jpg"、"飞鱼.png"、元件"飞鱼" 3 个素材，如图 5-49 所示。

(2) 首先选中"背景.jpg"图片拖曳至舞台中，选择"窗口→对齐"命令或按 Ctrl+K 组合键弹出"对齐"面板，单击"相对于舞台"按钮，然后对图片进行"水平中齐"与"垂直中齐"，最后将"图层 1"锁定。

(3) 新建"图层 2"，将"库"面板中的元件"飞鱼"拖曳至舞台中，调整位置及大小。如图 5-50 所示。

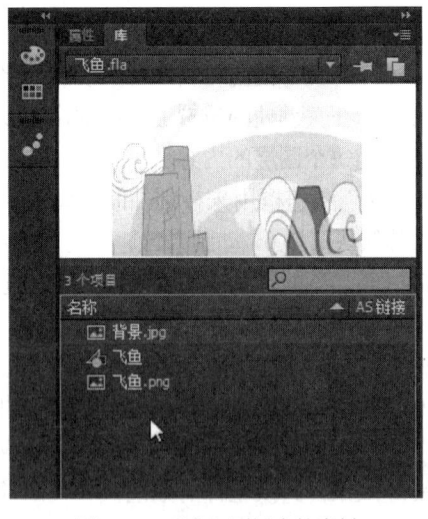

图 5-49　"库"面板中的素材　　　　　　图 5-50　调整"飞鱼"元件的大小及位置

(4) 按住 Shift 键的同时单击鼠标，选中"图层 1"和"图层 2"的第 50 帧，按 F5 键增加普通帧。选中"图层 2"的第 25 帧，按 F6 键增加关键帧，调整"飞鱼"元件的位置及大小。再选中第 50 帧，按 F6 键增加关键帧，调整"飞鱼"元件的位置及大小，如图 5-51 所示。

(5) 选中"图层 2"的第 1 帧并右击，在弹出的快捷菜单中选择"创建传统补间"命令，飞鱼的动画制作完毕。

(a)　　　　　　　　　　　　　　　　　(b)

图 5-51　在第 25 帧及第 50 帧调整"飞鱼"元件的大小及位置

（6）多次拖曳"飞鱼"元件到舞台中，利用同样的方法创建补间动画，最终效果如图 5-52 所示。

图 5-52　动画最终效果

　　对每一个需要创建动画的对象，都要单独地置入到一个相应的图层中，并单独设置关键帧，以保证动画效果的准确性。

3．制作形状补间

　　有别于传统补间的对象必须是元件，形状补间是在图形与图形之间进行，通过两个关键帧所记录的图形形状的不同，通过补间让它们之间的过渡自然、协调，还可以使形状之间的大小、位置、颜色产生自然过渡的动画效果。

　　下面通过一个海底水晶球的高光动画，来看一下形状补间在其中所起的作用。

　　（1）新建空白文档，舞台大小设置为 550×400 像素，选择"文件→导入→导入到库"命令，弹出"导入到库"对话框，选择光盘中"Flash CC\项目 5\素材"文件夹中的"海底.png"、"水晶球.png"两个文件，单击"打开"按钮，将文件导入到"库"面板中。

　　（2）选择"图层 1"，将"库"面板中的"海底.png"文件拖曳至舞台窗口中，调整大小及位置。

然后新建"图层2",将"水晶球.png"文件拖曳至舞台窗口中,调整大小及位置,效果如图5-53所示。

(3)新建"图层3",利用工具栏中的"钢笔"工具勾勒出水晶球上的高光形状,并填充白色。单击高光色块,按Shift+F9组合键弹出"颜色"面板,将面板中的"Alpha"值设为50%,效果如图5-54所示。

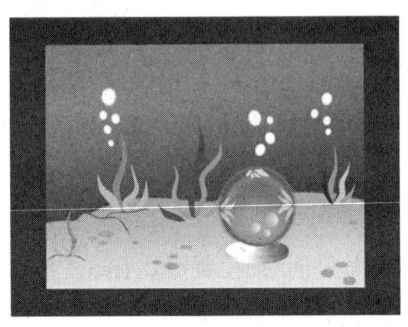

图5-53 调整背景图片的大小及位置

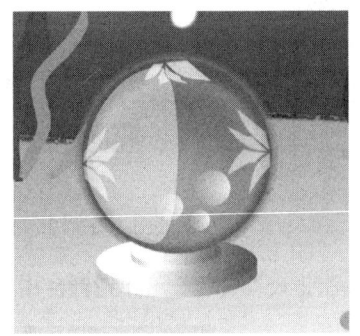

图5-54 绘制高光色块,设置颜色与透明度

(4)按住Shift键的同时单击鼠标,选中"图层1~图层3"的第10帧,按F5键增加普通帧。选中"图层3"的第7帧,按F6键增加关键帧,选择工具栏中的"部分选取工具",将高光色块调整成图5-55所示的形状。

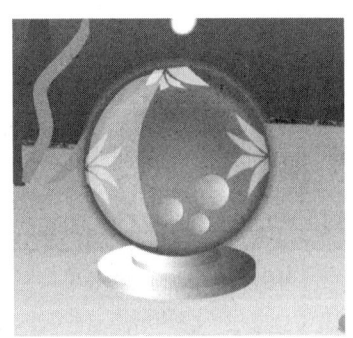

图5-55 调整第7帧时的高光色块形状

(5)分别选中"图层3"的第9帧和第10帧,按F6键增加关键帧,利用"部分选取工具"调节这两个关键帧时高光的形状,如图5-56和图5-57所示。

图5-56 第9帧时的高光形状

图5-57 第10帧时的高光形状

(6)选中"图层3"的第1帧并右击,在弹出的快捷菜单中选择"创建补间形状"命令,然后对第7帧、第9帧进行同样的操作。

（7）新建"图层4"，在该图层上制作另一处高光，并用同样的方法制作高光动画，最终效果如图 5-58 所示。

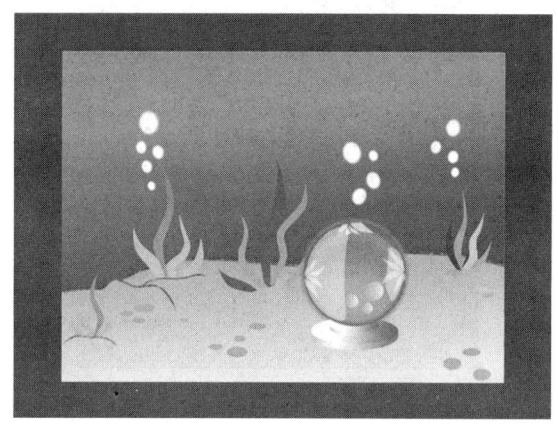

图 5-58　遮罩动画最终效果

5.3.4　制作引导动画

Flash CC 中的引导动画是通过先创建路径，然后让某一元件对象沿着路经进行运动的动画，要制作引导动画需要将路径与元件放置在不同的图层中，路径所在图层作为引导层，元件所在图层作为被引导层。

1．引导层的创建方法

在 Flash CC 中创建引导层的方法主要有以下几种。

（1）选中被引导的图层并右击，在弹出的快捷菜单中选择"添加传统运动引导层"选项，如图 5-59 所示，则该图层上方会自动创建一个引导层，并与该图层建立链接关系。

（2）选中作为引导层的图层并右击，在弹出的快捷菜单中选择"引导层"选项，如图 5-60 所示，接下来选中被引导的图层，将其拖曳至引导层内，两个图层建立链接关系。

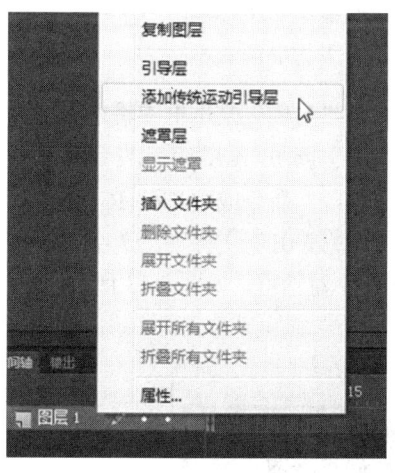
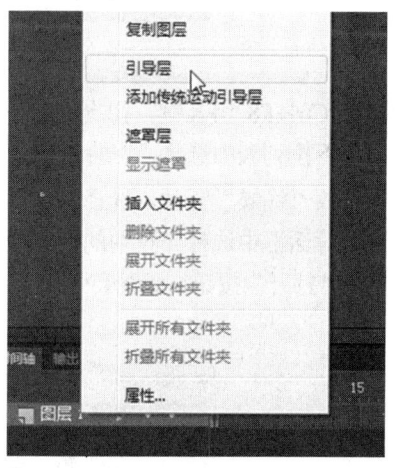

图 5-59　"添加传统运动引导层"选项　　　　图 5-60　"引导层"命令

（3）选中作为引导层的图层并右击，在弹出的快捷菜单中选择"属性"选项，弹出"属性"对话框，在"类型"下拉列表中选中"引导层"单选按钮，如图 5-61 所示，则该图层的图标变为引导层图标，接下来选中被引导的图层，将其拖曳至引导层内，两个图层建立链接关系。

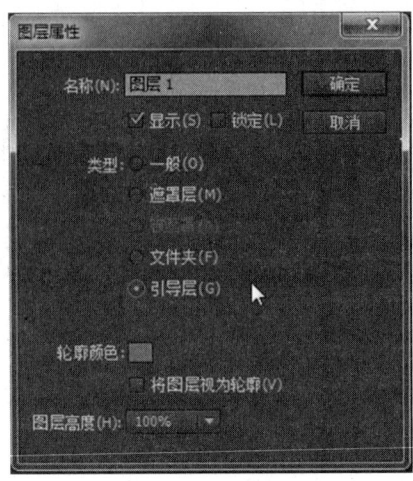

图 5-61　在"图层属性"面板中选中"引导层"单选按钮

2．制作引导动画

下面制作一个蝴蝶飞舞的引导动画。相关素材存储在光盘中"Flash CC\项目 5\素材"文件夹中。

（1）将"库"面板中的"草原.png"拖曳至舞台窗口中，调整其大小，如图 5-62 所示。

图 5-62　在舞台窗口中调整背景图片大小

（2）按 Ctrl+F8 组合键，弹出"新建元件"对话框，在"名称"文本框中输入文字"蝴蝶"，在"类型"下拉列表中选择"影片剪辑"选项，单击"确定"按钮，创建新元件。

（3）进入"蝴蝶"元件，选择"文件→导入→导入到舞台"命令或按 Ctrl+R 组合键，在弹出的"导入"对话框中选择光盘中的"Flash CC\项目 5\素材\蝴蝶 01"文件夹，选中"Butterfly001"文件，单击"打开"按钮，此时会弹出一个"识别序列图片"对话框，如图 5-63 所示，单击"是"按钮。

图 5-63　"识别序列图片"对话框

 专家提醒

Flash CC 可识别出图片序列,将序列图片全部导入,要使导入的序列图片按关键帧顺序整齐排列,需要使用"导入到舞台"命令。

(4)此时蝴蝶图片的序列按关键帧的顺序排列在时间轴上,如图 5-64 所示,按 Enter 键可观看蝴蝶动画效果,如果速度过快可适当增加每张图片的持续时间。

(5)单击左上角的"场景 1"按钮,回到主舞台,新建"图层 2",将"库"面板中的影片剪辑元件"蝴蝶"拖曳至舞台窗口中。选中"图层 2"并右击,在弹出的快捷菜单中选择"添加传统运动引导层"命令,建立"引导层",如图 5-65 所示。

图 5-64 导入序列图片后的关键帧状态

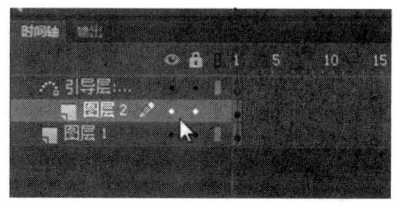

图 5-65 建立引导层

(6)按住 Shift 键的同时单击鼠标,选中"引导层"、"图层 2"、"图层 1"的第 50 帧,按 F5 键增加普通帧。选择"引导层",利用工具栏中的"钢笔工具"绘制如图 5-66 所示的路径。

(7)选中"图层 2"的第 1 帧,在舞台窗口中选择"蝴蝶"元件,将其移动到路径的起始端(元件中心点需吸附路径),选中"图层 2"的第 50 帧,按 F6 键添加关键帧,在这一关键帧上将"蝴蝶"元件移动到路径的终止端,再次选中第 1 帧,创建传统补间,引导动画创建完成。

(8)利用同样的方法制作第 2 只蝴蝶的引导动画,最终效果如图 5-67 所示。

图 5-66 绘制路径

图 5-67 引导动画最终效果

 专家提醒

引导动画注意事项。
① 起引导作用的路径必须是开放路径,不可闭合。
② 被引导对象必须准确吸附到引导线上,否则引导动画不能创建。

5.3.5 制作遮罩动画

Flash CC 中的遮罩动画是通过先创建遮罩层与被遮层，遮罩层的透明区域会遮挡被遮层中的图像，遮罩层中有图形的区域会显示出被遮层的图像，与百叶窗、放大镜等效果类似。

遮罩层中的图形可以制作动画，依然会起到遮罩的作用，可以利用所掌握的 Flash CC 动画知识，发挥自己的创意，制作出丰富的遮罩效果。

1．遮罩层的创建

在 Flash CC 中创建遮罩层可以通过菜单命令或改变图层属性来实现。

（1）在图层上右击，在弹出的快捷菜单中选择"遮罩层"命令，则该图层变为遮罩层，如图 5-68 所示，其下方的图层变为被遮罩层，以缩进方式显示。

（2）选中图层并右击，在弹出的快捷菜单中选择"属性"命令，弹出"图层属性"对话框，如图 5-69 所示。在"类型"选项栏中点选"遮罩层"项，则该图层变为遮罩层，然后选中要作为被遮罩层的图层，将其拖曳至遮罩层内即可，创建成功后被遮罩层会以缩进方式显示。

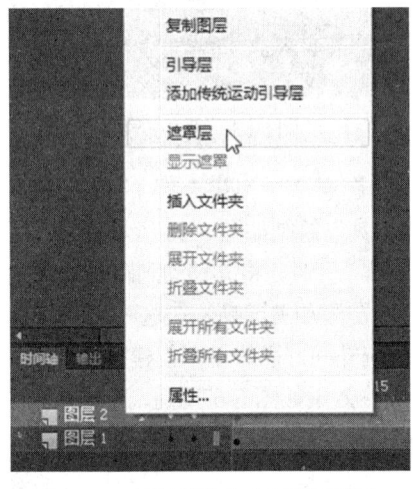
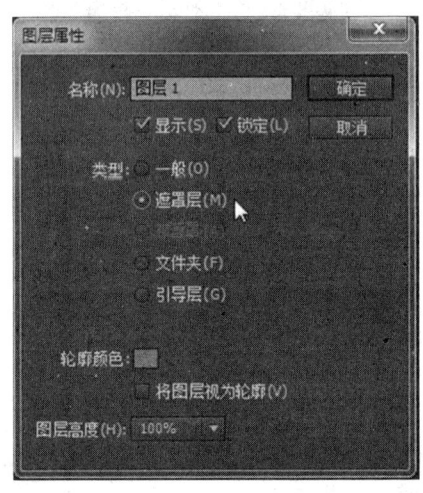

图 5-68　通过菜单命令创建遮罩层　　　　图 5-69　在"图层属性"面板中选择"遮罩层"

2．制作遮罩动画

下面利用光盘中提供的素材，制作一个遮罩动画。

（1）新建空白文档，将舞台大小设置为 600×400 像素，打开"导入到库"对话框，选择光盘中"Flash CC\项目 5\素材"文件夹中的"甜食.jpg"文件，单击"打开"按钮，将文件导入到"库"面板中。

（2）选择"图层 1"，将"库"面板中的"甜食.jpg"拖曳至舞台窗口中，调整其大小及位置。新建"图层 2"，在该图层上利用工具栏中的"椭圆工具"绘制多个椭圆图形，主要放置在背景图片中的甜食位置上，如图 5-70 所示。

（3）选择"图层 1"的第 45 帧，按 F5 键增加普通帧。选中"图层 2"的第 25 帧，按 F6 键增加关键帧，在这一关键帧上调整各个椭圆图形的大小及形状，如图 5-71 所示。

（4）选择"图层 2"的第 26 帧，按 F6 键增加关键帧。在这一关键帧上删除之前绘制做的椭圆图形，在画面背景中人物头部位置创建一个圆形，如图 5-72 所示。

（5）选中"图层 2"的第 45 帧，按 F6 键增加关键帧。将之前绘制的圆形放大，使其遮挡住全部背景图片,接下来分别选中"图层 2"的第 1 帧和第 26 帧并右击,在弹出的快捷菜单中选择"创建补间形状"命令。

图 5-70　绘制多个椭圆图形

图 5-71　在第 25 帧时调整各个椭圆图形的大小及形状

(6)选中"图层 2"并右击,在弹出的快捷菜单中选择"遮罩层"命令,则"图层 2"变为遮罩层,其下面的"图层 1"变为被遮罩层,遮罩动画创建完毕,最终效果如图 5-73 所示。

图 5-72　第 26 帧时的状态图

图 5-73　遮罩动画最终效果

5.3.6　制作骨骼动画

在 Flash CC 中,可以给图形、按钮和影片剪辑元件添加骨骼,也可以给文本添加骨骼。如果需要给文本添加骨骼,那么要先将文本转换为元件。具体操作步骤如下。

(1)创建新的图形元件"角色",舞台窗口随之转换到图形元件的舞台窗口。选择绘图工具自行绘制一个图形,如图 5-74 所示。

(2)分别选中头部和每一节身体并右击,在弹出的快捷菜单中选择"转换为元件"命令,将其转换为图形元件,如图 5-75 所示。

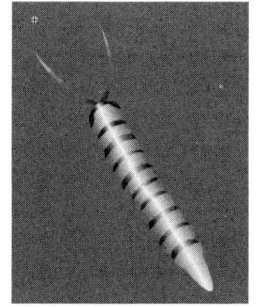
图 5-74　绘制的图形

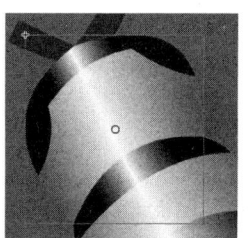
图 5-75　转换为图形元件

（3）选择"骨骼"工具，在卡通图形的头部中心单击鼠标左键并将其拖曳到下面椭圆图形的中心位置，松开鼠标，在头部和椭圆之间生成一条骨骼，如图 5-76 所示。在第一根骨骼的尾部单击鼠标左键将其拖曳到第 2 个椭圆图形的中心位置，松开鼠标，在第 1 个椭圆和第 2 个椭圆之间生成了一条骨骼，如图 5-77 所示。用同样的方法，添加其他骨骼效果，如图 5-78 所示。

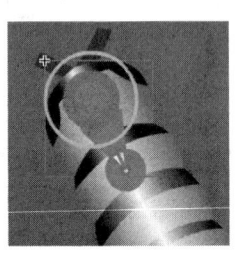 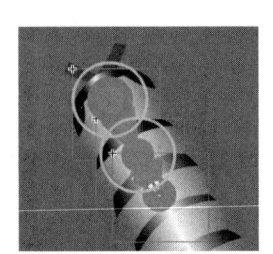 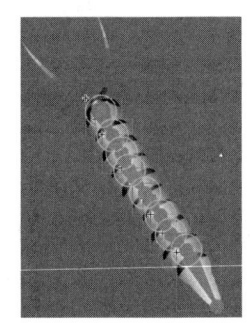

图 5-76　创建头部骨骼　　　图 5-77　创建第一节身体骨骼　　　图 5-78　"角色"整体骨骼

（4）在"时间轴"面板中自动生成一个"骨架"图层，如图 5-79 所示。在"时间轴"面板中分别选中"骨架"图层的第 5 帧、第 10 帧和第 15 帧并右击，在弹出的快捷菜单中选择"插入姿势"命令。选中图层 1 的第 15 帧，按 F5 键，在该帧上插入普通帧，如图 5-80 所示。

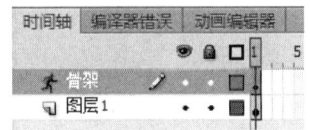 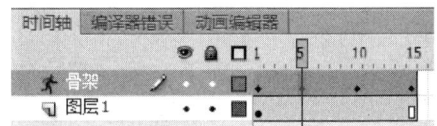

图 5-79　骨架图层　　　　　　图 5-80　在图形 1 的第 15 帧上插入普通帧

（5）选中"骨架"图层的第 5 帧，选择"选择工具"，在舞台窗口中选中第 3 个骨骼，将其拖曳至适当的位置，如图 5-81 所示。用相同的方法分别选中第 10 帧和第 15 帧上的骨骼并将其拖曳至适当的位置，如图 5-82 和图 5-83 所示。

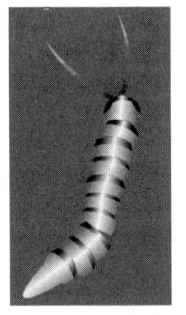 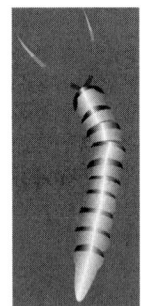 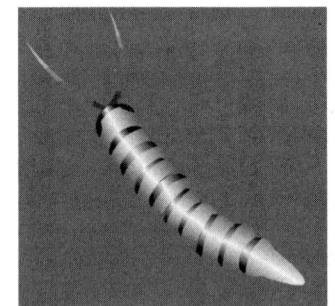

图 5-81　第 5 帧效果　　　　图 5-82　第 10 帧效果　　　　图 5-83　第 15 帧效果

（6）为元件添加骨骼动画完成，按 Ctrl+Enter 组合键即可查看动画效果。

5.4　项目实战问答

NO.1　引导动画未能正确运行如何处理？

答：在利用 Flash CC 制作引导动画时，如动画最终未正确运行，则可能存在以下问题。

（1）引导层中的路径转折过多，或转折所形成的角度太小，使软件未能准确判定图形的运动路径。

（2）路径为闭合路径或路径中存在中断，都会导致引导动画未能实现。

（3）路径中出现交叉部分，影响软件对路径的判定。

（4）在被引导图层的关键帧位置上，未能准确地将需要引导的图形吸附在引导层的路径上，则引导动画不能实现。

 NO.2　逐帧动画与补间动画相比具有哪些优缺点？

答：逐帧动画根据其一帧一帧依次播放的特点，适合表现一些内容比较复杂的动画效果，相对于补间动画来说，其优缺点主要体现在以下几方面。

（1）补间动画中，关键帧只记录图形在特定时间点的大小、位置、颜色等状态，中间部分由帧进行过渡，而逐帧动画完全由关键帧组成，这就导致了运用逐帧动画会占用较大的内存，文件体积要比只运用补间动画的文件要大。

（2）由于逐帧动画全部由关键帧组成，如果需要对动画进行更改，则可能涉及对许多关键帧中图形状态的更改，因此工作量很大。

（3）逐帧动画的每一个关键帧中，图形或图像都会有一定的变化，其动画效果相对于补间动画来说，会更加细腻，具有真实感。

5.5　项目小结

通过本项目的学习，读者认识了利用 Flash CC 软件制作各种动画的方法，包括逐帧动画、补间动画、引导动画、遮罩动画等。制作动画是 Flash CC 系列软件最主要的功能，在实际项目制作中，要根据具体的要求及所要得到的效果，选择最合适的制作方法，将创意与技术完美的结合，正是动画作品的魅力所在。

5.6　项目训练 5

拓展能力训练项目——购物网页。

项目任务

设计制作购物网页。

客户要求

以"购物网页"为主题，设计大小为 1024×768 像素，帧频为 24 的购物网页，以展示各类商品。

关键技术

（1）展示窗口动画以遮罩动画实现。

（2）动画节奏及时间控制。

（3）网页页面布局合理。

参照效果图

购物网页的最终制作效果,如图 5-84 所示。

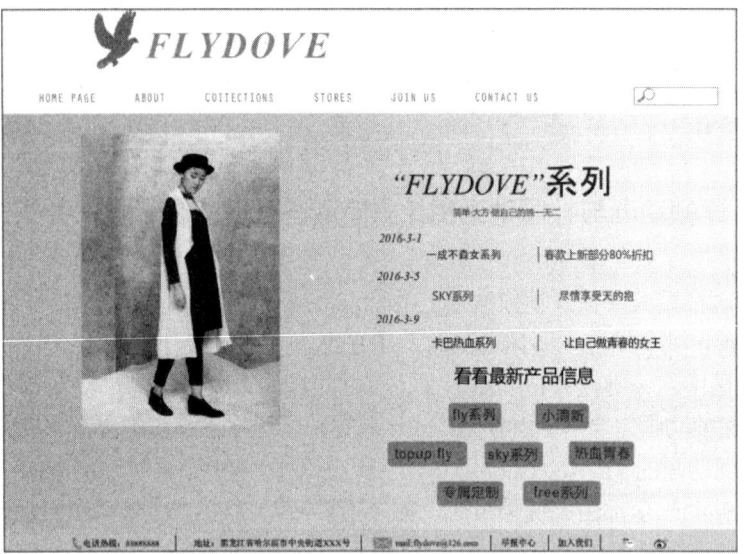

图 5-84 "购物网页"最终效果

项目 6

MV 制作

 项目导学

学习任务	学习内容	能力要求
项目实战 1：蜗牛与黄鹂鸟 MV 制作	① 掌握 MV 创作步骤 ② ActionScript 3.0 的相关语句控制 MV 的播放、停止及返回动作 ③ 掌握 ActionScript 3.0 事件、函数及常用语句	① 能够熟练掌握 MV 的相关制作流程 ② 能够运用 ActionScript 3.0 的相关语句控制 MV 的播放、停止及返回动作 ③ 能够熟练使用按钮控制 MV 的动作，使用库中的相关按钮
项目实战 2：英文歌曲 MV 制作		
ActionScript 3.0 常用语法规则		
ActionScript 3.0 事件、函数及常用语句		
项目实战问答		

6.1 项目实战 1：蜗牛与黄鹂鸟 MV 制作

6.1.1 项目实战描述与效果

◆ 素材：Flash CC\项目 6\素材\蜗牛与黄鹂鸟
◆ 源文件：Flash CC\项目 6\源文件\蜗牛与黄鹂鸟

1. 项目实战描述

通过本项目的学习要对 MV 的创作过程作初步的了解，MV 的创作大致分为歌曲、歌词和动画三个部分。在创作一个 Flash MV 之前，要构思好剧本，也就是 MV 的轮廓，要思考怎样将音乐和画面完美地融合在一起，不求达到天人合一的效果，也要让别人能看懂你所要表达的意思。那么，在选好一首歌曲后，首先要在头脑中构思轮廓，再将其构思用笔在纸上大概绘制好，需要几个画面，每个画面有哪些动作；再细致分就是每个画面需要哪些图层，每个图层有哪些元素；哪些元素需要动起来，哪些元素是静态的，建议静态的画面制作成图形元件，而动态的画面制作成影片剪辑元件，分画面的构思实际上也就是分镜头处理，并且建议在文件中尽量减少使用位图的次数，这样会使得文件的体积增大，建议多使用矢量图。制作一个 Flash MV 可能还需要借助其他软件的辅助，具体操作在案例中会接触到。

2. 项目实战效果

最终任务效果如图 6-1 所示。

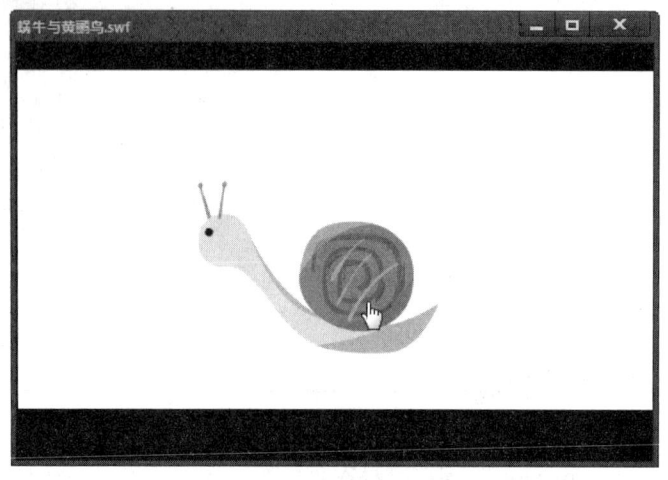

(a)

(b)

图 6-1 "蜗牛与黄鹂鸟"效果

6.1.2 项目实战详解

1．导入图片

（1）选择"文件→新建"命令，在弹出的"新建文档"对话框中选择"ActionScript 3.0"选项，单击"确定"按钮，进入新建文档舞台窗口。按"Ctrl+F3"组合键，弹出"属性"面板，单击"大小"右侧的"编辑"按钮，弹出"文档设置"对话框，将舞台宽度设置为 550 像素，高度设置为 300 像素，将背景颜色设置为白色（#FFFFFF），如图 6-2 所示。

（2）选择"文件→导入→导入到库"命令，在弹出的"导入到库"对话框中选择"项目 6\素材\蜗牛与黄鹂鸟"文件夹下的所有文件，单击"打开"按钮，这些图片都被导入到"库"面板中，如图 6-3 所示。

2．制作 MV

（1）将"图层 1"命名为"声音"，在第 1 帧处添加声音"蜗牛与黄鹂鸟"，在第 504 帧处插入帧。

（2）新建图层"框"，并置于"声音"图层下方，绘制图形并填充颜色，效果如图 6-4 所示。

图 6-2 "属性"面板　　　　　　　　图 6-3 "库"面板

图 6-4 "框"图层

（3）新建图层"按钮"，并置于"框"图层下方，输入文字并添加滤镜，将其转换为按钮元件"Play"，元件及滤镜设置如图 6-5 和图 6-6 所示。

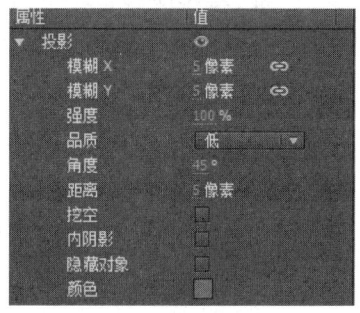

图 6-5 "Play"按钮元件　　　　　　图 6-6 滤镜设置

（4）编辑"Play"，在第 2 帧处插入关键帧，绘制图形并转换为影片剪辑元件"蜗牛"，效果如图 6-7 所示。

（5）返回主场景，新建图层"片头"并置于"按钮"图层下方，在第 2 帧处插入关键帧，绘制图形并转换为影片剪辑元件"教室"，效果如图 6-8 所示。

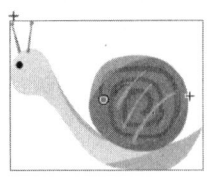

图6-7 "蜗牛"影片剪辑元件

图6-8 "教室"影片剪辑元件

（6）在"片头"图层的第2帧处调整元件的位置，在第6、9、23、37、49帧处插入关键帧，分别移动—放大—移动，在第2~第6帧、第9~第23帧、第37~第49帧创建传统补间动画，效果分别如图6-9~图6-11所示。

(a)

(b)

(c)

图6-9 第2~第6帧移动效果

(a)

(b)

图6-10 第9~第23帧放大效果

(a)

(b)

图6-11 第37~第49帧移动效果

(7）在第 53 帧处插入空白关键帧，绘制图形并转换为影片剪辑元件"窗户"，效果如图 6-12 所示。

图 6-12 "窗户"影片剪辑元件

（8）编辑"窗户"，新建图层"树"，并置于"图层 1"下方，绘制树并转换为影片剪辑元件"树"，添加模糊滤镜，效果如图 6-13 所示。

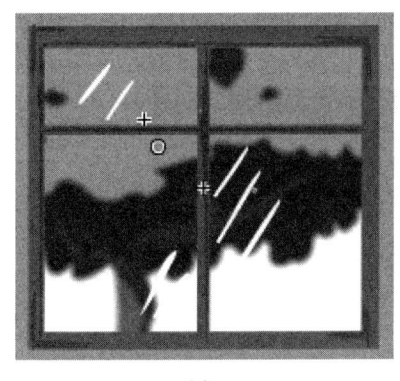
(a)

(b)

图 6-13 绘制树并添加模糊滤镜

（9）返回主场景，在"片头"图层的第 61 帧和第 71 帧处插入关键帧，在第 71 帧处将元件的 Alpha 值设置为 20%，在第 61~第 71 帧，创建传统补间动画，如图 6-14 所示。

(a)

(b)

图 6-14 Alpha 值设置为 20%及传统补间动画效果

（10）在"片头"图层的第 72 帧处插入空白关键帧，新建图层"树"，在第 61 帧处插入关键帧，将"树"拖曳至舞台窗口中。在第 71 帧、第 81 帧和第 96 帧处插入关键帧，在第 61 帧处将元件的 Alpha 值设置为 0，在第 61~71 帧创建传统补间动画，效果如图 6-15 所示。

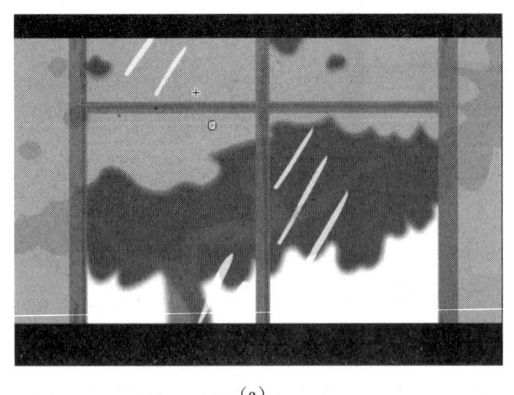 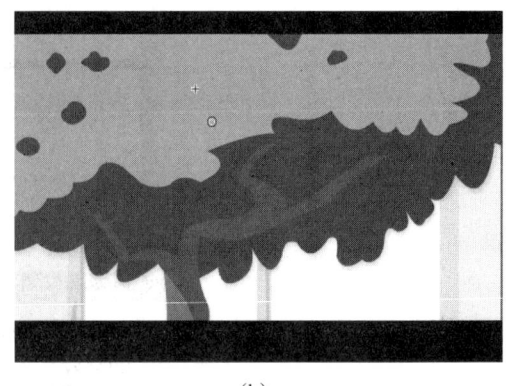

(a)　　　　　　　　　　　　　　　　　(b)

图 6-15　第 61~第 71 帧传统补间动画效果

（11）在"树"图层的第 96 帧处将元件缩小，在第 71~第 96 帧创建传统补间动画，效果如图 6-16 所示。

图 6-16　第 71~第 96 帧传统补间动画效果

（12）新建影片剪辑元件"葡萄众"绘制葡萄，并转换为影片剪辑元件"葡萄"，排列成串，设置"葡萄"的 Alpha 值为 60%，如图 6-17 所示，编辑"葡萄众"，在第 3 帧处插入关键帧，设置"葡萄"的 Alpha 值为 30%，返回主场景，新建图层"附加"，在第 103 帧处插入关键帧，将"葡萄众"拖曳至舞台窗口中，效果如图 6-18 所示。

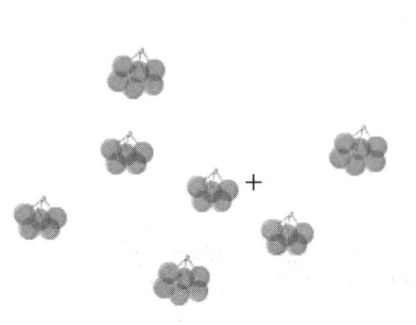 

图 6-17　"葡萄"影片剪辑元件排列成串　　　　图 6-18　将"葡萄众"拖曳至舞台窗口中

（13）在第 119 帧处插入关键帧，删除"葡萄众"并绘制图形，将其转换为影片剪辑元件"苗"，效果如图 6-19 所示。在"附加"图层的第 119~第 141 帧制作"苗"出现笑脸的动作，如图 6-20 所示。

图 6-19　删除"葡萄众"

图 6-20　"苗"出现笑脸

（14）在第 150 帧处插入关键帧并绘制腮红，效果如图 6-21 所示。

（15）分别在"树"图层、"附加"图层的第 157 帧处插入空白关键帧，在"附加"图层的第 157 帧处绘制图形并转换为影片剪辑元件"壳"，效果如图 6-22 所示。在第 171 帧和第 182 帧处插入关键帧，制作缩小、下移的动作，在第 157~第 171 帧、第 171~第 182 帧创建传统补间动画，效果如图 6-23 所示。

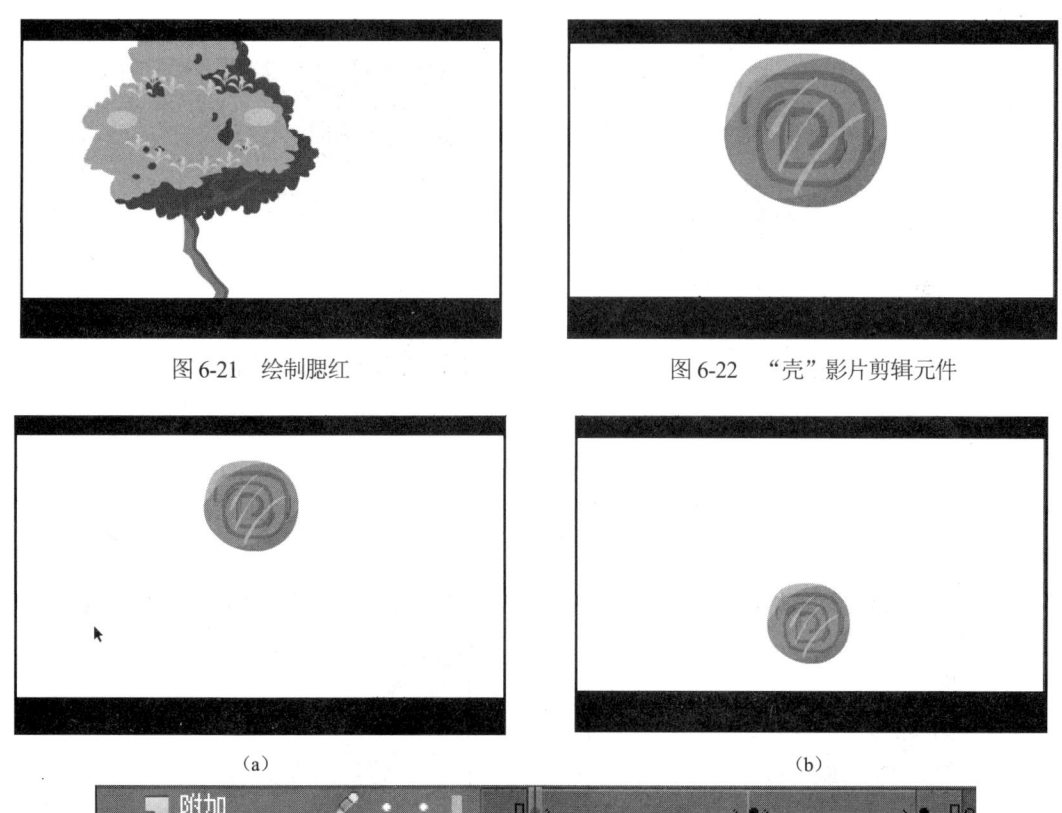

图 6-23　插入关键帧及缩小、下移动作

（16）新建图层"蜗牛"并置于"附加"图层下方，在第 182 帧处插入关键帧并绘制图形。在

第185帧处将"壳"影片剪辑元件剪切到此帧,并转换为影片剪辑元件"蜗牛",在第196帧和第206帧处插入关键帧,制作旋转、上移的动作,在第185~第196帧、第196~第206帧创建传统补间动画,如图6-25所示。

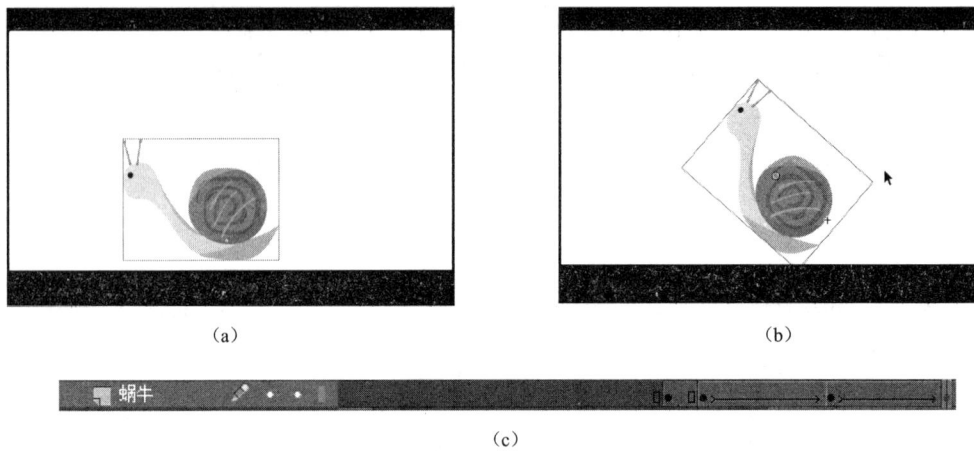

图6-24 插入关键帧及旋转、上移动作

(17) 在"附加"图层的第185帧处插入空白关键帧,编辑"蜗牛",在第4帧处插入关键帧,将身体拉长,如图6-25所示。在"树"图层的第191帧插入关键帧,将"树"拖曳至舞台窗口中,如图6-26所示。

图6-25 "蜗牛"拉长身体

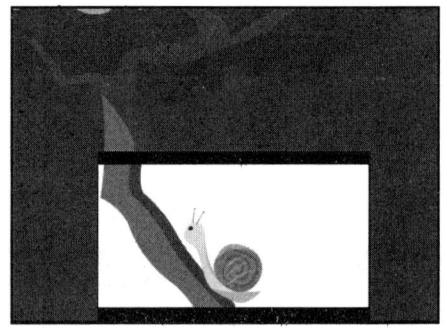

图6-26 "树"拖曳至舞台窗口中

(18) 在"蜗牛"图层的第209帧处插入关键帧,在第209~第218帧制作元件晃动的动作,如图6-27所示。在第221帧和第232帧处插入关键帧,在第232帧处将元件上移,在第221~第232帧创建传统补间动画,效果如图6-29所示.

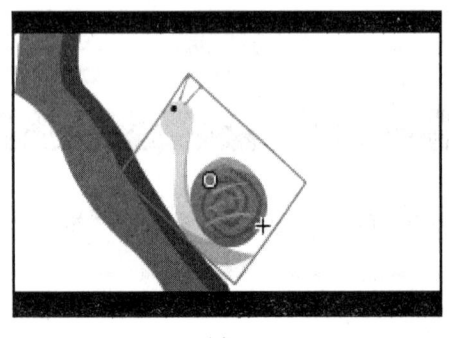

(a)

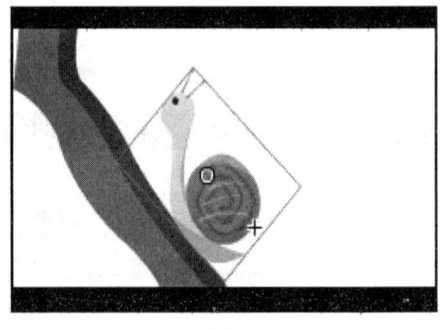

(b)

图6-27 元件晃动的动作

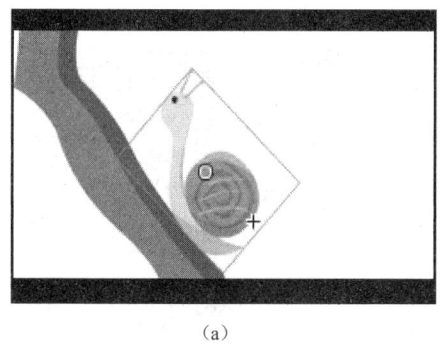
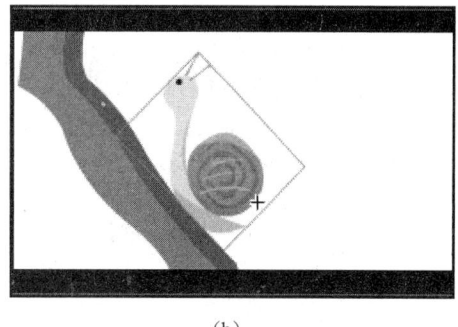

(a)　　　　　　　　　　　　　　　　(b)

(c)

图 6-28　蜗牛上移

（19）新建图层"AS1"，在第 1 帧处右击，在弹出的快捷菜单中选择"动作"命令，在出现的"动作"面板中输入"stop()"语句。在该层的第 233 帧处右击，在弹出的快捷菜单中选择"动作"命令，在出现的"动作"面板中输入"stop()"语句，如图 6-29 所示。

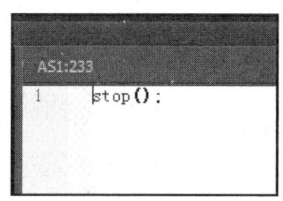

图 6-29　"动作"面板（1）

（20）新建图层"AS2"，在第 1 帧处右击，在弹出的快捷菜单中选择"动作"命令，在出现的"动作"面板中输入如图 6-30 所示的程序，在该层的第 233 帧处右击，在弹出的快捷菜单中选择"动作"命令，在出现的"动作"面板中输入如图 6-31 所示程序。

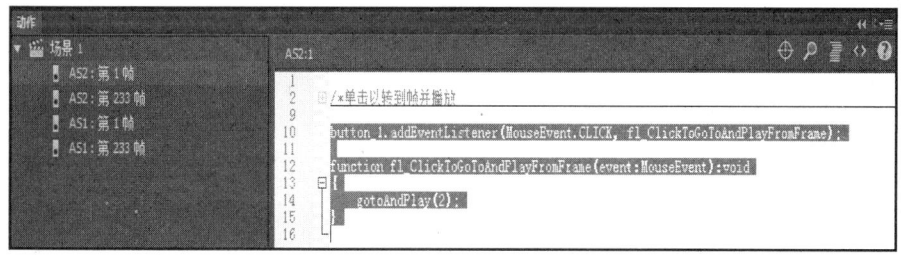

图 6-30　"动作"面板（2）

图 6-31　"动作"面板（3）

(21) 各相关图层面板，如图 6-33 所示。

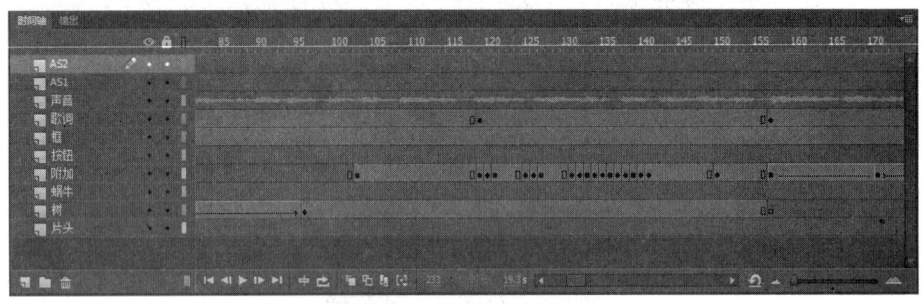

(a)

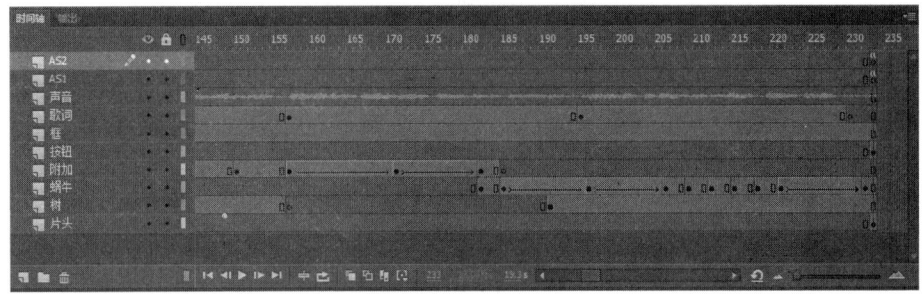

(b)

(c)

图 6-32　各相关图层面板

6.2　项目实战 2：英文歌曲 MV 制作

◆ 素材：Flash CC\项目 6\素材\英文歌曲 MV 制作
◆ 源文件：Flash CC\项目 6\源文件\英文歌曲 MV 制作

6.2.1　项目实战描述与效果

1. 项目实战描述

本项目主要介绍标签、歌词及字幕的制作方法。了解歌词字幕的制作方法，希望大家能够举一反三，自行创作其他歌词字幕的特效动画。通过使用补间动画让画面动起来，注重音乐和素材融合，形成一定的画风、曲风，图片和动画要能够正确的表达歌曲的意思和意境，达到和谐统一的目的。

2．项目实战效果

最终项目效果如图 6-33 所示。

图 6-33 "英文歌曲 MV 制作"效果

6.2.2 项目实战详解

1．准备工作

（1）新建 Flash 文档，设置舞台大小为 640×460 像素、帧频为 12fps、舞台背景为白色、保存名为"英文歌曲 MV 制作.fla"。

（2）将"项目\素材\英文歌曲 MV 制作"文件夹下的所有图片文件和音乐文件导入到"库"面板中。

2．制作帧标签

（1）将图层 1 重命名为"歌曲"，并将歌曲导入到舞台窗口中，延长帧到歌曲结束。

（2）新建图层"标签"，标签可以非常清楚地表明歌曲的进度，即每一句歌词的开始帧位置和结束帧位置。将每一句的歌曲开始处"打上"标签，对后面的创作起到提示作用。当然标签还有其他的用途，在这里用标签只是起到标识的作用。

（3）当播放头定位到第 1 帧时，按 Enter 键，仔细听歌，在第一句歌词开始前按 Enter 键停止，并在该帧处（175 帧）右击，在弹出的快捷菜单中选择"插入空白关键帧"命令，选中这一帧并在"属性"面板中标签的"名称"文本框内输入"1try to remember the kind of September"，即第一句歌词内容并在前面加上 1，这样就会很清楚是第几句歌词及歌词的内容；在"类型"下拉列表中选择"名称"选项，这时关键帧位置会有一个小红旗，然后是输入的帧名称；如果在"类型"下拉列表中选择"注释"选项，帧名称前会有两个绿色的斜杠，相应的关键帧同样也是两个绿色的斜杠和帧名称；如果在"类型"下拉列表中选择锚记选项，关键帧上会有船锚的标志。关于帧标签在这里不再细讲，这里引入帧标签只是起到标识的作用，默认"类型"为"名称"即可，如图 6-34 和图 6-35 所示。

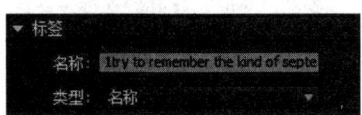

图 6-34 帧标签

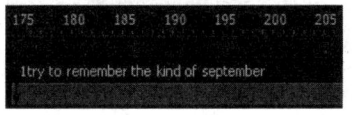

图 6-35 关键帧标签

（4）重复上述步骤，在每句歌词的开始帧处都添加帧标签。所有歌词及开始处的关键帧号如下。

1try to remember the kind of September——175 帧

2when life was slow and oh so mellow——255 帧

3try to remember the kind of september——350 帧

4when grass was green and grain was yellow——430 帧

5try to remember the kind of september——525 帧

6when you were a tender and a callow fellow——610 帧

7try to remember and it you remember——700 帧

8then follow follow ,oh-oh——785 帧

9try to remember when life was so tender——875 帧

10that no one wept except the willow——955 帧

11try to remember the kind of september——1050 帧

12when love was an ember about to billow——1130 帧

13try to remember and if you remember——1220 帧

14then follow -follow,oh -oh——1300 帧

15deep in december it"s nice to remember——1415 帧

16although you know the snow will follow——1500 帧

17deep in december it"s nice to remember——1585 帧

18the fire of september that made us mellow——1665 帧

19deep in december our hearts should remember——1755 帧

20and follow - follow, oh-oh——1835 帧

3．制作歌词文本

（1）新建图形元件"歌词1"，选择文本工具，在其工具栏中设置"属性"为"传统文本"、"文本类型"为"静态文本"在"字符"选项区域中设置，"系列"为"Blackadder ITC"（此字体可以从网上下载，在"项目6\素材\英文歌曲MV制作"文件夹下有该字体）、"大小"为40点、"颜色"为白色，如图6-36所示。

（2）输入或复制第一句歌词，完成第一句歌词元件的制作，效果如图6-37所示（这里为了突出歌词元件效果，临时将舞台背景设置为黑色）。

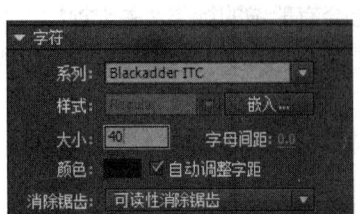

图6-36　"字符"选项区域

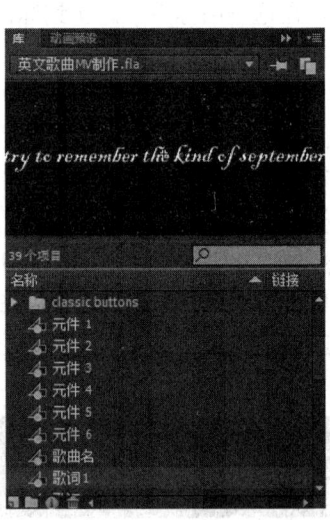

图6-37　"歌词1"元件

(3) 重复上述步骤，将20句歌词都制作成图形元件。

4．制作字幕

(1) 新建图层"字幕"，新建图形元件"字幕"，制作字幕背景，使用矩形工具，绘制宽为640像素、高为100像素的矩形，设置"笔触颜色"为无，"填充颜色"为黑色，并将其2次拖曳至"字幕"图层，分别放置在舞台的上边和下边（使用对齐面板对齐）。

(2) 新建图层"歌词"，在"歌词"图层上与"标签"图层的对应关键帧处插入空白关键帧。

(3) 选中"歌词"图层第175帧，即第一句歌词开始处的空白关键帧，将图形元件"歌词1"拖入舞台窗口中，放置在舞台的下方"字幕"图层的黑色矩形上，选中该元件，按Ctrl+K组合键，调出"对齐"面板，选中"对齐/相对舞台分布"单选按钮，然后单击"水平居中对齐"按钮，字幕效果如图6-38所示。

(4) 在第175~第255帧的任意帧位置（即第一句歌词和第二句歌词之间）右击，在弹出的快捷菜单中选择"创建补间动画"命令，在第175帧处选择舞台上的元件"歌词1"，设置"属性"面板中的"色彩效果"选项区域的Alpha值为"0"，在第315帧处选择该元件，设置"属性"面板中的"色彩效果"选项区域的Alpha值为100，完成歌词元件从无到有的显现效果，如图6-39所示。

图6-38　字幕效果

图6-39　"色彩效果"选项区域

(5) 以此类推，按照步骤（3）、步骤（4），完成每一句歌词的显现效果。

(6) 选中最后一帧（2058帧处）并右击，在弹出的快捷菜单中选择"插入关键帧"命令，再右击，在弹出的快捷菜单中选择"动作"命令，在弹出的窗口中输入代码：

```
stop();
```

5．制作动画

(1) 新建6个图层："镜头1"、"镜头2"、"镜头3"、"镜头4"、"镜头5"、"镜头6"。

(2) 新建6个图形元件："元件1"、"元件2"、"元件3"、"元件4"、"元件5"、"元件6"。分别将导入到"库"面板中的6个图片素材，放到对应的图形元件中，如"1.jpg"放在"元件1"中。

(3) 在"镜头1"图层第1帧处插入关键帧，将图形元件"元件1"拖曳到舞台窗口中，在第229帧处结束；在第1帧处设置"元件1"的"X"为"-108.65"、"Y"为"49.90"；在第2帧处插入关键帧，并创建补间动画；在第40帧处，将"元件1"做下移操作，"X"不变，"Y"为"98.90"；在第100帧处，做左移操作，"X"为"-261.65"，"Y"不变；在第190帧处，将"元件1"的Alpha值设置为"100"；在第229帧处，将"元件1"的Alpha值设置为"0"。

(4) 在"镜头2"图层第190帧处插入关键帧，将图形元件"元件2"拖曳到舞台窗口中，在第520帧处结束；在第190帧处设置"元件2"的"X"为"-0.65"、"Y"为"-302"，创建补间动画，将"元件2"的Alpha值设置为"0"；在第229帧处，将"元件2"的Alpha值设置为"100"；在第277帧处，插入关键帧；在第324帧处，将"元件2"做位移操作，"X"为"-227.65"、"Y"为"-131"；在第330帧处，插入关键帧；在第420帧处，将"元件2"做下移操作，"X"不变，"Y"为"95"；在第440帧处，插入关键帧；在第480帧处，将"元件2"做右移操作，"X"为"0"，"Y"不变，并在该帧将"元件2"的Alpha值设置为"100"；在第520帧处，将"元件2"的Alpha值设置为0。

（5）在"镜头3"图层第480帧处插入关键帧，将图形元件"元件3"拖曳到舞台窗口中，在第875帧处结束；在第480帧处设置"元件3"的"X"为"-262.7"、"Y"为"-382"，创建补间动画，将"元件3"的Alpha值设置为"0"；在第520帧处，将"元件3"的Alpha值设置为"100"；在第530帧处，插入关键帧；在第630帧处，将"元件3"做下移操作，"X"不变，"Y"为"50"；在第651帧处，插入关键帧；在第729帧处，将"元件3"做右移操作，"X"为"-170"、"Y"不变；在第750帧处，插入关键帧；在第820帧处，将"元件3"做放大操作，使用"变形"面板，放大130%，并做位移操作，"X"为"-2.60"、"Y"为"17.8"；在第835帧处，将"元件3"的Alpha值设置为"100"；在第480帧处，将"元件3"的Alpha值设置为"0"。

（6）在"镜头4"图层第835帧处插入关键帧，将图形元件"元件4"拖入舞台窗口中，在第1300帧处结束；在第835帧处设置"元件4"的"X"为"-384"、"Y"为"-377"，创建补间动画，将"元件4"的Alpha值设置为"0"；在第875帧处，将"元件4"的Alpha值设置为"100"；在第886帧处，插入关键帧；在第950帧处，将"元件4"做右移操作，设置"X"为"0"、Y不变；在第970帧处，插入关键帧；在第1116帧处，将"元件4"做下移操作，设置"X"不变、"Y"为"99"；在第1135帧处，插入关键帧；在第1238帧处，将"元件4"做左移操作，设置"X"为"-300"、"Y"不变；在第1261帧处，将"元件4"的Alpha值设置为"100"；在第1300帧处，将"元件4"的Alpha值设置为"0"。

（7）在"镜头5"图层第1261帧处插入关键帧，将图形元件"元件5"拖曳到舞台，在第1789帧处结束；在第1261帧处设置"元件5"的"X"为"0"、"Y"为"-401.95"，创建补间动画，将"元件5"的Alpha值设置为"0"；在第1300帧处，将"元件5"的Alpha值设置为"100"；在第1310帧处，插入关键帧；在第1410帧处，将"元件5"做左移操作，设置"X"为"-374"、"Y"不变；在第1510帧处，将"元件5"做下移操作，设置"X"不变、"Y"为"70"；在第1541帧处，插入关键帧；在第1620帧处，将"元件5"做右移操作，设置"X"为"-180"、"Y"不变；在第1639帧处，将"元件5"做下移操作，设置"X"不变、"Y"为"100"；在第1650帧处，插入关键帧；在第1729帧处，将"元件5"做左移操作，设置"X"为"-373"、"Y"不变；在第1751帧处，将"元件5"的Alpha值设置为"100"；在第1789帧处，将"元件5"的Alpha值设置为"0"。

（8）在"镜头6"图层第1751帧处插入关键帧，将图形元件"元件6"拖曳到舞台窗口中，在第2058帧处结束；在第1751帧处设置"元件6"的"X"为"-270.65"、"Y"为"-242.9"，创建补间动画，将"元件6"的Alpha值设置为"0"；在第1789帧处，将"元件6"的Alpha值设置为"100"；在第1805帧处，插入关键帧；在第1910帧处，将"元件6"做下移操作，设置"X"不变、"Y"为"60"；在第1930帧处，插入关键帧；在第2015帧处，将"元件6"做右移操作，设置"X"为"-40"、"Y"不变；在第2057帧处，将"元件6"做左移操作，设置"X"为"-250"，"Y"不变。

（9）新建图层"片头"，新建图形元件"歌曲名"，在图形元件"歌曲名"的第1帧处使用文本工具，在"名称"文本框内输入"try to Remember"，设置"属性"为"传统文本"、"文本类型"为"静态文本"，"字体"为"Blackadder ITC"（此字体可以从网上下载，在"学习情境 5\素材\英文歌曲 MV 制作"文件夹下有该字体）、"大小"为 40 点、"颜色"为黑色。返回主场景，在"片头"图层的第 1 帧处将图形元件"歌曲名"拖曳到舞台窗口中，设置"属性"面板中的"位置和大小"的"X"为"188.25"、"Y"为"230"。在第 2 帧处右击，在弹出的快捷菜单中选择"插入空白关键帧"命令，在该帧处，将图形元件"歌曲名"再次拖曳到舞台窗口中，设置"属性"面板中的"位置和大小"的"X"为"188.25"、"Y"为"230"并将帧延长到第 36 帧结束。在第 2 帧~第 36 帧右击，在弹出的快捷菜单中选择"创建补间动画"命令，将播放头定位到第 2 帧，选择图形元件"歌曲名"，设置"属性"面板中"色彩效果"选项区域中的 Alpha 值为"100"；将播放头定位到第 36 帧，选择图形元件"歌曲名"，设置"属性"面板中"色彩效果"选项区域中的 Alpha 值为"0"。

（10）新建图层"等待开始"，在第 1 帧处右击，在弹出的快捷菜单中选择"动作"命令，在弹出的"动作"面板中输入代码：

```
stop();
```

（11）新建图层"按钮"，在第 1 帧处，在菜单栏单击"窗口"，在弹出的下拉列表中选择"公用库"选项，在弹出的级联菜单中选择"按钮"选项，在弹出的"库"面板中选择"classic buttons"选项，将"play"按钮拖曳到舞台，选择该按钮，设置"属性"面板的"位置和大小"的"X"为"364.6"、"Y"为"333.4"。在该按钮的属性面板中定义实例名称为"an1"，新建"Action"图层，选中第 1 帧并右击，在弹出的快捷菜单中选择"动作"命令，在弹出的窗口中输入代码：

```
an1.addEventListener(MouseEvent.CLICK, fl_ClickToGoToAndStopAtFrame);

function fl_ClickToGoToAndStopAtFrame(event:MouseEvent):void
{
    gotoAndPlay(2);
}
```

（12）新建图层"replay"，在第 2030 帧处右击，在弹出的快捷菜单中选择"插入空白关键帧"选项，在该帧处单击"窗口"菜单，在弹出的下拉列表中选择"公用库"选项，在弹出的级联菜单中选择"按钮"选项，在弹出的"库"面板中选择"classic buttons"选项，将"play"按钮拖入舞台，双击该按钮，将"play"修改为"replay"，选择该按钮，设置"属性"面板的"位置和大小"选项区域中的"X"为"559.6"、"Y"为"340.4"。在该按钮的属性面板中定义实例名称为"an2"，选中"Action"图层的第 2058 帧并右击，在弹出的快捷菜单中选择"动作"命令，在弹出的窗口中输入代码：

```
an2.addEventListener(MouseEvent.CLICK, fl_ClickToGoToAndPlayFromFrame);

function fl_ClickToGoToAndPlayFromFrame(event:MouseEvent):void
{
    gotoAndPlay(2);
}
```

（13）将该图层在第 2058 帧处结束，并在第 2030 帧~第 2058 帧的任意一帧处右击，在弹出的快捷菜单中选择"创建补间动画"命令,在第 2030 帧处,选择该按钮,设置"属性"面板中"色彩效果"选项区域中的 Alpha 值为"0";在第 2050 帧处,选择该按钮,设置"属性"面板中"色彩效果"选项区域中的 Alpha 值为"100"。

6.3 知识链接:了解 ActionScript 3.0

Flash CC 动画具有交互性,可以通过对"按钮"的控制来更改动画的播放形式。"ActionScript 3.0 语言"是 Flash CC 中提供的一种动作脚本语言,能够为对象编程,具有强大的交互功能,使动画与用户之间的交互性加强。通过学习使读者了解并掌握应用不同的动作脚本来实现千变万化的动画效果,从而实现人机交互的操作方式。

6.3.1 ActionScript 3.0 的新增功能

核心语言定义编程语言的基本构成块,如语句、条件、表达式、循环和类型。

核心语言的动作面板借助为常见操作、动画和多点触控手势等预设的便捷代码片段,加快项目完成速度。这也是一种学习 ActionScript 3.0 的更简单的方法。

ActionScript 3.0 报告的错误情况比早期的 ActionScript 1.0&2.0 版本多。运行错误可提供带有源文件和行号信息注释的堆栈跟踪,以便能快速定位错误。

运行时的类型信息在运行时保留,保留的这些信息用于运行时的类型检查,改善系统的类型安全性。类型信息还可用于以本机形式表示变量,这样提高了性能,减少了内存使用量。密封类只能拥有在编译时定义的一组固定的属性和方法,不能添加其他属性和方法。由于不能在运行时更改类,使得编译时检查更严格,因此开发的程序更可靠。默认情况下,ActionScript 3.0 中的所有类都是密封的,但可以使用 dynamic 关键字将其声明为动态类。ActionScript 3.0 使用闭包方法可以自动记起它的原始对象实例,此功能对于事件处理非常有用。

ActionScript 3.0 实现了 ECMAScript for XML(E4X),最后被标准化为 ECMA-357。E4X 提供一组用于操作 XML 的自然流畅的语言构造。E4X 通过大大减少所需代码的数量来简化操作 XML 的应用程序的开发。ActionScript 3.0 实现了对正则表达式的支持。命名空间使用统一资源标识符(URI)以避免冲突,而且在您使用 E4X 时,还用于表达 XML 命名空间。ActionScript 3.0 包含三种新基元素类,数值类型为 Number、int 和 uint。Number 表示双精度浮点数;int 类型是一个带符号的 32 位整数,它可充分利用 CPU 的快速处理整数数学运算的能力,int 类型对使用证书循环计数器和变量都非常有用;uint 类型是无符号的 32 位整数类型,可用于 RGB 颜色值、字节计数和其他方面。

ActionScript 3.0 编辑器借助内置 ActionScript 3.0 编辑器提供的自定义类代码提示和代码完成功能,简化开发作业,有效地参考本地或外部的代码库。

ActionScript 3.0 中的 API DOM3 事件模型,是文档对象模型级别。(DOM3)提供一种生成和处理事件消息的标准方式。这种事件模型的设计允许应用程序中的对象进行交互、通信、维持其状态及响应更改。ActionScript 3.0 事件模型的模式遵守万维网联合会 DOM3 事件规范,比早期的更清楚、更有效。显示列表 API,API 由使用可视元素的类组成。Sprite 类是一个轻型构建基块,被设计为可视元素(如用户界面组建)的基类。Shape 类是表示原始的矢量形状。可以使用 new 运算符实例化这些类,并可以随时重新指定其父类。深度管理是自动进行的,提供了用于指定和管理对象的堆叠顺序的方法。

6.3.2 ActionScript 3.0 常用语法规则

在 Flash CC 中"元件"与"实例"的应用是十分广泛的,它们是 Flash CC 中不可缺少的角色。在这个任务中将详细地介绍元件与实例的相关知识、应用技巧,以及库与公共库的使用方法等知识。

要使 ActionScript 3.0 语句能够正常运行,就必须按照正确的语法规则进行编写。

1. 区分大、小写

在动作脚本中的语句除了关键字区分大小写外,其他的 ActionScript 3.0 语句大、小写可以混用,但根据书写规范进行输入,可以使 ActionScript 3.0 语句更容易阅读。

对于关键字、类名、变量、方法名等,要严格区分大小写。如果关键字的大、小写出现错误,在编写程序时就会有错误信息提示。如果采用了彩色语法模式,那么正确的关键字将以深蓝色显示。

2. 点运算符

在动作脚本中的语句,点"."用于指示与对象相关的属性或方法。通过点语法可以引用类的属性或方法。

例如:

```
var Company:Object = {};            //新建一个空对象,将其引用赋值给变量 Company
Company.name = "大象";              //新增一个属性 name,将字符串"大象"赋值给它
Trace(Company.name);                //输出"企鹅"
```

3. 界定符

在 ActionScript 3.0 中大括号"{}"、小括号"()"和分号";"各有其用。

(1) 大括号

动作脚本中的语句可被大括号包括起来组成语句块,用于将代码分成不同的块。

例如:

```
Var a:int = 5;              //声明一个 int 型变量 a 并为其赋值 5
If(a>0){                    //如果 a 大于 0
Trace("正数");              //输出"正数"
}else{                      //否则
Trace("负数");              //输出"负数"
}
```

(2) 小括号。通常用于放置使用动作时的参数,在定义或调用函数时都要使用小括号。

例如:

```
Trace("读者你好!");          //输出"读者你好!"
```

调用函数时,需要被传递的参数也必须放在小括号内。可以使用小括号改变动作脚本的优先顺序或增强程序的易读性。

(3) 分号。在动作脚本中的语句的结束处添加分号,表示该语句结束。虽然不添加分号也可以正常运行语句,但使用分号可以使语句更易于阅读。

4. 注释

在语句的后面添加注释有助于用户理解动作脚本的含义,以及向其他开发人员提供信息。添加注释的方法是先输入两个斜杠"//",然后输入注释的内容即可。注释以灰色显示,长度不受限制,也不会影响语句的执行。

例如:

```
Public Function myDate（）{                //创建新的 Date 对象
Var myDate:Date = new Date（）;
CurrentMonth = myDate.getMonth（）;       //将月份数转换为月份名称
monthName= calcMonth（currentMonth）;
year = myDate.getFullYear（）;
currentDate = myDate.getDate（）;
}
```

5. 关键字和标示符

现实生活中，所有事物都有自己的名字，从而与其他事物区分开，在程序设计中，也常常用一个记号对变量、方法和类等进行标示，这个记号就称为标示符。动作脚本保留一些单词用于该语言总的特定用途，因此不能将他们用作变量、函数或标签的名称，如在编写程序的过程中使用关键字，动作编辑框中的关键字会以蓝色显示。为了避免冲突，在命名时可以展开动作工具箱中的 Index 域，检查是否使用了已定义的名字。

标示符的命名必须符合一定的规范，在语言中，标示符的第一个字符必须为字母、下划线或美元符号，后面的字符可以是数字、字母、下划线或美元符号。

6.3.3 数据与运算

"数据"是一切编程语言的基石。在 ActionScript 3.0 中，要非常熟悉的所有数值，如 MovieClip 的帧数、舞台的大小及视频播放的状态，都是通过"数据"来描述的。在 ActionScript 3.0 中所有的"数据"都是对象。我们给"数据"起了各种各样的名字，这些名字就是通常所说的 "变量"。通过"变量"来调用"数据"。

那么"数据"又到底是什么呢？有哪些类型？"变量"又是怎样与"数据"发生联系的呢？

1. 常量

"常量"是程序运行过程中数值恒定不变的量。在 ActionScript 3.0 中可以使用 const 关键字进行声明，并且"常量"只能在声明时直接赋值。一旦赋值，就不再改变。使用 ActionScript 3.0 编程时，建议能使用"常量"的就尽量使用"常量"。

2. 变量

（1）"变量"定义。"变量"是为了存储数据而创建的。"变量"就像是一个容器，用于容纳各种不同类型的数据。当然对变量进行操作，"变量"的数据就会发生改变。

"变量"必须要先声明后使用，否则编译器就会报错。例如，现在要去喝水，那么首先要有一个杯子，否则怎样去装水呢？要声明"变量"的原因与此相同。

（2）"变量"命名规则。"变量"的命名既是任意的，又是有规则的。"变量"的命名首先要遵循下面的几条原则。

① 它必须是一个标示符。第一个字符必须是字母、下划线（_）或美元记号（$）。其后的字符必须是字母、数字、下划线或美元记号。不能使用数字作为变量名称的第一个字符。

② 它不能使关键字或动作脚本文本，如 true、false、null 或 undefined。特别不能使用 ActionScript 3.0 的保留字，否则编译器会报错。它在其范围内必须是唯一的，不能重复定义。

（3）"变量"类型。在使用"变量"之前，应先制定存储"数据"的类型，"数值类型"将对变量产生影响。

在 Flash CC 中，系统会在给"变量"赋值时自动确定"变量"的"数据类型"。

① "字符串变量"：该变量主要用于保存特定的文本信息，如姓名。
② "对象性变量"：用于存储对象型的数据。
③ "逻辑变量"：用于判定指定的条件是否成立。
④ "数值型变量"：一般用于存储特定的数值，如日期、年龄。
⑤ "电影片段变量"：用于存储电影片段类型的数据。
⑥ "未定义型变量"：当一个变量没有赋予任何值的时候，即为未定义型变量。

（4）变量的作用域。"变量"的作用域是指变量能被识别和应用的区域。根据"变量"的作用可以将它分为"全局变量"和"局部变量"。

① "全局变量"：该变量是指在代码的所有区域中定义的"变量"。"全局变量"在函数定义的内部和外部均可使用。

例如：

```
var cj：String="ahxhnet";
Function test（）
{
trace(cj);
}
//cj 是在函数外部声明的全局变量
```

② "局部变量"。该变量是指仅在代码的某部分定义的"变量"。在函数内部声明的"局部变量"仅存在于该函数中。

例如：

```
Function localScope（）
    {
        var cj1：String="local";
    }
    //cj1 是在函数外部声明的局部变量
```

3．数据类型

ActionScript 3.0 语言和其他面向对象语言一样，它的"数据类型"也分为"基元数据类型"和"复杂数据类型"。这两种数据类型不仅仅是概念上的区分，在使用方式上也很不一样。

"基元数据类型"是在编程时要频繁使用的"数据类型"，如说数字、文字、条件真假，这是语言的结构构成单元。

掌握 ActionScript 3.0 程序的一些基本结构，以便养成正确书写和阅读 ActionScript 3.0 程序的习惯。下面介绍一些基本的"数据类型"：

（1）布尔类型。"布尔类型"（Boolean）包含两个值：true 和 false。对于 Boolean 类型的"变量"，其他任何值都是无效的。已经声明但尚未初始化的布尔变量的默认值是 false。

（2）字符串类型。"字符串类型"可以使用单引号和双引号来声明字符串，也可以使用 String 的构造函数来生成。

（3）Number 数据类型。"Number 数据类型"是双精度浮点数。数字对象的最小值为 5E~324，最大值约为 1.79E+308。

（4）Null 数据类型。"Null 数据类型"只有一个值，即 null，此值意味着没有值，即没有数据。在很多情况下，可以指定 null 值，以指示某个属性或"变量"尚未赋值。

例如，可以在以下情况指定 null 值。

① 表示"变量"存在，但尚未接收到值。

② 表示"变量"存在，但不再包含值。

③ 作为函数的返回值，表示函数没有可以返回的值。

④ 作为函数的参数，表示省略了一个参数。

"复杂数据类型"是相对于"基元数据类型"而言的。简单的"复杂数据类型"，往往是由"基元数据类型"构成的。例如，array（数组），可以直接由一些数字（或字符串）组成。更高级一点的复杂数据类型，其组成元素也是复杂数据类型。例如，36 说一个对象，它包含了 3 个数组，可以这样一直嵌套下去，组成很复杂的数据类型。

经常用到的 ActionScript 3.0 "复杂数据类型"包括：array、date、error、function、regexp、xml 和 xmllist。自己定义的类型也全部属于"复杂数据类型"。

4．运算符

"运算符"是用于执行计算的特殊符号，他们具有一个或者多个操作数并返回相应的值。其中操作数是指被运算符用来输入的值，如"常量"、"变量"或"表达式"。"运算符"主要被分为"算术运算符"、"比较运算符"、"逻辑运算符"、"赋值运算符"、"按位运算符"。

（1）算数运算符。"算术运算符"共有 6 个，分别为加、减、乘、除、取模运算和加 1 运算。常见的"算数运算符"，如表 6-1 所示。

表 6-1　算数运算符

运　算　符	符 号 说 明
＋	加法运算
－	减法运算
×	乘法运算
/	除法运算
%	取模运算
++	加 1 运算

（2）比较运算符。"比较运算符"用于比较两个操作数的值的大小关系。常见的"比较运算符"一般分为两类：一类用于判断大小关系，另一类用于判断相等关系。其具体如表 6-2 所示。

表 6-2　比较运算符

运　算　符	符 号 说 明
>	大于运算
<	小于运算
>=	大于等于运算
<=	小于等于运算
==	等于运算
!=	不等于运算

（3）逻辑运算符。"逻辑运算符"常用于逻辑运算，运算结果为 Boolean 类型。其具体如表 6-3 所示。

表 6-3　逻辑运算符

运 算 符	符 号 说 明
!	取反运算
&&	与运算
||	或运算

（4）赋值运算符。"赋值运算符"有两个操作数，它根据一个操作数的值对另一个操作数进行赋值操作。ActionScript 3.0 中的"赋值运算符"有 12 个，具体如表 6-4 所示。

表 6-4　赋值运算符

运 算 符	符 号 说 明
=	赋值
×=	乘法赋值
/=	除法赋值
%=	求模赋值
+=	加法赋值
-=	减法赋值
<<=	按位向左移位赋值
>>=	按位向右移位赋值
>>>=	按位无符号向右移位赋值
&=	按位"与"赋值
^=	按位"异或"赋值
|=	按位"或"赋值

（5）按位运算符。"按位运算符"共有 6 个，具体如表 6-5 所示。按位操作需要把十进制数转换为二进制数，然后进行操作。

表 6-5　按位运算符

运 算 符	符 号 说 明
&	按位"与"
^	按位"异或"
|	按位"或"
<<	按位左移位
>>	按位右移位
>>>	按位无符号右移位

6.3.4　事件

在使用 Flash 设计交互程序时，"事件"是基础的一个概念。所谓"事件"，就是软件或者硬件发生的事情，它需要应用程序有一定的响应。

一般情况下，在以下几种情况下会产生"事件"。

（1）当某个影片剪辑载入或卸载时。

（2）当在时间轴上播放到某一帧时。

（3）当单击某个按钮或按下键盘上的某个键时。

1. 鼠标事件

鼠标事件即鼠标与用户的交互。而与鼠标交互所发出的事件是鼠标事件对象，属于

MouseEvent 类。

鼠标事件共有 10 种，如下所示。

① 单击：MouseEvent.click（单击）；MouseEvent.double_click（双击）。

② 按键状态：MouseEvent.mouse_down；MouseEvent.mouse_up。

③ 鼠标悬停或移开：MouseEvent.mouse_over；MouseEvent.mouse_out；MouseEvent.roll_over；MouseEvent.roll_out。

④ 鼠标移动：MouseEvent.mouse_move。

⑤ 鼠标滚轮：MouseEvent.mouse_wheel。

这 10 种事件，其中除了 roll_over 和 roll_out 以外，其余都是可以冒泡的。鼠标事件对象大同小异。鼠标事件对象拥有一系列非常实用的实例属性。除去不太常用的 delta 属性和 related Object 属性外，剩下的属性可以分为两类。

① 当前鼠标的坐标：相对坐标 local X、local Y；舞台坐标 stage X、stage Y。

② 相关按键是否按下，Boolean 类型：alt key、ctrl key、shift key、button down 鼠标主键，一般情况为左键。

在 ActionScript 3.0 中这些鼠标事件对象（MouseEvent 对象）实用的属性给编程省去了许多麻烦。例如，提供了事件发生时的鼠标坐标，既提供了舞台坐标，也提供了相对父容器的坐标，按需选择，无须多余的坐标转换。

2．关键帧事件

将动作脚本添加到"关键帧"上时，只需选中"关键帧"，然后在"动作"面板中输入相关动作脚本即可，添加动作脚本后的"关键帧"会在上面出现一个"α"符号。

3．影片剪辑事件

在"影片剪辑"和"按钮"实例上添加动作脚本时，需要选择"选择"工具，选中舞台上的实例，然后在"动作"面板中为其添加脚本。

要控制动画播放，为相关对象取一个名称是必需的，然后还要确定他们的位置，即路径，这样才能明确动作脚本是设置给谁的。

（1）实例名称。这里所指的"实例"包括"影片剪辑实例"、"按钮元件实例"、"视频剪辑实例"、"动态文本实例"和"输入文本实例"，它们是 Flash CC 动作脚本面板的对象。

要定义"实例"的名称，只需选择"选择"工具选中舞台上的实例，然后在"属性"面板中输入名称即可，如图 6-40 所示。

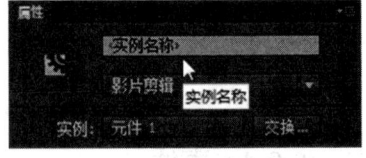

图 6-40 "实例"的"属性"面板

（2）绝对路径。使用"绝对路径"时，无论在哪个影片剪辑中进行操作，都是从"场景"的"时间轴"出发，到影片剪辑实例，再到下一级的影片剪辑实例，一层一层地往下寻找，每个影片剪辑实例之间用"."分开。

（3）相对路径。"相对路径"是以当前"实例"为出发点来确定其他实例的位置。

 **专家提醒**

在 ActionScript 3.0 中，将不能再对影片剪辑对象和按钮直接添加脚本，只能在帧上或外部 AS 文件中添加脚本控制各对象。

6.3.5 函数

"函数"在程序设计的过程中,是一个革命性的创新。在 ActionScript 3.0 中,"函数"使用一个动作脚本的代码块,可以在任何位置重新使用,就减少了代码量。利用"函数"编程,可以避免杂乱的代码;可以重复利用代码,提高程序效率;可以便利地修改程序,提高编程效率。"函数"常用于复杂和交互性较强的动画制作中。"函数"的准确定义为:执行特定任务,并可以在程序中重用的代码块。

在 ActionScript 3.0 中使用函数语句和函数表达式两种方法可以自定义函数。若采用静态或严格模式的编程,则应使用函数语句来定义函数;若采用动态编程获标准模式的编程,则应使用函数表达式定义函数。一旦定义了函数,就可以从任何一个时间轴中调用它,包括加载的 SWF 文件的时间轴。

(1) 自定义函数基础。用户可以把执行自定义功能的一系列语句定义为一个函数。该函数可以有返回值,也可以从任意一个时间轴中调用它。

"函数"就像"变量"一样,被附加在定义他们的影片剪辑时间轴上。用户必须使用目标路径才能调用他们。此外,用户可以使用_global 标示符声明一个全局函数,"全局函数"可以在所有时间轴中被调用,而且不必使用目标路径,这和"变量"很相似。

要定义全局函数,可以在函数名称前面加上标示符_global。

例如:

```
_global.myFunction = functiong (x){
return (x×2)+3;
}
```

要定义时间轴函数,可以使用 function 动作,后接函数名、传递给该函数的参数,以及指示该函数功能的 ActionScript 语句。

例如:

```
function areaofCircle(radius){
return Math.PI * radius * radius;
}
```

一旦定义了"函数",就可以从任意一个时间轴中调用它。如果它包含了详细的输入、输出等信息,那么使用该函数的用户就不需要太多理解他的内部工作原理了。

(2) 调用自定义函数。用户可以使用目标路径从任意时间轴中调用任意时间轴内的"函数"。如果"函数"是使用_global 标示符声明的,则无须使用目标路径即可调用它。

要调用自定义函数,可以在目标路径中输入函数名称,有的自定义函数需要在括号内传递所有必需的参数。

例如,以下语句中,在住时间轴上调用"影片剪辑" MathLib 中的"函数" sqr(),其参数为 3,最后把结果存储在变量 temp 中。

```
var temp = _root.MathLib.sqr(3);
在调用自定义函数时,可以使用绝对路径或性对路径。
```

① 使用绝对路径调用函数。利用绝对路径调用 initialize()函数,该函数是在场景的时间轴上定义的,不需要参数。

```
_root.initialize();
```

② 使用相对路径调用函数。利用相对路径调用 list()函数，该函数是在 functionsClip 影片剪辑中定义的。

_parent.functionsClip.list(6);

6.3.6 ActionScript 3.0 常用语句

1．循环语句的使用

循环类的动作主要控制一个动作重复的次数，或是在特定的条件成立时重复动作。在 Flash CC 中可以使用 while、do…while、for 和 for…in 动作创建循环。

（1）while 循环。如果用户要在条件成立时重复动作，可使用 while 语句。

while 循环语句可以获得一个表达式的值，如果表达式的值为 true，则执行循环体中的代码。在主体中的所有语句都执行之后，表达式将再次被取值。

（2）do…while 语句。使用 do…while 语句可以创建于 while 循环相同类型的循环。在 do…while 循环中，表达式在代码块的最后，这意味着程序将在执行代码块之后才会检查条件，所以无论条件是否满足循环都至少会执行一次。

① do 代码也就是要执行的命令，它的代码要用花括号括起来。
② while 代码结构是用小括号括起来，而不是花括号，这一点用户必须清楚，不能混淆。

（3）for 语句。如果用户要使用内置计数器重复动作，可使用 for 语句。

多数循环都会使计数器以控制循环执行的次数。每执行一次循环就称为一次"迭代"，用户可以声明一个变量并编写一条语句，每执行一次循环，该变量都会增加或减小。在 for 动作中，计数器和递增计数器的语句都是该动作的一部分。

在实际脚本编辑过程中，有时 for 语句也可以用 if…else 语句来代替，但是 for 语句要显得精炼。

（4）for…in 语句。使用 for…in 语句可以循环访问对象属性或数组元素（不按任何特定的顺序来保存对象的属性，因此属性可能以看似随机的顺序出现）。

（5）for each…in 语句。for each…in 语句用于循环访问集合中的项目，它可以是对象中的标签、对象属性保存的值或数组元素。

2．条件语句的使用

条件语句用于决定特定情况下才执行的命令，或者针对不同的条件执行具体操作。ActionScript 3.0 提供了 3 个基本条件语句。

（1）if…else 控制语句。if…else 控制语句是一个判断语句。该语句的调用格式有如下 3 种。

① if(condition1){statement(s1);}

② if(condition1){statement(s1);}else{statement(s2);}

③ if(condition1){statement(s1);}else if(condition2){statement(s2);}

其中参数 condition1、condition2 是计算结果为 true 或 false 的表达式；statement(s1)是在条件 condition1 的计算结果为 true 的情况下执行的语句，statement(s2)是在条件 condition2 的计算结果为 true 的情况下执行的语句。

（2）if…else if 控制语句。if…else if 条件语句可以用来测试多个条件。

例如：下面的代码不仅测试 x 的值是否超过 20，而且还测试 x 的值是否为负数。

```
if(x > 20)
{
trace("x is > 20");
}
else if(x < 0)
{
trace("x is negative");
}
```

如果 if 或 else 语句后面只有一条语句，则无需大括号括起后面的语句。

例如：下面的代码不适用大括号。

```
if(x > 0)
trace("x is positive");
else if (x < 0)
trace("x is negative");
else
trace("x is 0");
```

但是在实际编程过程中应尽量使用大括号，因为以后在缺少大括号的条件语句中添加语句时，可能会出现意外的行为。

例如：在下面的代码中，无论条件的计算结果是否为 true，positiveNums 的值总是按 1 递增。

```
var x:int;
var positiveNums:int = 0;
if(x > 0)
trace("x is positive");
positiveNums++;
trace(positiveNums);//1
```

（3）switch…case 控制语句。switch…case 控制语句是多条件判断语句,也是创建 ActionScript 3.0 语句的分支结构。像 if 动作一样，switch 动作测试一个条件，并在条件返回 true 值时执行语句。

switch…case 控制语句调用格式如下。

```
switch(expression){
caseClause:
[defaultClause:]
}
```

其中各参数说明如下。

（1）expression 为任何表达式。

（2）caseClause 为一个 case 关键字，其后跟有一个表达式、冒号和一组语句，如果在使用全等（==）的情况下，此处的表达式与 switch 的 expression 参数相匹配，则执行这组语句。

（3）defaultClause 为一个 default 关键字，其后跟有一组语句，如果 case 表达式都不与 switch 的 expression 参数全等（==）匹配时，将执行这些语句。

例如：在下面的代码中，如果 number 参数的计算结果为 1，则执行 case1 后面的 trace()动作；如果 number 参数的计算结果为 2，则执行 case2 后面的 trace()动作，以此类推；如果 case 表达式与 number 参数都不匹配，则执行 default 关键字后面的 trace()动作。

```
switch (number){
case 1:
trace("case 1 tested true");
break;
case 2:
trace("case 2 tested true");
break;
case 3:
trace("case 3 tested true");
break;
default:
trace("no case tested true")
}
```

在上面的代码几乎每一个 case 语句用都有 break 语句，用户在使用 switch…case 语句时，必须要明确 break 语句的功能。

6.4 项目实战问答

 NO.1　如何区分函数表达式和语句的区别？

答：函数表达式是表达式而不是语句，这也就是说函数表达式不能独立存在，而函数语句可以，但函数表达式只能作为语句（通常是赋值语句）的一部分。它们还有一个明显的区别是它们的作用域：函数语句存在于定义它们的整个作用域内而函数表达式只作用于后续的语句。

 NO.2　如何提高脚本的可读性？

答：在 Flash CC 中，使语法高亮显示可以识别特定的动作脚本语句，这对于减少脚本中的语法错误相当有帮助，当高亮功能打开时，默认设置中的不同文本所显示的颜色如下。

（1）关键字和预定义标识符（如 gotoAndPlay、play 和 stop 等）为深蓝色。

（2）字符串为绿色。

（3）注释为灰色。

（4）运用良好的编程技巧编出的和程序要具备以下条件：易于管理及更新、可重复使用及可扩充、代码精简。要做到这些条件除了从编程过程中不断积累经验，在学习初期养成好的编写习惯也是非常重要的。遵行一定的规则可以减少编程的错误，并使编出的动作脚本程序更具可读性。

6.5 项目小结

通过本项目的学习，用户可以了解动作面板的使用方法，掌握 ActionScript 3.0 的书写规则和基本语法，学会使用循环语句和条件语句来制作交互式动画。

用户在添加动作脚本时应重点注意动作脚本的语法规则，要区分大小写、点运算符、界定符、注释、关键字和标示符的使用。

6.6 项目训练 6

拓展能力训练项目——儿童歌曲 MV 制作。

项目任务

设计制作少儿歌曲 MV。

客户要求

以"儿童歌曲"为主题，设计创作 MV，曲调欢快、音乐和画面完美的融合在一起。

关键技术

（1）总体确定需要几个画面，每个画面有哪些动作。

（2）每个画面需要哪些图层，每个图层有哪些元素。

（3）哪些元素需要动起来，哪些元素是静态的。

参照效果图

"儿童歌曲 MV"的最终制作效果，如图 6-41 所示。

图 6-41 "儿童歌曲 MV"的最终制作效果

项目 7

多媒体课件制作

 项目导学

学习任务	学习内容	能力要求
项目实战 1：What does he do?课件 项目实战 2：咏鹅课件 按钮动作的添加 Action Script 3.0 编程语句 项目实战问答	① 文本的编辑与操作 ② 按钮声音及动作的添加 ③ 时间轴帧的动作的控件 ④ 组件的基本操作	① 能够熟练添加按钮的声音 ② 掌握按钮的播放控制方法 ③ 熟练控制动画帧的播放 ④ 配合作品合理使用动画效果 ⑤ 适当运用相关组件

7.1 项目实战 1：What does he do?课件

7.1.1 项目实战描述与效果

- 素材：Flash CC\项目 7\素材\ What does he do? 课件
- 源文件：Flash CC\项目 7\源文件\ What does he do? 课件

1．项目实战描述

本项目主要通过使用"任意变形工具"、"文本工具"、"对齐面板"及 Flash CC 公共库中按钮元件来完成实例的制作过程。在 Flash CC 中使用库中按钮素材并对其添加 ActionScript 3.0 编程语句，可以制作出简单的多媒体课件；在本项目中要求读者掌握 ActionScript 3.0 编程语句的应用，重点掌握用于控件影片播放代码的"时间轴导航"夹下各语句的应用。

2．项目实战效果

最终任务效果如图 7-1 所示。

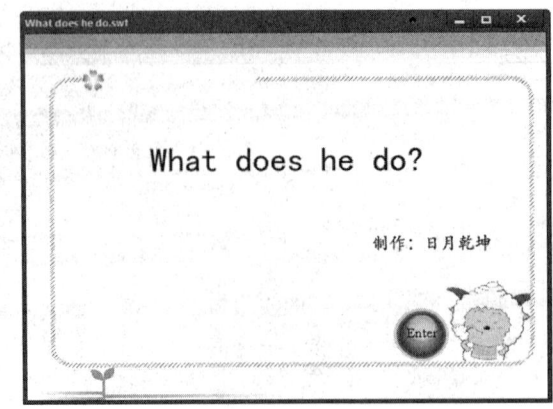

图 7-1 "What does he do?" 课件效果

7.1.2 项目实战详解

1. 制作课件

(1) 新建一个版本为 ActionScript 3.0 的 Flash 文件,并将其保存为 "What does he do.fla"。

(2) 选择 "文件→导入→导入到库" 命令,在弹出的 "导入到库" 对话框中选择 "项目 7→素材→What does he do" 文件夹下的所有素材文件,单击 "打开" 按钮,这些图片都被导入到 "库" 面板中。

(3) 从 "库" 面板中将 "背景 1" 图片拖曳到场景中;打开 "对齐" 面板,选中 "与舞台对齐" 复选框后,单击 "水平居中对齐"、"垂直居中对齐" 及 "匹配宽和高" 图标。

(4) 选择 "文本工具",设置字体为黑体、字号为 36、字体颜色为黑色,在文本框内输入多媒体课件的题目 "What does he do?";调整字体为楷体字号为 20,在文本框内输入 "制作人:日月乾坤"。

(5) 选择 "窗口→库→按钮" 命令,将 buttons circle bubble 中的 "circle bubble grey" 按钮拖曳到舞台场景中。

(6) 选中图层 1 的第 1 帧并右击选择 "动作" 命令,弹出 "动作" 面板,输入 "Stop()" 语句,如图 7-2 所示,设置完成动作脚本后,关闭 "动作" 面板;在图层 1 的第 1 帧上显示标记 "a",第 1 帧的画面效果如图 7-3 所示。

图 7-2 "动作" 面板中输入 "Stop()" 语句   图 7-3 第 1 帧画面效果图

(7) 选中图层的第 2 帧,按 F7 键,在该帧上插入空白关键帧,将素材 "背景 2"、"村长 1"、"喜洋洋 1"、"对话框" 拖曳到舞台场景中,并摆放到合适的位置。

(8) 选择 "窗口→库" 命令,将 buttons bar capped 中的 "bar capped blue" 及 "bar capped purple" 按钮拖曳到舞台场景中。

(9) 选择 "文本工具",设置字体为宋体、字号为 18、字体颜色为黑色,在 "对话框" 中输入英文 "Good morning!";第 2 帧的画面效果如图 7-4 所示。

(10) 选中图层的第 3 帧,按 F6 键,在该帧上插入关键帧,将素材 "喜洋洋 1" 删掉,将素材 "喜洋洋 2" 拖曳到场景中并调整到合适的位置;修改对话框中的内容为 "What are you doing?" 并调整位置;第 3 帧的画面效果如图 7-5 所示。

(11) 选中图层的第 4 帧,按 F6 键,在该帧上插入关键帧,修改对话框中的内容为 "I am painting!" 并调整其位置;第 4 帧的画面效果如图 7-6 所示。

图 7-4　第 2 帧画面效果图

图 7-5　第 3 帧画面效果图

图 7-6　第 4 帧效果图

（12）选中图层的第 5 帧，按 F7 键，在该帧上插入空白关键帧，将素材"背景 2"、"村长 2"、"对话框"拖曳到场景中并摆放到合适的位置，在对话框中输入英文"Question: What does he do?"。

（13）选择"窗口→库"命令，将 buttons bar 中的"bar blue"及"bar grey"按钮拖曳到舞台场景中，第 5 帧的画面效果如图 7-7 所示。

图 7-7　第 5 帧画面效果图

2．添加 ActionScript 3.0 语句

（1）新建 Action 图层，选中第 1 帧上的"Enter"按钮，在"属性"面板中将其实例名称命名为"enter"，右击 Action 图层的第 1 帧，从弹出的快捷菜单中选择"动作"命令，在"动作"面板中输入"stop()"语句，如图 7-8 所示。

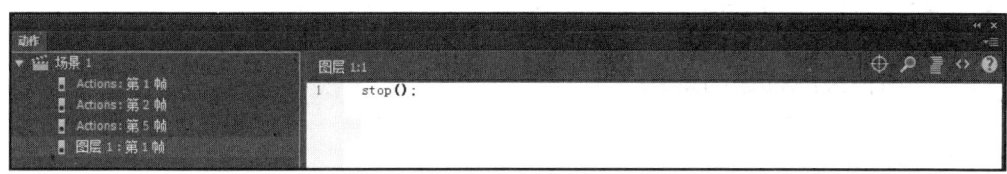

图 7-8　第 1 帧按钮的动作语句

（2）在"属性"面板中将"上一页"及"下一页"的实例名称分别命名为"b1"及"n1"，右击 Action 图层的第 2 帧从出现的快捷菜单中选择"动作"命令，分别选中第 2 帧上的"上一页"及"下一页"按钮，在"动作"面板中分别输入如下语句，如图 7-9 所示。

图 7-9　第 2 帧按钮的动作语句

（3）在"属性"面板中将"返回"及"上一页"按钮的实例名称命名为"f1"及"b1"，右击 Action 图层的第 5 帧，从出现的快捷菜单中选择"动作"命令，选中第 5 帧上的"返回"及"上一页"按钮，在"动作"面板中分别输入如下语句，如图 7-10 所示。

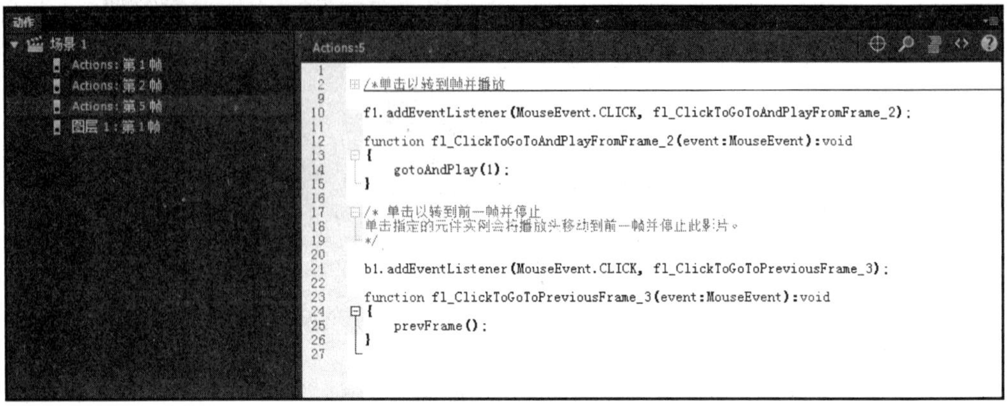

图 7-10　第 5 帧按钮的动作语句

（4）保存文件，按 Ctrl+Enter 组合键进行测试。

7.2　项目实战 2：咏鹅课件

- 素材：Flash CC\项目 7\素材\咏鹅课件
- 源文件：Flash CC\项目 7\源文件\咏鹅课件

7.2.1　项目实战描述与效果

1．项目实战描述

本项目主要通过使用"文本工具"、"对齐面板"、Flash CC"库"面板中按钮及各种音频素材来完成课件的制作。在 Flash CC 中使用"库"面板中按钮素材并对其添加声音，可以制作出惟妙惟肖的多媒体课件，在本项目中要求读者掌握 ActionScript 3.0 编程语句的应用，重点掌握用于控件影片播放代码的"时间轴导航"夹下各语句的应用。

2．项目实战效果

最终任务效果如图 7-11 所示。

图 7-11　"咏鹅课件"效果

7.2.2 项目实战详解

（1）新建一个版本为 ActionScript 3.0 的 Flash 文档，保存为"咏鹅课件.fla"。

（2）选择"文件→导入→导入到库"命令，在弹出的"导入到库"对话框中选择"项目 7\素材\咏鹅课件"文件夹下的所有图片素材，单击"打开"按钮，将这些图片导入到"库"面板中。

（3）新建"背景"图层，将素材"画卷"拖曳到场景中，调整图片大小为 550×400 像素；打开"对齐"面板，选中"与舞台对齐"复选框后，单击"水平中齐"、"垂直中齐"图标，效果如图 7-12 所示。

图 7-12 诗歌欣赏背景图

（4）选中"背景"图层的第 481 帧并右击，从弹出的快捷菜单中选择"动作"命令，在"动作"面板中输入"stop()"语句，如图 7-13 所示。

图 7-13 第 481 帧"stop()"语句

（5）新建"图层 2"将其重命名为"诗歌"，选择"文本工具"，选择合适的字体、字号及颜色，输入诗歌《咏鹅》中的内容，调整其位置及字母间距，效果如图 7-14 所示。

图 7-14 诗歌《咏鹅》画面效果

(6) 选中"诗歌"图层的第 481 帧,按 F5 键,在该帧上插入普通帧。

(7) 新建"图层 3",选择"矩形工具",设置笔触颜色为无、填充颜色为黑色,在"诗歌"图层的上方绘制一个矩形,效果如图 7-15 所示。

图 7-15　绘制矩形

(8) 选中"图层 3"的第 480 帧,按 F6 键,在该帧上插入关键帧,调整矩形的大小使其可以覆盖诗歌,如图 7-16 所示;单击"图层 3"的任意一帧,选择"创建补间形状"命令,生成补间动画效果如图 7-17 所示,右击"图层 3",选中"遮罩层"复选框,使其产生遮罩效果,"时间轴"面板如图 7-18 所示。

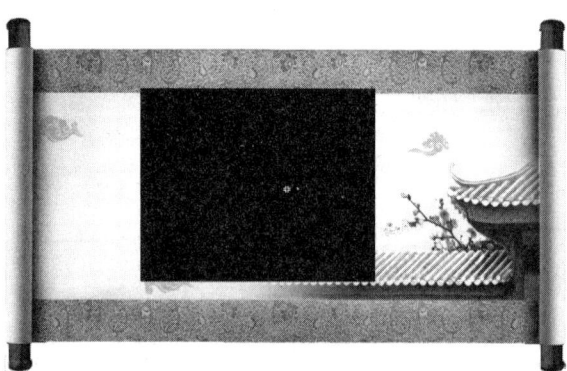

图 7-16　调整矩形大小

图 7-17　创建形状补间动画

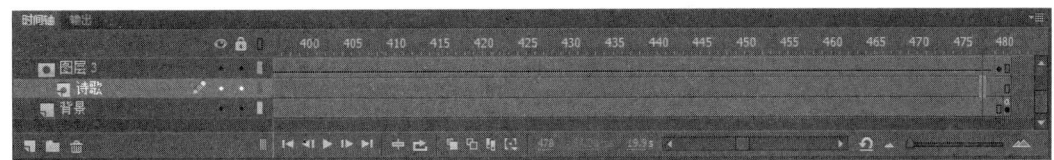

图 7-18　图层 3 "时间轴"面板

（9）新建图层并将其重命名为"按钮"，选中该图层的第 481 帧，选择"窗口→库"命令，将 buttons bar 中的"bar green"按钮拖曳到舞台场景中，效果如图 7-19 所示。

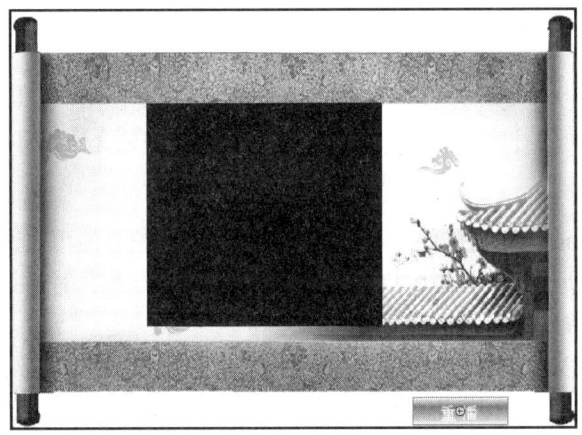

图 7-19　将"bar green"按钮拖曳到舞台场景中

（10）新建图层并将其重命名为"sound"，将"库"面板中的"咏鹅.mp3"素材拖曳到场景中，"时间轴"面板如图 7-20 所示。

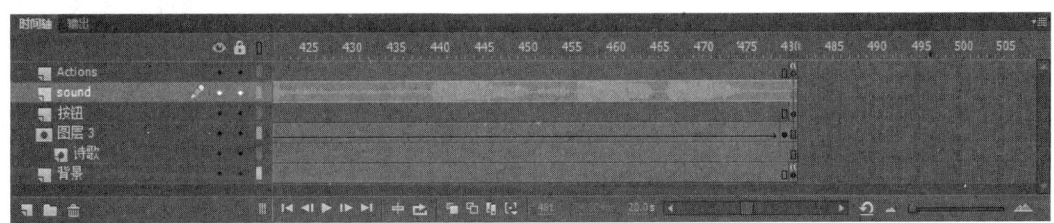

图 7-20　"sound"图层"时间轴"面板

（11）新建图层并将其重命名为"Action"，右击 Action 图层的第 481 帧，在"属性"面板中将"重播"按钮的实例名称命名为"cb"，从出现的快捷菜单中选中"动作"命令，选中第 481 帧上的"重播"按钮，在"动作"面板中输入如下语句，如图 7-21 所示。

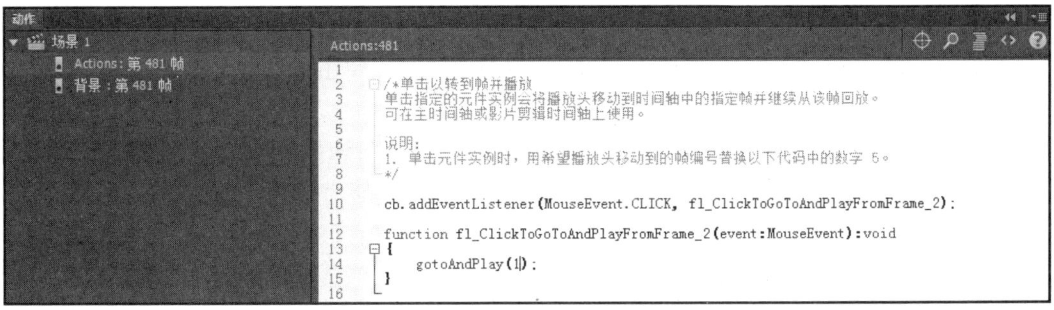

图 7-21　"动作"面板

7.3 知识链接：组件的应用

随着 Flash CC 技术的发展，Flash CC 组件技术也日趋成熟，功能得到了进一步地加强和扩展。通过使用 Flash CC 组件，Flash CC 用户可以方便地重复使用和共享代码，不需要编写 ActionScript 3.0 也可以方便地实现各种动态网站和应用程序中常见的交互功能，极大地提高了 Flash CC 用户的工作效率。

7.3.1 组件的基本概念

组件是一些带有可以定义参数的复杂的影片剪辑。组件支持用户重用和共享代码，并且组件封装了复杂功能，使动画设计变得简单。在这个任务中将详细地介绍组件的分类和应用等知识。

1. 区分大、小写

Flash CC 组件是 Flash CC 自带的一些通用工具，是一项很方便用户设计的功能。一个组件就是一段影片剪辑，其中所带的参数由用户根据需要在创作 Flash 影片时进行设置。组件既可以使用用户界面控件，也可以使用不可视的程序控制对象。

使用组件，用户可以设计出复杂的动画应用程序，而且对用户脚本的运用能力没有要求。用户不用自己创建标签和列表框，只需从"组件"面板中拖曳到 Flash CC 界面上就可以使用了。

2. Flash CC 组件简介

在 Flash CC 中内置两种组件：User Interface 组件和 Video 组件，如图 7-22 所示。

（1）User Interface 组件（UI 组件）。UI 组件用于设置用户界面，并实现大部分的交互式操作，因此在制作交互式动画方面，UI 组件应用最广，也是最常用的组件类别。常用的用户界面组件如下。

① Button 组件：一个可以调整大小的按钮，用户可以自定义按钮图标。

② CheckBox 组件：允许用户进行布尔值的选择（对或错）。

图 7-22　Flash CC 组件类别

③ ComboBox 组件：允许用户从滚动的列表中选择一个选项。该组件可以在列表顶部有一个可选择的文本字段，允许用户搜索此列表。

④ DataGrid 组件：允许用户显示和操作多列数据。

⑤ Label 组件：一个不可编辑的单行文本字段。

⑥ List 组件：一个可滚动的单选或多选列表框。

⑦ NumericStepper 组件：一个带有可单击箭头的文本框，单击箭头可改变数字的值。

⑧ ProgressBar 组件：显示一个过程的进度。

⑨ RadioButton 组件：允许用户在相互排斥的选项之间进行选择。

⑩ Scrollpane 组件：使用自动滚动条在有限的区域内显示影片剪辑、位图和 SWF 文件。

⑪ Slider 组件：允许用户通过拖动滑块，改变组件的有效值。

⑫ TextArea 组件：一个可编辑的文本字段。

⑬ TextInput 组件：一个可输入的文本字段。

⑭ TileList 组件：一个列表组成，其中的行和列由程序提供的数据填充。

⑮ UILoader 组件：一个包含已载入的 SWF 或 JPEG 类型文件的区域。

⑯ UIScrollbar 组件：允许用户将滚动条添加至文本字段。

（2）Video 组件。利用视频播放组件可以在 Flash 应用程序中快速地创建视频播放器并定义其外观，从而方便用户对视频文件的回放进行控制。

① FLVPlayback 组件：用于将视频播放器包括在 Flash CC 应用程序中。

② FLVPlayback2.5 组件：基于 FLA 用于"ActionScript 3.0"中。

③ FLVPlaybackCaptioning 组件：为"FLVPlayback"提供关闭字幕。

④ BackButton 组件：用于创建"后退"按钮。

⑤ BufferingBar 组件：用于创建缓冲栏。

⑥ CaptionButton 组件：用于显示按钮标题。

⑦ ForwardButton 组件：用于创建前进按钮。

⑧ FullScreenButton 组件：用于设置全屏按钮。

⑨ MuteButton 组件：用于创建声音按钮。

⑩ PauseButton 组件：用于创建暂停按钮。

⑪ PlayButton 组件：用于创建播放按钮。

⑫ PlayPauseButton 组件：用于创建播放暂停按钮。

⑬ SeekBar 组件：用于创建音量轨道。

⑭ StopButton 组件：用于创建停止按钮。

⑮ VolumeBar 组件：用于创建音量滑块。

7.3.2 组件的基本操作

组件的基本操作包括组件的添加、属性设置和删除。

1. 组件的添加

选择"窗口→组件"命令，在打开的"组件"面板中，选择 User Interface 类型的 Button 组件，如图 7-23 所示。拖动 Button 组件到舞台窗口中，"属性"面板中显示"Button"组件的属性设置选项，如图 7-24 和图 7-25。

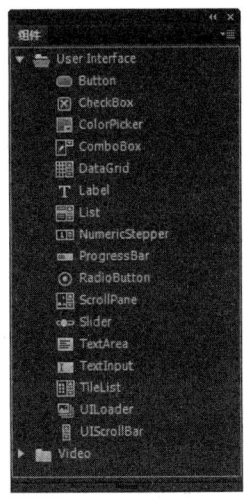

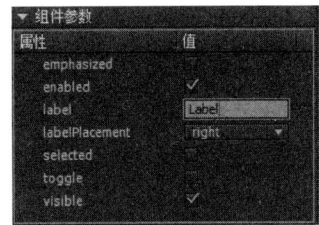

图 7-23　"组件"面板　　图 7-24　拖动 Button 组件到舞台上　　图 7-25　"Button"组件属性设置选项

2. 组件的参数设置

每个组件都带有不同的参数，通过设置这些参数可以更改组件的外观和行为。最常用的属性显示为创作参数，其他参数则必须使用 ActionScript 3.0 来设置。选择组件在相应的"属性"面板中设置其属性，如图 7-26 所示。

图 7-26 "Button"组件"Label"属性设置

3. 删除组件

可以通过以下命令来删除组件。

① 直接按 DEL 键删除
② 在待删除组件上，单击鼠标右键，在弹出的快捷菜单中选择"剪切"命令。
③ 选择"编辑→剪切"命令。
④ 选择"编辑→清除"命令。

执行以上操作后，即可删除组件。

7.3.3 UI 组件

UI 组件是所有类型组件中应用最广泛、功能最强大的、数量最庞大的组件。它包括很多组件。

1. 常用组件的应用

1）TextArea 组件

主要用于显示或获取动画中所需的文本。

（1）选择"窗口→组件"命令，打开"组件"面板，将 TextArea 组件拖曳到舞台上，创建一个文本区域。

（2）选中舞台上新添加的"TextArea"组件，可以使用"任意变形工具"调整文本区域大小，也可以通过设置组件的"高"和"宽"的属性，设置文本区域的大小，如图 7-27 所示。

图 7-27 "TextArea"组件"宽"和"高"的设置

（3）在"属性"面板中，设置"TextArea"组件的"text"属性为"TextArea 组件"，如图 7-28 所示。

（4）TextArea 组件的属性如表 7-1 所示。

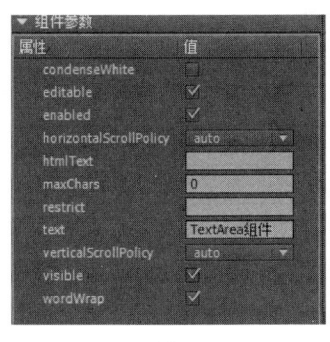 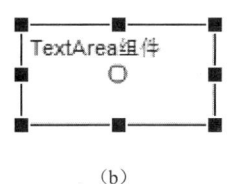

(a) (b)

图 7-28 "TextArea"组件属性设置及效果

表 7-1 TextArea 组件的属性

组 件 名 称	属　　性
condenseWhite	用于设置是否从包含 HTML 文本的 TextArea 组件中删除多余的空格
editable	用于设置允许用户编辑 TextArea 组件中的文本
enabled	用于设置 TextArea 组件是否可编辑
horizontalScrollPolicy	用于设置 TextArea 组件中的水平滚动条是否始终打开
htmlText	用于设置或获取 TextArea 组件中文本字段所含字符串的 HTML 表示形式
maxChars	用于设置用户可以在 TextArea 组件中输入的最大字符数
restrict	用于设置 TextArea 组件可从用户处接受的字符串
Text	用于获取或设置 TextArea 组件中的字符串
verticalScrollPolicy	用于设置 TextArea 组件中的垂直滚动条是否始终打开
visible	用于设置 TextArea 组件是否可见
wordwrap	用于设置文本是否在行末换行

2）TextInput 组件

TextInput 组件主要用于显示或获取动画中所需的文本。

（1）打开"组件"面板，将 TextInput 组件拖到舞台上，创建一个文本区域。

（2）选中舞台上新添加的组件，可以使用"任意变形工具"调整文本区域大小，也可以通过设置组件的"高"和"宽"的属性，设置文本区域的大小，默认大小为"100×22"。

（3）在测试影片界面，用户输入文字"你好"。组件的属性和运行效果如图 7-29 所示。

 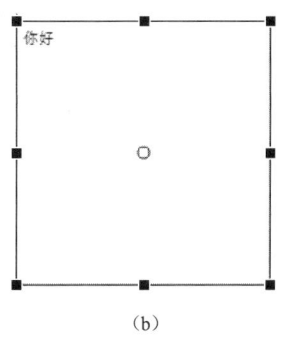

(a) (b)

图 7-29 "TextInput"组件属性设置及效果

（4）TextInput 组件的属性如表 7-2 所示。

表7-2 TextInput组件的属性

组件名称	属 性
displayAsPassword	用于设置"*"格式显示文本。通常用来设置密码输入，安全性高
editable	用于设置允许用户编辑TextInput组件中的文本
enabled	用于设置TextInput组件是否可编辑
maxchars	用于设置用户可以在TextInput组件中输入的最大字符数
restrict	用于设置TextInput组件可从用户处接受的字符串
text	用于获取或设置TextInput组件中的字符串
visible	用于设置TextInput组件是否可见

3) Button组件

Button组件是Flash CC组件中最简单的一个组件，利用Button组件可执行所有鼠标和键盘的交互事件。

(1) 打开"组件"面板，将Button组件拖曳到舞台上。初始大小如图7-30所示。

(2) 调整"Button"组件大小。

(3) 设置"Button"组件的"label"属性值为"确定"，属性设置和效果如图7-31所示。

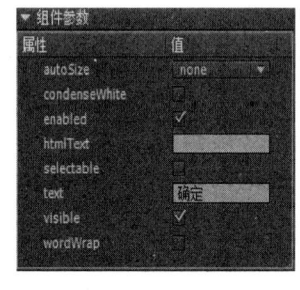

图7-30 "Button"组件初始大小　　图7-31 "Button"组件属性设置及效果

(4) Button组件的属性如表7-3所示。

表7-3 Button组件的属性

组件名称	属 性
emphasized	用于指定当前按钮处于弹起状态时，Button组件周围是否显示边框
label	用于设置Button组件的名称。其默认值为Label
enabled	用于设置Button组件是否可编辑
labelPlacement	用于确定按钮上的标签文本相对于图标的方向，包括left、right、top和bottom这4个选项。其默认值为right
selected	用于根据toggle的值设置Button组件是被按下还是被释放
toggle	用于确定是否将Button组件转变为切换开关
visible	用于设置Button组件是否可见

4) CheckBox组件

CheckBox组件主要用于设置一系列可选择的项目，并可同时选取多个项目，以此对指定对象的多个数值进行获取或设置。

(1) 打开"组件"面板，将CheckBox组件拖曳到舞台上，设置其"label"属性为"男"。

(2) 用同样的方法制作一个checkBox组件"女"。

(3) 两个"CheckBox"组件舞台效果如图7-32所示，属性设置如图7-33所示。

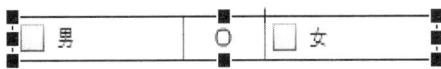

图 7-32 两个"CheckBox"组件舞台效果

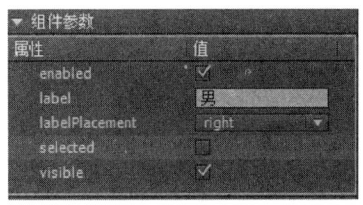

图 7-33 "CheckBox"组件属性设置

(4) CheckBox 组件的属性如表 7-4 所示。

表 7-4 CheckBox 组件的属性

组件名称	属 性
enabled	用于设置 CheckBox 组件是否可编辑
label	用于设置 CheckBox 组件显示的内容。其默认值为 Label
labelPlacement	用于确定 CheckBox 组件上标签文本的方向,包括 left、right、top 和 bottom 这 4 个选项。其默认值为 right
selected	用于确定 CheckBox 组件的初始状态为选中(true)或取消选中(false)。其默认值为 false
visible	用于设置 CheckBox 组件是否可见

5) ComboBox 组件

通过单击 ComboBox 组件中的下三角按钮,可打开下拉列表并显示相应的选项,通过选择相应的选项获取所需的数值。

(1) 打开"组件"面板,将 ComboBox 组件拖曳到舞台上。

(2) 调整"ComboBox"组件的位置。舞台效果如图 7-34 所示,属性设置如图 7-35 所示。

图 7-34 "ComboBox"组件舞台效果

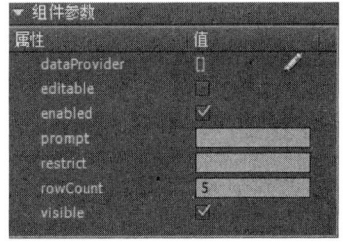

图 7-35 "ComboBox"组件属性设置

(3) 单击"dataProvider"属性右侧的"笔形"图标,弹出"值"对话框,如图 7-36 所示,单击 ➕ 按钮,设置"label"属性,如图 7-37 所示。

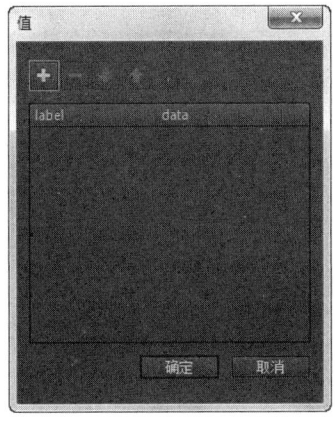

图 7-36 "ComboBox"组件"值"对话框

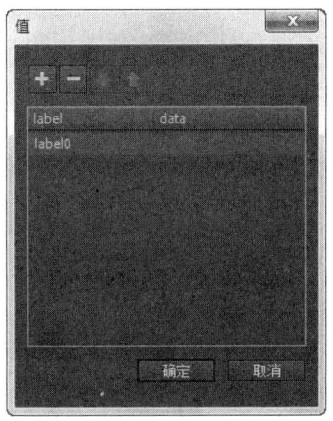

图 7-37 "ComboBox"组件中"label"属性设置

（4）设置"label"属性依次为："计算机"、"外语"、"高数"、"物理"和"哲学"，如图 7-38 所示，运行结果如图 7-39 所示。

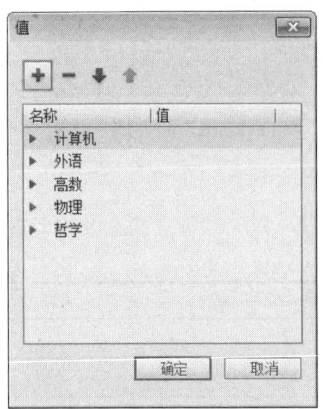
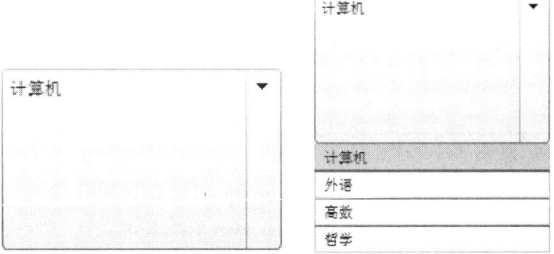

图 7-38 "label" 属性设置完成　　　　　　图 7-39 "ComboBox" 组件运行结果

（5）ComboBox 组件的属性如表 7-5 所示。

表 7-5 ComboBox 组件的属性

组 件 名 称	属　　性
dataProvider	用于设置相应的数据，并将其与 ComboBox 组件中的项目相关联
editable	用于确定是否允许用户在下拉列表框中输入文本
enabled	用于设置 ComboBox 组件是否可编辑
prompt	用于设置 ComboBox 组件的项目名称
restrict	用于设置允许用户自己输入数据之后，限制用户只能输入这些字符，如这里只能输入 2 和 3
rowCount	用于确定不使用滚动条时，下拉列表中最多可以显示的项目数量，默认为 5
visible	用于设置 ComboBox 组件是否可见

6）Label 组件

Label 组件就是一行文本，主要为其他组件提供提示语。

（1）打开"组件"面板，将 Label 组件拖曳到舞台上。

（2）调整"Label"组件位置。

（3）设置"Label"组件的"text"属性值为"热烈欢迎"，舞台效果如图 7-40 所示，属性设置如图 7-41 所示。

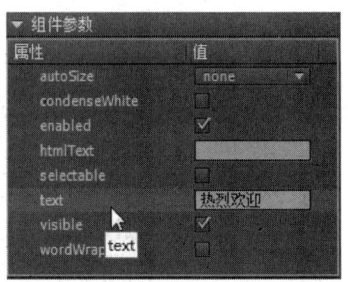

图 7-40 "Label" 组件舞台效果　　　　　　图 7-41 "Label" 组件属性设置

（4）Label 组件的属性如表 7-6 所示。

表 7-6 Label 组件的属性

组件名称	属性
autoSize	指定标签文本的显示和对齐方式，默认 none，标签不调整大小
condensewhite	用于设置在 Label 中将 HTML 的空格进行紧缩
enabled	用于设置 Label 组件是否可编辑
htmlText	用于设置以 HTML 方式显示的文字
Selectable	用于设置是否允许用户选择文本
text	用于指定标签的文本，默认为 label
visible	用于设置组件是否可见
wordwrap	用于设置文本是否在行末换行

7）List 组件

List 组件是一个可以滚动的单选或者多选列表框。

（1）打开"组件"面板，将 List 组件拖曳到舞台上。

（2）设置"List"组件的"dataprovider"属性，同 ComboBox 设置方法一致。舞台效果如图 7-42 所示，属性设置如图 7-43 所示。

（3）List 组件的属性如表 7-7 所示。

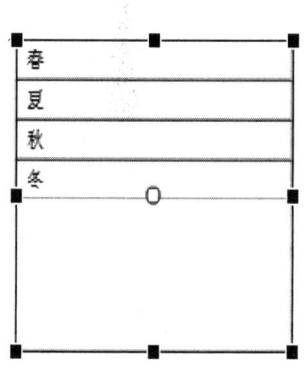
图 7-42　"List"组件舞台效果

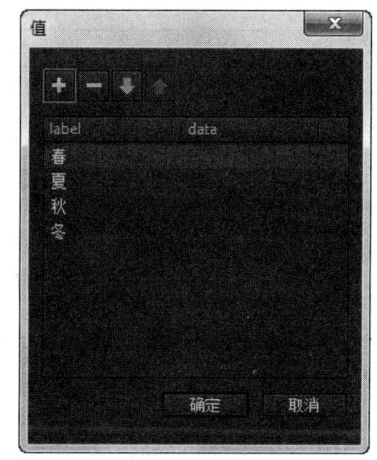
图 7-43　"List"组件"label"值设置

表 7-7 List 组件的属性

组件名称	属性
allowMultipleSelection	用于指定 List 组件是否可同时选择多个选项
dataProvider	用于设置相应的数据，并将其与 list 组件中的项目相关联
enabled	用于设置 List 组件是否可编辑
horizontalLineScrollSize	用于设置当单击列表框中水平滚动箭头时，要在水平方向上滚动的内容量
horizontalScrollPolicy	用于设置 List 组件中的水平滚动条是否始终打开
horizontallPageScrollSize	用于设置按滚动条滚动时，水平滚动条上滚动滑块要移动的像素数
verticalLineScrollSize	用于设置当单击列表框中垂直滚动箭头时，要在垂直方向上滚动的像素数
verticalScrollPolicy	用于设置 List 组件中的垂直滚动条是否始终打开
verticalPageScrollSize	用于设置按滚动条滚动时，垂直滚动条上滚动滑移动的像素数

8) RadioButton 组件

RadioButton 组件主要用于设置一系列可选择项目，并通过选择其中的某一个项目获取所需的数值。

（1）打开"组件"面板，将 RadioButton 组件两次拖曳到舞台上。

（2）设置"RadioButton"组件的"label"属性为"女"。舞台效果如图 7-44 所示，属性设置如图 7-45 所示。

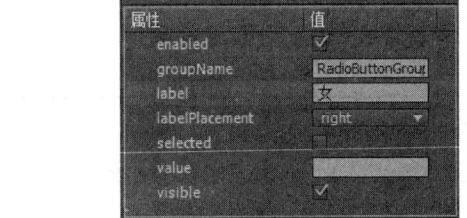

图 7-44　"RadioButton"组件舞台效果　　　　图 7-45　"RadioButton"组件属性设置

（3）RadioButton 组件的属性如表 7-8 所示。

表 7-8　RadioButton 组件的属性

组件名称	属　　性
enabled	用于设置 RadioButton 组件是否可编辑
groupName	用于设置组件所属的项目组名，在同一项目组中只能选择一个 RadioButton 组件，并返回该组件的值
label	用于设置 RadioButton 的文本内容
labelplacement	用于设置 RadioButton 组件上标签文本的方向，包括 left、right、top 和 bottom 这 4 个选项
selected	用于设置 RadioButton 组件的初始状态为选中或取消选中
value	用于设置 RadioButton 的对应值
visible	用于设置 RadioButton 组件是否可见

9) ScrollPane 组件

滚动条组件 ScrollPane 用于在某个大小固定的文本框中无法将所有内容显示完全时使用。

（1）打开"组件"面板，将 ScrollPane 组件拖曳到舞台上。用"渐变变形工具"或设置组件大小属性的方法改变组件大小。

（2）设置"ScrollPane"组件的"source"属性，输入"c:\Users\dell\Desktop\3.jpg"文件的地址，舞台效果如图 7-46 所示，属性设置如图 7-47 所示。

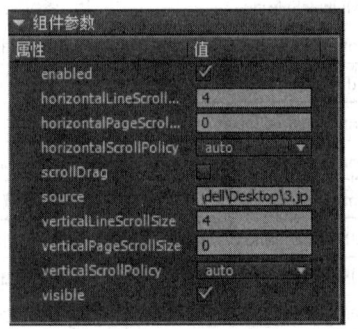

图 7-46　"ScrollPane"组件舞台效果　　　　图 7-47　"ScrollPane"组件"source"属性设置

（3）ScrollPane 组件的属性如表 7-9 所示。

表 7-9　ScrollPane 组件的属性

组件名称	属　性
enabled	用于设置 ScrollPane 组件是否可编辑
horizontalLineScrollSize	用于设置每次按下 ScrollPane 组件中滚动条两侧按钮时，水平滚动条移动的距离
horizontalpageScrollSize	用于设置按下滚动条时水平滚动条移动的距离
horizontalScrollpolicy	用于设置是否显示水平滚动条
scrollDrag	用于设置是否允许用户在滚动条中滚动内容
source	用于获取或设置图片或 SWF 的来源
verticallineScrollSize	用于设置每次按下 ScrollPane 组件中滚动条两侧按钮时，垂直滚动条移动的距离
verticalpageScrollSize	用于设置按下滚动条时垂直滚动条移动的距离
verticalScrollpolicy	用于设置是否显示垂直滚动条
visible	用于设置 ScrollPane 组件是否可见

10) 其他 UI 组件

UI 组件除了以上 9 种常用的组件外，其他的 UI 组件功能也很强大，会给用户带来意想不到的动画效果。接下来给用户演示一下这几种组件的测试效果。

（1）Colorpicker 组件。Colorpicker 组件用于用户从样本列表中选择颜色，舞台效果如图 7-48 所示。

（2）DataGrid 组件。DataGrid 组件用于将数据库中的数据以表格的形式呈现出来，并保持原有结构。同时，允许用户在客户端对数据进行排序。也可以让他们直接修改数据，舞台效果如图 7-49 所示。

图 7-48　"Colorpicker"组件舞台效果

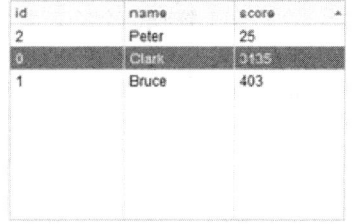

图 7-49　"DataGrid"组件舞台效果

（3）NumericStepper 组件。NumericStepper 组件由显示在小上下箭头按钮旁边的数字组成。用户按下这些按钮时，数字将逐渐增大或减小，舞台效果如图 7-50 所示。

（4）ProgressBar 组件。ProgressBar 组件用于显示内容加载进度，舞台效果如图 7-51 所示。

图 7-50　"NumericStepper"组件舞台效果

图 7-51　"ProgressBar"组件舞台效果

（5）Slider 组件。Slider 组件通过拖动滑块改变有效值，可以和其他组件组合使用，舞台效果如图 7-52 所示。

（6）TileList 组件。TileList 组件由一个列表组成，其中的行和列由程序提供的数据填充，舞台效果如图 7-53 所示。

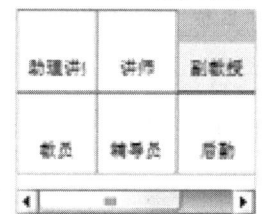

图 7-52 "slider" 组件舞台效果   图 7-53 "TileList" 组件舞台效果

（7）UILoader 组件。UILoader 组件是一个容器，可显示 SWF、JPEG、渐进式 JPEG、PNG 和 GIF 文件，舞台效果如图 7-54 所示。

图 7-54 "UILoader" 组件舞台效果

（8）UIScrollBar 组件。UIScrollBar 组件是一个滚动条，可与其他工具或者组件一起使用，如"输入文本"，在舞台上拖动一个输入文本框，设置其属性为"多行"、"在文本周围显示边框"，文本实例命名为"mt"，在"mt"右侧拖放一个 UIScrollBar 组件，设置其"scrollTargetName"属性为"mt"，运行结果如图 7-55 所示。

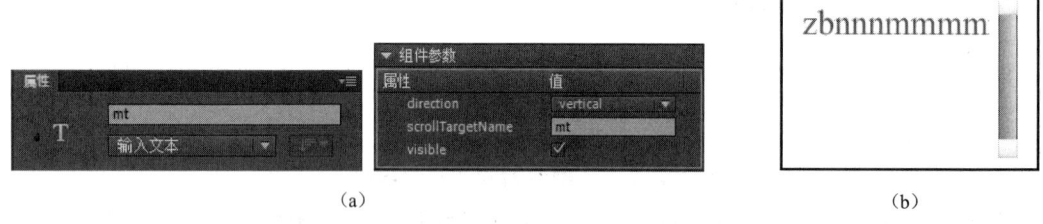

(a)   (b)

图 7-55 "UIScrollBar" 组件属性设置及运行效果

7.3.4 Video 组件

Video 组件即视频组件，该组件主要用于控制导入到 Flash CC 中的视频，其中主要包括 FLVPlayback、FLVPlaybackCaptioning、BackButton、PlayButton、SeekBar、PlayPauseButton、VolumeBar 和 FullScreenButton 等交互组件。这里主要介绍 FLVPlayback 组件。

将 FLVPlayback 组件拖曳到舞台上，设置其"source"属性，用户还可以设置不同的参数，以控制其行为并描述视频文件。舞台设计如图 7-56 所示，属性设置如图 7-57 所示。在弹出的"内容路径"窗口中选择视频文件，如图 7-58 所示，测试效果如图 7-59 所示。

图 7-56 "FLVPlayback"组件舞台设计

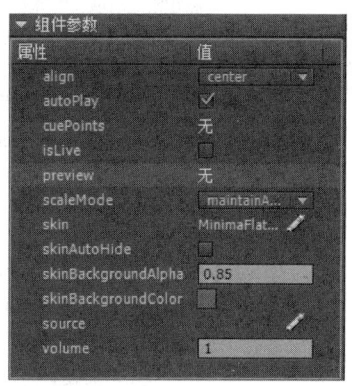
图 7-57 "FLVPlayback"组件属性设置

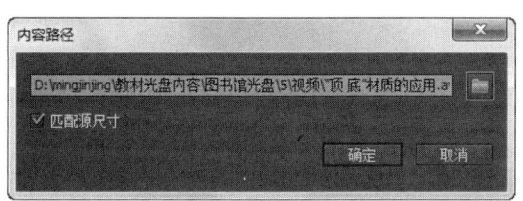
图 7-58 "FLVPlayback"组件"内容路径"窗口

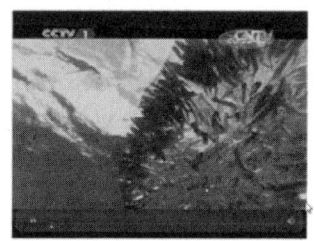
图 7-59 "FLVPlayback"组件测试效果

FLVPlayback 组件包括 FLV 回放自定义用户界面组件。FLVPlayback 组件是显示区域(或视频播放器)的组合,从中可以查看视频文件及允许用户对该文件进行操作。FLV 播放自定义用户界面组件提供控制按钮和机制,可用于播放、停止、暂停视频文件及对该文件进行其他的控制。

7.4 项目实战问答

 NO.1 如何隐藏密码?

答:要想让 TextInput 组件中字符以星号显示,可将 TextInput 组件的属性设置为 PassWord 样式即可,其操作步骤如下。

(1)选择要输入密码的 TextInput 组件实例,在"属性"面板中选中"displayASPssword"复选框,如图 7-60 所示。

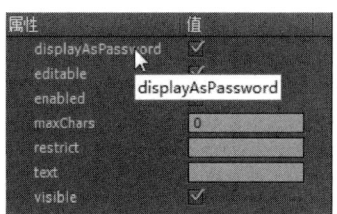
图 7-60 选中"displayAsPassword"复选框

(2)按 Ctrl+Enter 组合键,测试时在要输入密码的文本框中输入字符即可查看"密码星号样式"效果,如图 7-61 所示。

图 7-61　查看"密码星号样式"效果

 NO.2　如何自定义组件样式？

答：在 Flash CC 中的组件除了能直接使用外，还可以对其进行样式的设置，其操作如下。
（1）直接在要编辑和更改样式的组件上双击，进入编辑状态。
（2）对相应的状态样式进行修改和更换，然后退出编辑状态即可，如图 7-62 所示。

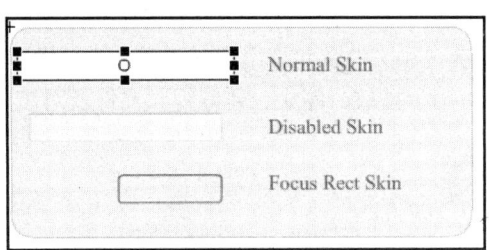

图 7-62　编辑或更改组件样式

7.5　项目小结

通过本项目的学习，使大家能够熟练运用 Flash CC 的典型工具、相应的面板及命令来完成多媒体课件的创作。多媒体课件在日常教学中的重要作用不容小觑，通过使用多媒体课件可以更好的表达课程主题，也可以帮助学生轻松理解课程含义，目前多媒体课件已成为传递知识的"桥梁"。通过本项目的学习，大家可以根据自己的需要选择背景图片、设计课件主题，制作出内容更加充实和丰富的多媒体课件。

7.6　项目训练 7

拓展能力训练项目——古代诗词课件。
项目任务
设计制作一个古代诗词课件，内容自定。

客户要求

以唐诗三百首为主要范围,设计一个550×400像素的多媒体课件,以颂扬古代诗词的优美。

关键技术

(1) 影片剪辑元件的创建。

(2) 公共库中按钮和声音的使用。

(3) ActionScript 3.0 语句的灵活使用。

参照效果图

古代诗词课件的最终制作效果,如图 7-63 所示。

图 7-63 《古代诗词》课件效果

项目 8

动画测试与发布

 项目导学

学习任务	学习内容	能力要求
项目实战 1：发布 HTML 网页 项目实战 2：发布 "JPEG 图像" 测试并优化 Flash CC 作品 导出 Flash CC 作品 项目实战问答	① 设置作品的输出格式 ② 正确设置作品的发布选项 ③ 导出相关作品	① 能够根据需要输出相应格式的作品 ② 掌握动画的输出和发布方法

8.1 项目实战 1：发布 HTML 网页

8.1.1 项目实战描述与效果

◆ 素材：Flash CC\项目 8\素材\社会公益广告
◆ 源文件：Flash CC\项目 8\源文件\发布 HTML 网页

1．项目实战描述

在制作动画过程中或将 Flash CC 作品发布到网上之前，用户需要测试当前编辑的动画，以便于观察动画效果是否符合自己的思路，是否产生预期的效果。本项目综合使用前面所学的内容将动画发布为网页。

2．项目实战效果

最终任务效果如图 8-1 所示。

图 8-1　"社会公益广告"效果

8.1.2 项目实战详解

（1）启动 Flash CC 应用程序，打开一个已测试和优化好的 Flash 动画文件"社会公益广告"。

（2）选择"文件→发布设置"命令，在弹出的"发布设置"对话框中选中"HTML 包装器"复选框，设置各选项参数如图 8-2 所示。

（3）设置好参数后，单击"发布"按钮，即可将该动画发布为 HTML 网页。

（4）单击"确定"按钮，关闭该对话框。

（5）找到该动画存放的文件夹，可以发现已将该动画发布为 HTML 网页，如图 8-3 所示。

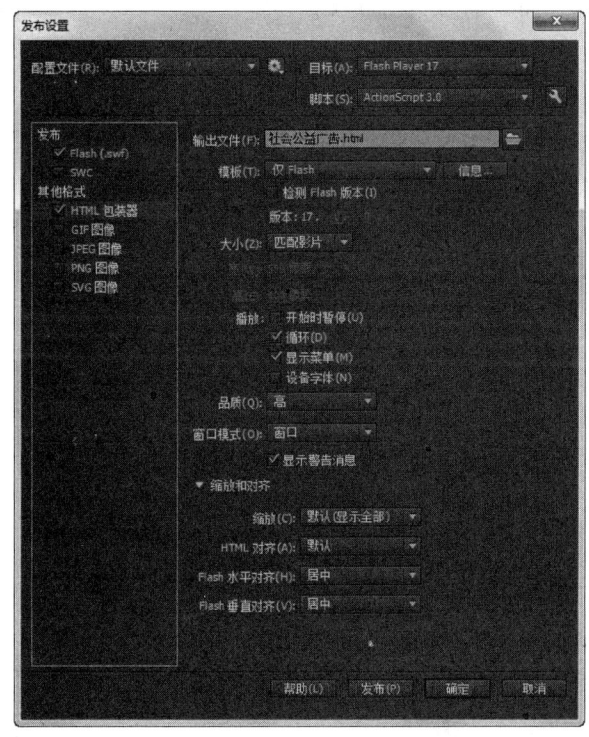

图 8-2 设置"HTML"各选项参数

图 8-3 发布为 HTML 网页

（6）在该网页上双击，将其打开，最终效果如图 8-1 所示。

8.2 项目实战 2：发布"JPEG 图像"

◆ 素材：Flash CC\项目 8\素材\社会公益广告
◆ 源文件：Flash CC\项目 8\源文件\发布"JPEG 图像"

8.2.1 项目实战描述与效果

1. 项目实战描述

本项目主要介绍将 Flash CC 作品发布为"JPEG 图像"的方法，这样用户就不需要任何其他附件，也不需要计算机上安装 Flash 播放器，双击文件就可以直接观看此动画文件了。

2. 项目实战效果

最终任务效果如图 8-4 所示。

图 8-4　发布"JPEG 图像"效果

8.2.2　项目实战详解

（1）启动 Flash CC 应用程序，打开一个已测试和优化好的 Flash 动画文件"社会公益广告"。

（2）选择"文件→发布设置"命令，在弹出的"发布设置"对话框中选中"JPEG 图像"复选框，设置输出文件名如图 8-5 所示。

（3）设置好参数后，单击"发布"按钮，即可将该动画发布为"JPEG 图像"。

（4）单击"确定"按钮，关闭该对话框。

（5）找到该动画存放的文件夹，可以发现已将该动画发布为"JPEG 图像"，如图 8-6 所示。

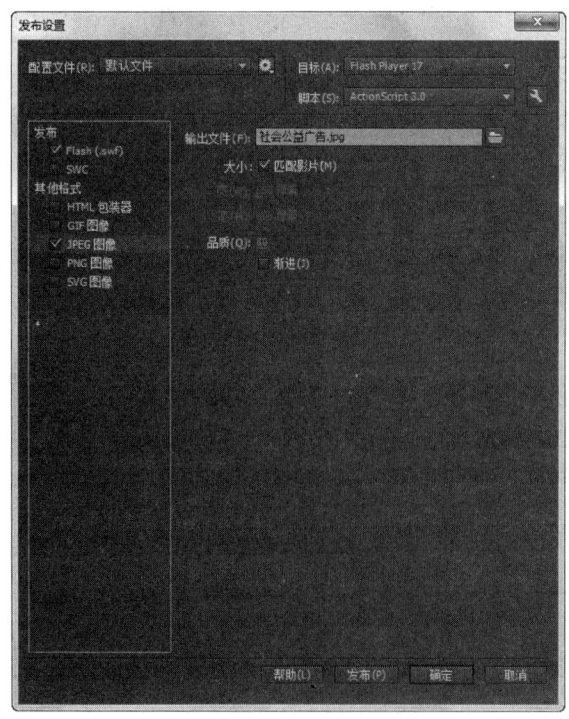

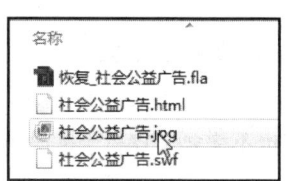

图 8-5　设置输出文件名　　　　　　　　　　图 8-6　发布为"JPEG 图像"

（6）在该文件双击，将其打开，最终效果如图 8-4 所示。

8.3 知识链接：Flash CC 动画测试与发布

当完成 Flash CC 动画的创作之后，就可以将其导出或发布，以便更多的人来欣赏。但在发布之前，还应注意两个问题：一是作品的效果是否与预期的效果相同；二是动画是否能够流畅地进行播放。要解决这两个问题，就需要在发布动画之前对其进行测试和优化。

8.3.1 测试并优化 Flash CC 作品

在制作动画过程中或将 Flash CC 作品发布到网上之前，用户需要测试当前编辑的动画，以便于观察动画效果是否符合自己的思路，是否产生预期的效果。为了保证动画在网上的播放效果，用户还应随时测试动画的下载性能，并对动画进行有针对性的优化。优化是为了使 Flash CC 动画的体积更小，或者为了上传到网上后能较流畅地观看等。

1. 测试 Flash CC 作品

测试动画有简单动画的测试、动画中脚本代码的测试和动画下载性能的测试三种情况。

1）简单动画的测试

对于简单的动画，可使用以下方法测试动画。

（1）选择"控制→播放"命令测试动画。

（2）按 Enter 键进行动画测试。

在影片编辑环境下，用户按 Enter 键可以对影片进行简单的测试，但影片中的影片剪辑元件、按钮元件等交互式效果均不能得到测试，而且在影片编辑模式下测试影片得到的动画速度比输出或优化后的影片的速度慢。所以，影片编辑环境不是用户的首选测试环境。

2）动画中脚本代码的测试

对于动画中的脚本代码，Flash CC 中也提供了几种工具对其进行测试。

（1）调试器：选择"调试→调试影片"命令，可以打开当前影片的调试器面板，在该面板中可以显示一个当前加载到 Flash Player 中的影片剪辑的分层显示列表，并在动画播放时动态地显示和修改变量与属性的值，而且可以使用断点停止影片，同时逐行跟踪动作脚本代码。

（2）"输出"面板：可以显示动画中的错误信息及变量和对象列表，帮助用户查找错误。

3）动画下载性能的测试

动画作品制作完毕后，在输出或发布之前，通常要对动画进行测试。选择"控制→测试影片"或"测试场景"命令，即可打开动画测试窗口，如图 8-7 所示。

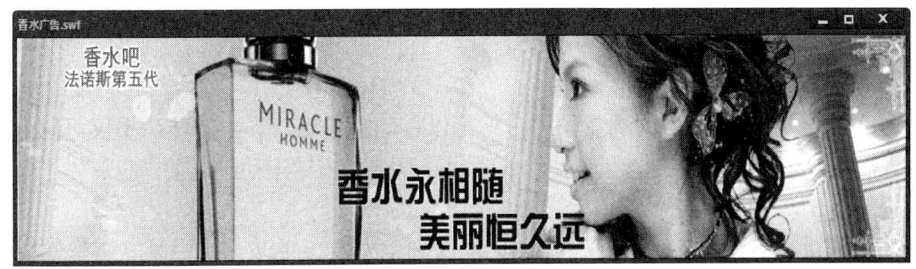

图 8-7　动画测试窗口

2. 优化 Flash CC 作品

在导出 SWF 文件时，Flash CC 会自动进行一些优化。用户也可以自己对动画进行优化处理。在一般情况下，下载和播放 Flash CC 动画时，如果速度很慢，而且容易出现停顿现象，就说明 Flash CC 动画文件很大，影响动画的点击率。为了减少 Flash CC 动画的大小，加快动画的下载速度，在导出动画之前，用户需要对动画文件进行优化。优化操作主要涉及动画、色彩、元素和文本等方面。在导出或发布影片之前，用户可以从以下几个方面对动画文件进行整体优化。

1）减少文件的大小

① 对于多次出现的元素，应尽量将其转换为元件。
② 尽量使用渐变动画，因为渐变动画的关键帧比逐帧动画要少，所以文件容量也较小。
③ 尽量避免位图图像的动画，应将位图作为背景或静态元素。
④ 对于动画序列，要使用影片剪辑而不是图形元件。
⑤ 限制在每个关键帧中的变化区域，在尽可能小的区域中执行动作。
⑥ 对于声音文件，应尽可能使用 MP3 这种数据量较小的格式。

2）优化元素和线条

① 尽可能地将元素组合起来。
② 将在整个过程中变化的元素与不变的元素分放在不同的图层上。
③ 限制使用特殊线条类型的数量，如虚线、点状线、波浪线等，尽量使用实线。因为实线占用的内存较小。用铅笔工具生成的线条比用画笔工具生成的线条所需的内存更少。
④ 使用"修改→形状→优化"命令。

3）优化文本和字体

限制字体数量和字体样式，尽量少嵌入字体。对于要嵌入的字体，只选择需要的字符，不要包括所有的字体。

4）优化颜色

① 使用混色器使动画的调色板与浏览器调色板相匹配。
② 在元件的"属性"面板中，使用"颜色"菜单创建一个元件具有不同颜色属性的多个实例。
③ 尽量少用渐变色，因为渐变填充要比实色填充多占 50B。
④ 尽量减少透明度（Alpha）的使用，因为它会降低回放速度。

5）优化动作脚本

① 在"发布设置"对话框中的"Flash"选项卡中选中"省略 trace 动作"复选框，从而在发布的影片中将不会有"输出"窗口弹出。
② 在脚本编程中尽量使用局部变量。
③ 在脚本编程中尽量将经常重复的代码段定义为函数。

8.3.2 导出 Flash CC 作品

在测试和优化了 Flash CC 动画后，用户就可以将动画导出，导出的作品不仅可以上传到网页上供多数人观看，还可以作为其他程序使用的素材。但在介绍导出动画之前，应首先了解一下导出与发布动画的概念。

导出与发布动画是两种不同的概念，它们的区别主要有以下两点：一是动画能够同时以多种格式发布，但它一次只能以一种格式导出；二是动画的导出并不像发布那样，能够对背景音乐、图像格式、窗口模式及颜色等进行单独的设置。

Flash CC 允许以多种动画格式和图像格式导出动画,如表 8-1 和表 8-2 所示,用户可以根据需要进行选择。

表 8-1　Flash CC 允许导出的动画格式

动画格式		
Flash 影片(*.swf)	Windows AVI(*.avi)	QuickTime(*.mov)
GIF 动画(*.gif)	WAV 音频(*.wav)	EMF 序列(*.emf)
WMF 序列文件(*.wmf)	EPS 序列文件(*.eps)	Adobe Illustrator 序列文件(*.ai)
DXF 序列文件(*.dxf)	位图文件序列(*.bmp)	JPEG 序列文件(*.jpg)
GIF 序列文件(*.gif)	PNG 序列文件(*.png)	

表 8-2　Flash CC 允许导出的图像格式

图像格式		
Flash 影片(*.swf)	增强元文件(*.emf)	AutoCAD DXF(*.dxf)
EPS 3.0(*.eps)	Adobe Illustrator(*.ai)	GIF 图像(*.gif)
位图(*.bmp)	JPEG 图像(*.jpg)	PNG(*.png)
Windows 元文件(*.wmf)		

1. 导出影片

SWF 格式是 Flash CC 默认的播放格式,也是用于在网上传输和播放的格式。导出 SWF 动画影片的具体操作步骤如下。

(1)打开需要导出的 Flash 文档,选择菜单栏中的"文件→导出→导出影片"命令,弹出"导出影片"对话框,如图 8-8 所示。

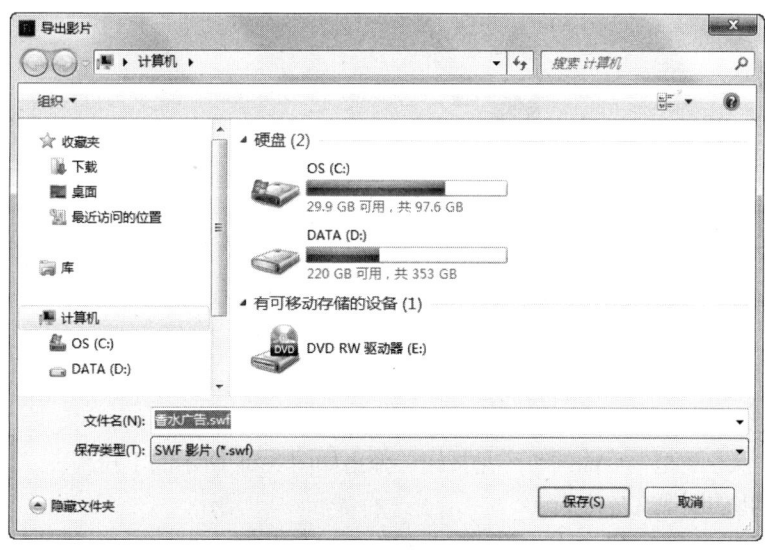

图 8-8　"导出影片"对话框

(2)在"文件名"文本框中输入导出文件的名称。

(3)单击"保存类型"后面的下三角按钮,弹出如图 8-9 所示的下拉列表。其下拉列表中各选项保存的文件应注意以下特点。

① 选择 SWF 影片(*.swf)文件,导出的文件是动态 SWF 文件,这也是 Flash CC 动画的默

认保存文件类型。

```
SWF 影片 (*.swf)
JPEG 序列 (*.jpg ; *.jpeg)
GIF 序列 (*.gif)
PNG 序列 (*.png)
GIF 动画 (*.gif)
```

图 8-9　"保存类型"下拉列表

② 选择 GIF 动画（*.gif）文件，可导出一个包含多个连续画面的 GIF 动画文件。

③ 选择 JPEG 序列（*.jpg）文件，导出 JPEG 格式的文件序列，每一帧转换为单独的 JPEG 文件。

（4）设置完毕后，单击"保存"按钮，即可将测试和优化后的动画导出为影片。

2．导出图像

如果需要将 Flash CC 动画中的某个画面存储为图片格式，可利用"导出图像"命令将先选中的某个画面导出为各种格式的静态图像。导出静态图像的具体操作步骤如下。

（1）打开需要导出的 Flash 文档，将播放头移动到要导出图像所在的帧上，然后选择菜单栏中的"文件→导出→导出图像"命令，弹出"导出图像"对话框，如图 8-10 所示。

图 8-10　"导出图像"对话框

（2）在"文件名"文本框中输入导出文件的名称。

（3）单击"保存类型"后面的下三角按钮，弹出如图 8-11 所示的下拉列表，用户可在该下拉列表中选择要导出的图像文件格式。

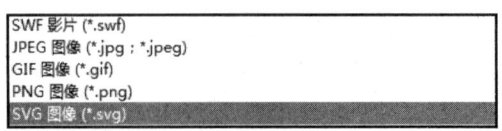

图 8-11　"保存类型"下拉列表

（4）设置完毕后，单击"保存"按钮，在相应的对话框中可以设置图像的相关属性，设置完毕单击"确定"按钮即可导出图像。

8.3.3 动画作品的输出和发布

用 Flash CC 制作的动画是 FLA 格式，因此在动画制作完成后，需要将 FLA 格式的文件发布成扩展名为 SWF 的文件，才能应用于网页播放。在默认的状态下，使用"发布"命令，可以创建 SWF 文件；此外，Flash CC 还提供了其他多种发布格式，具体的有 HTML、GIF、JPEG、PNG 等，用户可根据需要选择发布格式并设置其发布参数。

1. 发布设置

选择菜单栏中的"文件→发布设置"命令，弹出"发布设置"对话框，如图 8-12 所示。在左侧选中相应的发布类型的复选框；在右侧"输出文件"文本框中，为相应的文件类型命名。在发布影片后，将以一个影片为基础，可以得到不同类型、不同名称的文件。

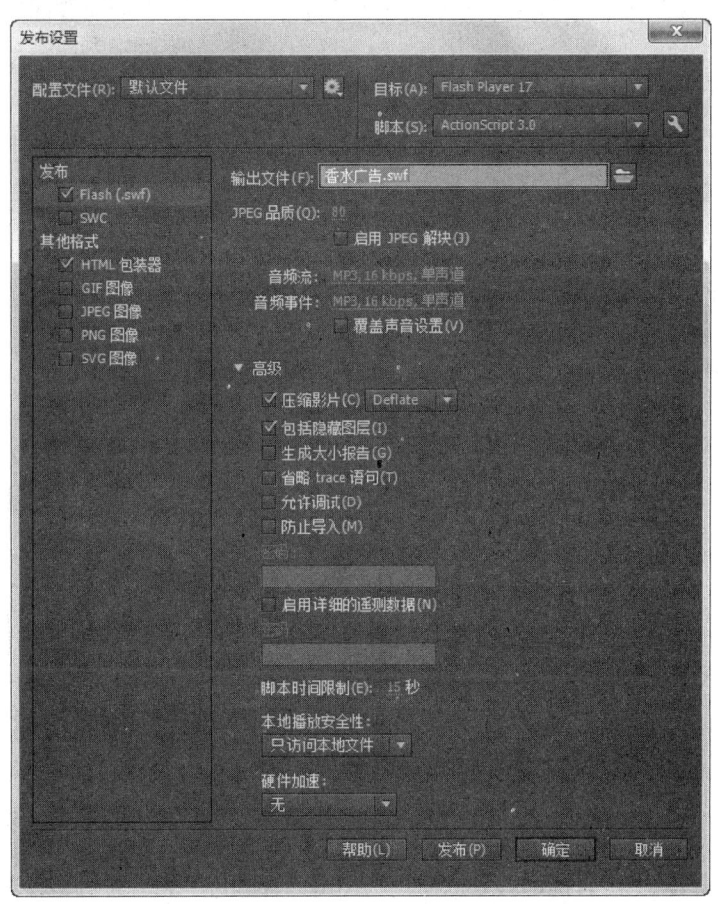

图 8-12 "发布设置"对话框

单击"确定"按钮保留设置，关闭"发布设置"对话框；单击"取消"按钮不保留设置，关闭"发布设置"对话框；单击"发布"按钮，立即使用当前设置发布的指定格式的文件。

2. 发布为 Flash 文件

用户可将 Flash 动画发布为 Flash 文件，具体操作步骤如下。

（1）在菜单栏中选择"文件→发布设置"命令，弹出"发布设置"对话框，选择"Flash"复选框，打开"Flash"选项卡，如图 8-13 所示。

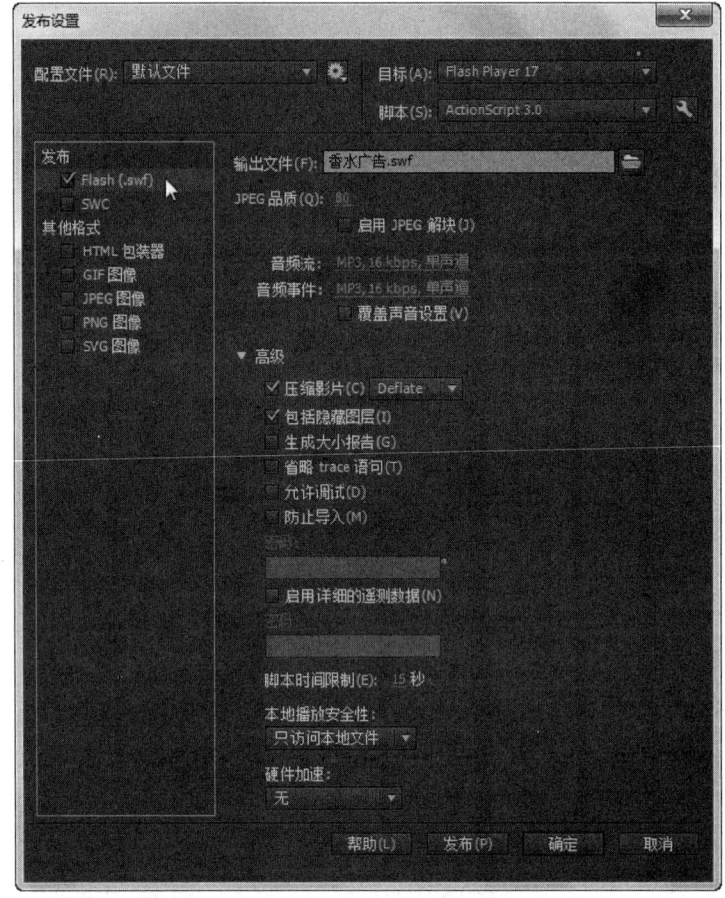

图 8-13 打开"Flash"选项卡

该选项卡中各选项含义如下。

① "目标": 在该下拉列表中可设置 Flash CC 动画的播放器。

② "脚本": 在该下拉列表中可设置动作脚本的版本。

③ "输出文件": 为相应的文件类型命名。

④ "JPEG 品质": 拖动滑块或在文本框中双击直接输入数值调整图像的质量。图像质量越低,生成的文件越小; 图像质量越高, 生成的文件就越大。

⑤ "音频流": 设置输出流式音频的压缩格式和传输速度。

⑥ "音频事件": 设置输出音频事件的压缩格式和传输速率。

⑦ "覆盖声音设置": 若选中该复选框,则使用 "音频流"和 "音频事件" 中的设置来覆盖 Flash 文件中的声音设置。

⑧ "压缩影片": 若选中该复选框, 将对生成的动画进行压缩以减小文件。

⑨ "包括隐藏图层": 若选中该复选框, 将会导出不可见图层。

⑩ "生成大小报告": 若选中该复选框, 在发布动画时将生成一个文本文件, 该文件对于减小动画文件有指导意义。

⑪ "省略 trace 语句": 若选中该复选框, 将使 Flash 忽略动画中的 Trace 语句。

⑫ "允许调试": 若选中该复选框, Flash 将允许发布前的调试工作。

⑬ "防止导入": 若选中该复选框, 可以防止发布的动画文件被别人下载到 Flash 程序中进行编辑。

⑭ "密码":用于输入密码。

(2) 设置好参数后,单击"发布"按钮,即可将 Flash 动画发布为 Flash 文件。

3. 发布为 HTML 文件

用户可将 Flash 动画发布为 HTML 文件,具体操作步骤如下。

(1) 在菜单栏中选择"文件→发布设置"命令,弹出"发布设置"对话框,选中"HTML 包装器"复选框,打开"HTML 包装器"选项卡如图 8-14 所示。

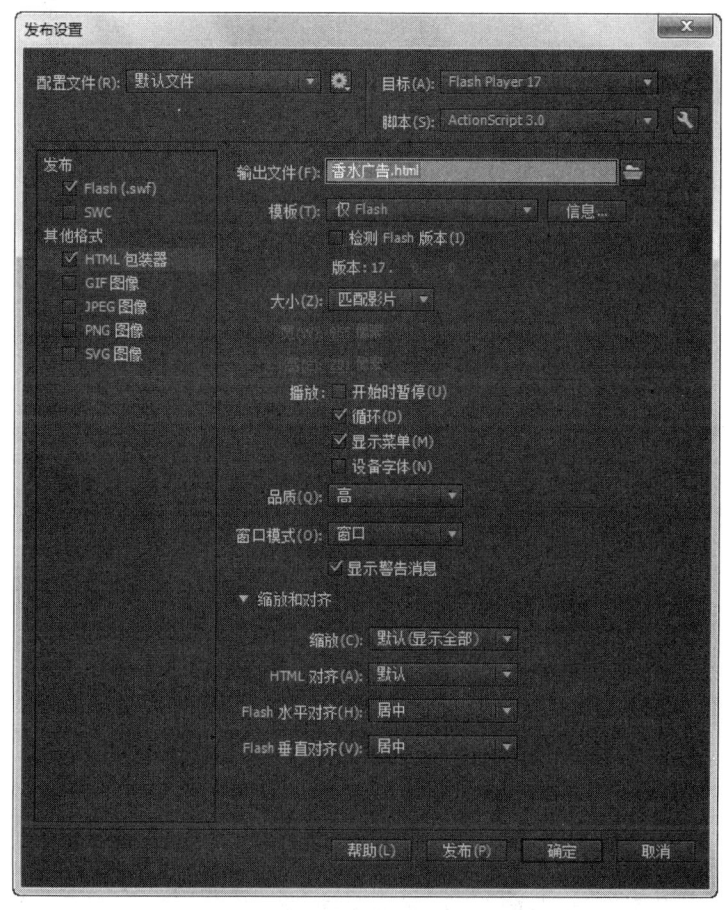

图 8-14 打开"HTML 包装器"选项卡

该选项卡中各选项含义如下。

① "模板":用于设置要使用的已安装模板,单击"信息"按钮,即可显示选定模板的说明,其默认选项为"仅限 Flash"。

② "大小":用于设置"宽"、"高"属性值。

③ "播放":用于控制 SWF 文件的播放和其他功能。选中"开始时暂停"复选框,会一直暂停播放 SWF 文件,直到用户单击"播放"按钮或从快捷菜单中选择"播放"命令后才开始播放。默认情况下,该选项处于取消选择状态。选中"循环"复选框,Flas 动画到达最后一帧将会重复播放。取消选中该复选框会使 Flash CC 动画到达最后一帧后停止播放。选中"显示菜单"复选框,当用户单击鼠标右键或按住 Ctrl 键单击 SWF 文件时,会显示一个快捷菜单,如果取消选中该复选框,则快捷菜单中只显示"关于 Flash"一项。选中"设备字体"复选框,会使用消除锯齿的系统字体替换用户系统上未安装的字体,使用设备字体可使小号字体清晰,并能减小 SWF 文件的大小。

④ "品质"：用于设置 HTML 网页的外观。
⑤ "窗口模式"：该选项用于控制 object 和 embed 标记中 HTMLwmode 的属性。
⑥ "缩放和对齐"：在该选项下拉列表中，选择"HTML 对齐"选项，用于设置 Flash CC 动画被输出后在浏览器窗口中的位置；"缩放"选项，用于设置 object 和 embed 标记中的缩放参数；"Flash 水平对齐参数"及"Flash 垂直对齐参数"， 用于设置 object 和 embed 标记中的对齐参数。

（2）设置好参数后，单击"发布"按钮，即可将 Flash CC 动画发布为 HTML 网页。

4．发布为 GIF 文件

GIF 是 Internet 上最流行的图形格式，该格式的动画文件较小，为网页增色不少，用户可将 Flash CC 动画发布为 GIF 文件，具体操作步骤如下。

（1）在菜单栏中选择"文件→发布设置"命令，弹出"发布设置"对话框，选中"GIF 图像"复选框，打开"GIF 图像"选项卡如图 8-15 所示。

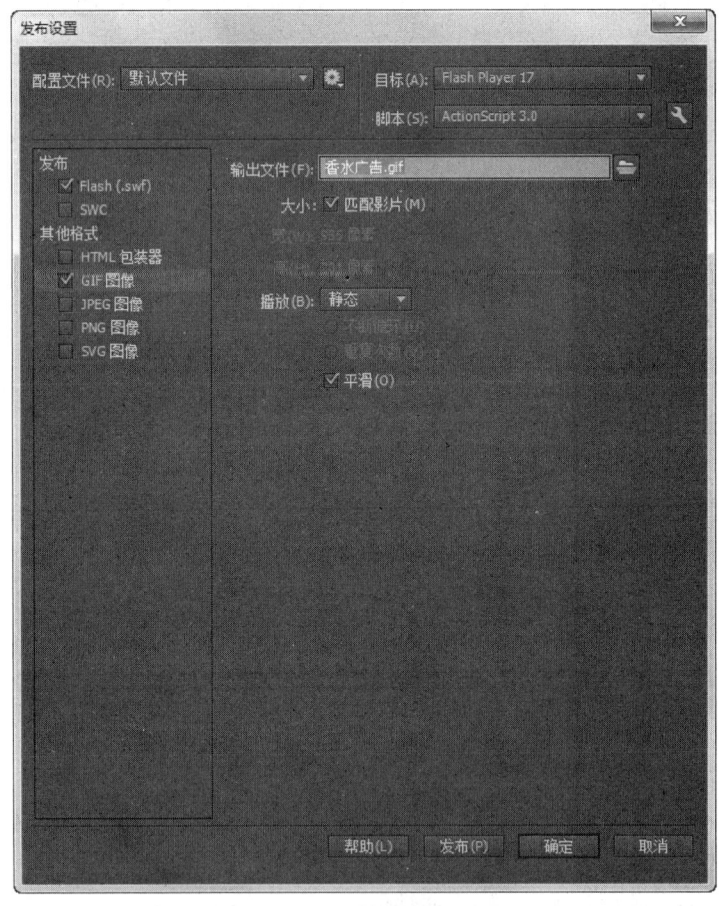

图 8-15　打开"GIF 图像"选项卡

该选项卡中各选项含义如下。
① "大小"：设置 GIF 位图的宽度和高度，以像素为单位。
② "匹配影片"：若选中该复选框，将使"大小"文本框不起作用，并使 GIF 位图的尺寸与动画的尺寸相同。
③ "播放"：设置导出的 GIF 是静态的还是具有动画效果的。

（2）设置好参数后，单击"发布"按钮，即可将 Flash CC 动画发布为 GIF 文件。

5. 发布为 JPEG 文件

用户可将 Flash CC 动画发布为 JPEG 文件，具体操作步骤如下。

（1）在菜单栏中选择"文件→发布设置"命令，弹出"发布设置"对话框，选中"JPEG 图像"复选框，打开"JPEG 图像"选项卡，如图 8-16。

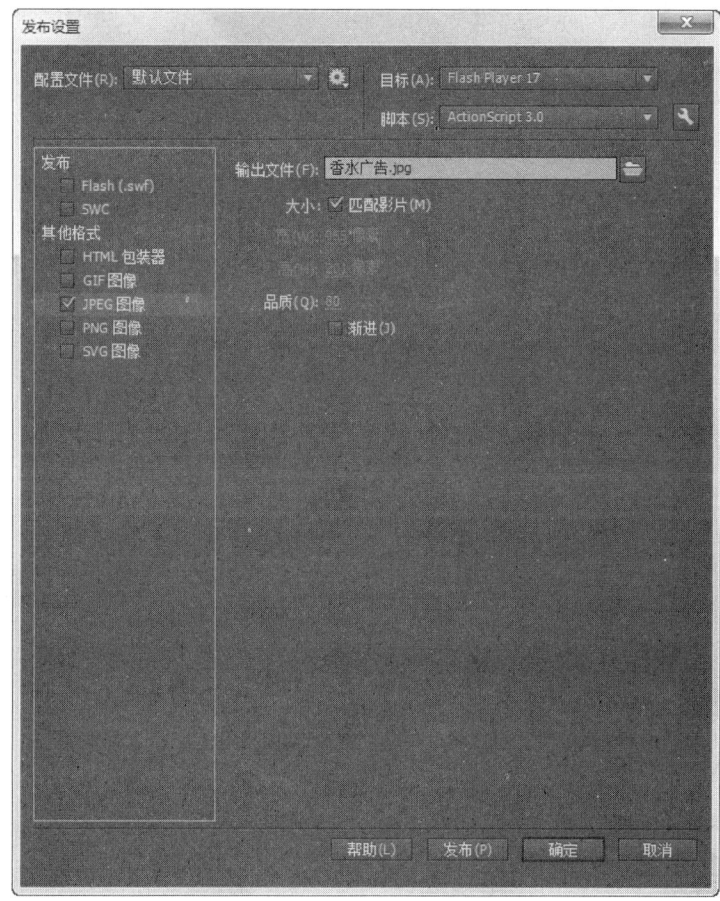

图 8-16 打开"JPEG 图像"选项卡

该选项卡中各选项含义如下。

① "大小"：设置 JPEG 位图的宽度和高度，以像素为单位。

② "匹配影片"：若选中该复选框，将使"大小"文本框不起作用，并使 GIF 位图的尺寸与动画的尺寸相同。

③ "品质"：该选项用于控制 JPEG 文件的压缩量，图像品质越低文件越小。选中"渐进"复选框可以在 Web 浏览器中逐步显示渐进的 JPEG 图像，因此可在低速网络连接上以较快的速度显示加载的图像。

（2）设置好参数后，单击"发布"按钮，即可将 Flash CC 动画发布为 JPEG 文件。

6. 发布为 PNG 文件

用户可将 Flash CC 动画发布为 PNG 文件，具体操作步骤如下。

（1）在菜单栏中选择"文件→发布设置"命令，弹出"发布设置"对话框，选中"PNG 图像"复选框，打开"PNG 图像"选项卡如图 8-17 所示。

该选项卡中各选项含义如下。

"位深度":该选项用于设置创建图像时要使用的每个像素的倍数和颜色数。

(2)设置好参数后,单击"发布"按钮,即可将 Flash CC 动画发布为 PNG 文件。

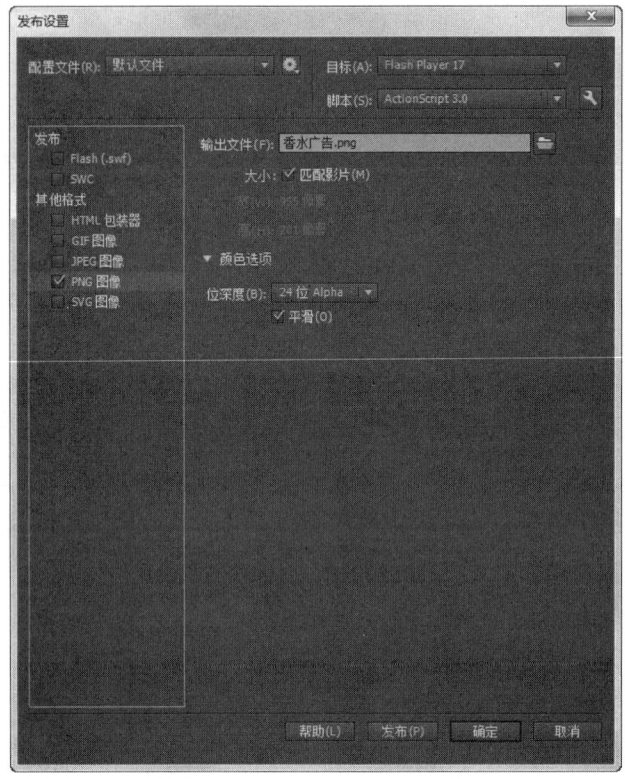

图 8-17 打开"PNG 图像"选项卡

7. 发布为 SVG 文件

用户可将 Flash CC 动画发布为 SVG 文件,具体操作步骤如下。

(1)在菜单栏中选择"文件→发布设置"命令,弹出"发布设置"对话框,选中"SVG 图像"复选框,打开"SVG 图像"选项卡,如图 8-18 所示。

(2)设置好参数后,单击"发布"按钮,即可将 Flash CC 动画发布为 SVG 文件。

8.4 项目实战问答

NO.1 如何自定义发布 HTML 大小?

答: 发布 HTML 文件可以将其指定大小,当然也可以按照像素进行设置,还可按照百分比进行设置,用户可以根据实际需要来进行选择,如果要将 HTML 文件发布为指定的 280×240 像素大小文件,其操作步骤如下。

(1)在"发布设置"对话框中单击"大小"下三角按钮。

(2)选择"像素"选项,在激活的"宽"和"高"文本框中输入相应的数字,最后单击"确定"即可,如图 8-19 所示。

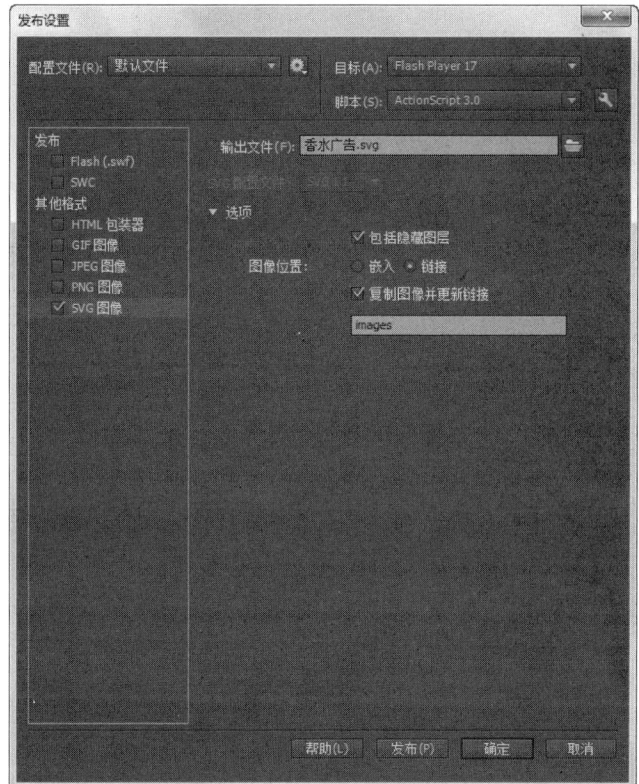

图 8-18　打开 "SVG 图像" 选项卡

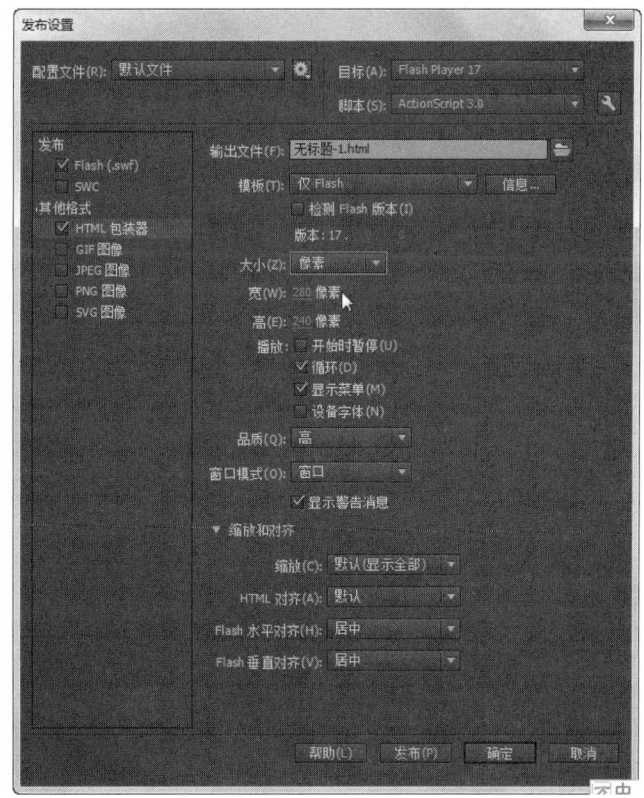

图 8-19　自定义发布 HTML 大小

NO.2 认识和发布 SWC 文件

答：SWC 文件是类似 zip 的文件，它由 Flash 编译工具 compc 生成，可以将 class 文件、图片及 CSS 样式文件等打包到 SWC 文件中。从 Flash 环境生成的 SWC 文件中包含其他文件，如 Read me 文件和 FLA 文件等。要发布 SWC 文件的操作步骤如下。

在"发布设置"对话框中选中"SWC"复选框，设置输出文件路径，最后依次单击"发布"按钮和"确定"按钮，如图 8-20 所示。

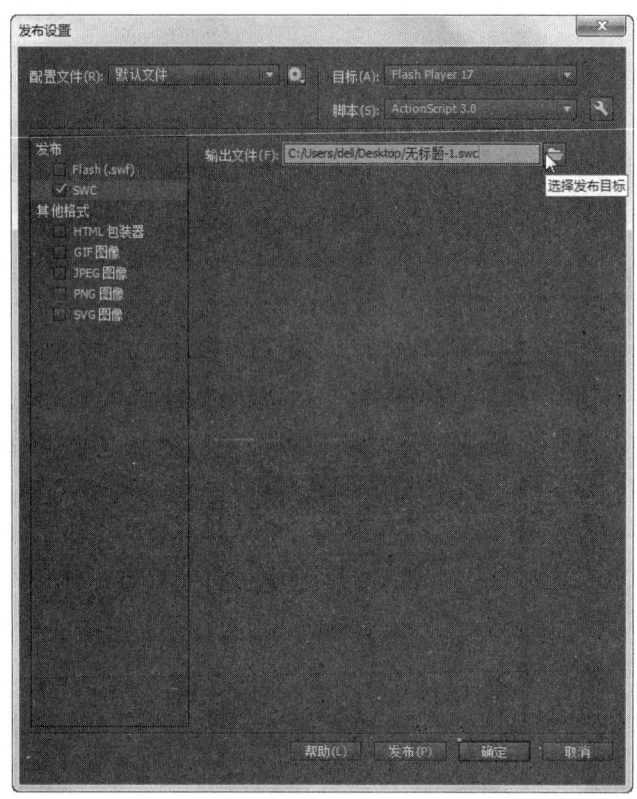

图 8-20 发布 SWC 文件

8.5 项目小结

通过本项目的学习，用户可以掌握动画的测试与发布技巧，包括测试与优化动画、导出动画及发布动画知识，其中发布动画是重点，它主要通过"发布设置"对话框来实现各种自定义设置。

8.6 项目训练 8

拓展能力训练项目——发布为 PNG 格式文件。

项目任务

以 PNG 格式进行发布。

客户要求

自己制作的动画文件"马赛克效果",以 PNG 格式进行发布。

关键技术

(1)"发布设置"对话框。

(2)发布选项设置。

参照效果图

PNG 格式的最终制作效果,如图 8-21 所示。

图 8-21　PNG 格式文件最终制作效果

附录 A 参考答案

项目训练 1

1. Flash CC 软件有哪些新增功能?

Flash CC 是为制作 Web 动画和多媒体内容提供的一个创作环境,是继 Flash CS6 后的新一代动画制作和设计软件,并在 Flash CS6 的基础上新增了一些功能,如新建和发布 HTML5 内容、支持云功能等,下面做详细介绍。

(1) Flash CC 提供了对 HTML5 的原生支持,从而使 Web 系统更为开放。

(2) 用户不仅可以将 Flash CC 工作区设置与 Creative Cloud 进行同步,而且还可以自定义工作区来满足自己的设计需求,然后再通过 Creative Cloud 在多台计算机上同步这些自定义设置。

(3) Flash CC 不仅支持 HiDPI 显示屏,而且还支持新的 MacBook Pro 上提供的 Retina 显示屏,这样就显著地改进了图像的逼真度和分辨率。

(4) 64 位架构是 Flash CC 独有的架构,其他版本的 Flash 是不具有的。它使 Flash 更加模块化,提供了前所未有的速度和稳定性,能对多个大型文件实现轻松管理,发布 Flash 动画也更加迅速。

2. 简述 Flash CC 动画的创作流程。

制作和设计 Flash CC 动画是一个复杂的过程,它需要很多元素和操作,所以用户在制作和设计动画过程中最好按照以下步骤进行操作。

(1) 程序策化。策化整个作品要实现的动画效果及目的。

(2) 添加媒体文件。将需要的声音、视频、图片等多媒体元素导入到库。

(3) 排列元素。在舞台或时间轴上对导入的媒体文件进行一个时间上或显示方式的安排。

(4) 应用特殊效果。对舞台上的对象进行滤镜效果的应用。

(5) 添加动作脚本。在需要添加脚本的对象或帧上添加 ActionScript 3.0 脚本语言来控制行为方式。

(6) 测试并发布动画。对制作的动画进行播放测试、下载测试等检测并处理错误,最后将成品进行发布。

项目训练 2

1. 创建新文件

新建一个 Flash 文档,设置舞台大小为 550×400 像素,并保存文件,如训练图 2-1 所示。

2. 绘制"雪景"

(1) 新建"图层 1",使用"刷子工具"在舞台上粗略地勾勒

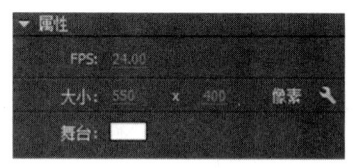

训练图 2-1 文档"属性"面板

出雪人、房子、树木和路灯的大概位置，如训练图 2-2 所示。

（2）参照"图层 1"中绘制的草稿，使用"线条工具"细致地勾画出雪人、房子、树木和路灯的具体结构，如训练图 2-3 所示。

训练图 2-2　使用"刷子工具"绘图

训练图 2-3　使用"线条工具"绘图

（3）使用"颜料桶工具"添加颜色，如训练图 2-4 所示。

（4）使用"铅笔工具"画出各部分明暗交界线，如训练图 2-5 所示。

训练图 2-4　使用"颜料桶工具"添加颜色

训练图 2-5　使用"铅笔工具"画出明暗交界线

（5）在暗面上填充较暗的颜色，然后删除明暗交界线，并将背景填充为深蓝色到浅蓝色的线性渐变，如训练图 2-6 所示。

（6）新建一个图层，使用"刷子工具"添加雪花，如训练图 2-7 所示。

训练图 2-6　将背景填充渐变色

训练图 2-7　使用"刷子工具"添加雪花

3．输入文字

（1）创建"影片剪辑"元件，并将其命名为"文字"。选中第 1 帧，使用"文本工具"输入文字"祝你永远开心快乐",颜色为粉色,如训练图 2-8 所示。选中第 20 帧,使用"任意变形工具"对文字进行变形,颜色为黄色,如训练图 2-9 所示。

训练图 2-8　第 1 帧中的文字

训练图 2-9　第 20 帧中的文字

(2)选中第 1 帧并右击,从弹出的快捷菜单中选择"创建补间形状"命令。

4．输入 ActionScript 3．0 脚本语言

选中"动作脚本"图层的第 7 帧并右击,从弹出的快捷菜单中选择"动作"命令,在"动作-帧"面板中输入如下语句,如训练图 2-10 所示。友情贺卡制作完成,按 Ctrl+Enter 组合键即可查看效果,如图 2-121 所示。

训练图 2-10　输入脚本语言

项目训练 3

1．新建文件

选择"文件→新建"命令,在弹出的"新建文档"对话框中选择"ActionScript 3.0"选项,单击"确定"按钮,进入新建文档舞台窗口,如训练图 3-1 所示。在"属性"面板中设置舞台的大小为 550×300 像素,"帧频(FPS)"训练为"24"、舞台背景颜色为白色,如训练图 3-2 所示。

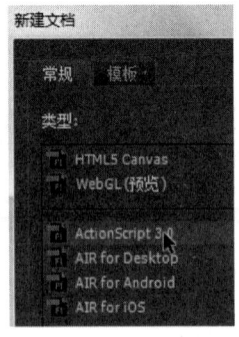
训练图 3-1　新建文件

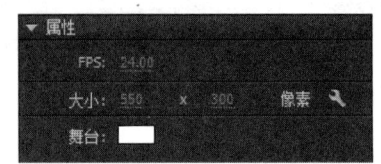
训练图 3-2　"属性"面板

2．导入素材

(1)选择"文件→导入→导入到库"命令,在"Flash CC\项目 3\素材\"文件夹下选择"背景.png"文件,单击下方"打开"命令,进行导入。

（2）利用同样的方法将同一文件夹中的"人物.png"、"LOGO.png"两个文件进行导入，现在素材已经全部导入至"库"面板中，其效果如训练图 3-3 所示。

（3）在广告中人物和 LOGO 会有动画效果，因此需要将素材置入元件，按 Ctrl+F8 组合键，弹出"创建新元件"对话框，创建两个图形元件，分别命名为"人物"和"LOGO"。将素材"人物.png"置入到元件"人物"中，将素材"LOGO.png"置入到元件"LOGO"中。

（4）回到主舞台，在"时间轴"面板上创建"图层 2"及"图层 3"，将"图层 1"改名为"背景"，"图层 2"改名为"人物"，"图层 3"改名为"LOGO"，如训练图 3-4 所示。

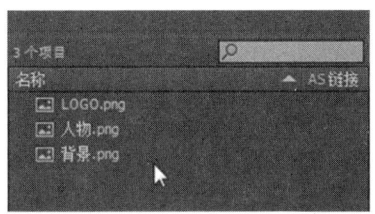

训练图 3-3　导入素材

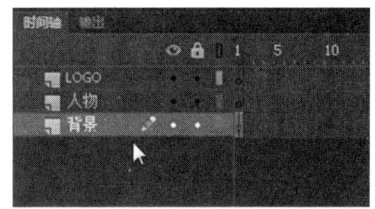

训练图 3-4　创建图层并改名

（5）选择"背景"图层，然后从"库"中拖曳"背景.png"文件到舞台上，这样便将该文件置入了"背景"图层，用同样的办法将"人物"元件置入"人物"图层，"LOGO"元件置入"LOGO"图层。

3．制作素材动画

（1）首先增加现有三个图层的时间长度，按住 Shift 键的同时分别单击"图层 1"、"图层 2"和"图层 3"，将三个图层的第 50 帧都选中，按 F5 键插入普通帧。

（2）选中"人物"图层的第一个关键帧，然后在舞台中选择"人物"元件，选择工具栏中的"任意变形工具"，将该素材进行一定程度的放大，其效果如训练图 3-5 所示。

（3）选中"人物"图层的第 15 帧，按 F6 键插入一个关键帧，在这一帧中利用"任意变形工具"，将该素材的大小调整到合适位置，其效果如训练图 3-6 所示。选中第 1 帧并右击，在弹出的快捷菜单中选择"创建传统补间"命令，人物动画制作完成。

训练图 3-5　第 1 帧时的人物大小

训练图 3-6　第 15 帧时的人物大小

（4）选中"LOGO"图层的第 15 帧，按 F6 键插入一个关键帧，再选中该图层的第 30 帧，按 F6 键插入关键帧。首先选择在第 15 帧位置上的关键帧，在舞台上单击选择"LOGO"素材，此时右侧的"属性"面板中会显示元件的属性，展开面板中的"色彩效果"选项，如训练图 3-7 所示，在"样式"下拉列表中选择"Alpha"选项，将滑块调整为 0，如训练图 3-8 所示。

（5）选择"LOGO"图层的第 15 帧并右击，在弹出的快捷菜单中选择"创建传统补间"命令，

LOGO 动画制作完成。

训练图 3-7 "色彩效果"选项区域

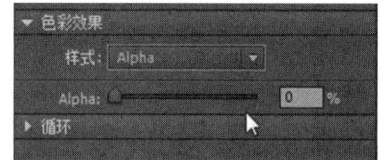

训练图 3-8 调整"Alpha"滑块的数值

4. 制作文字动画

（1）在"时间轴"面板上单击"新建图层"按钮，创建"图层 4"，在"图层 4"被选择的状态下，选择"工具栏"中的"文本工具"，在舞台右下方单击鼠标，在出现的文本框中输入文字"震撼来袭"。在"属性"面板中的"字符"选项区域，设置"系列"为"方正综艺简体"、"大小"为 28 磅，"字母间距"为 10、"颜色"为白色，如训练图 3-9 所示。

（2）在舞台上选择"震撼来袭"4 个字，按 Ctrl+B 组合键，将文字分离，如训练图 3-10 所示，分别选择每一个字，按 F8 键将其都转换为元件。在"时间轴"面板上新建 4 个图层，将 4 个文字元件分别放置到 4 个图层中。

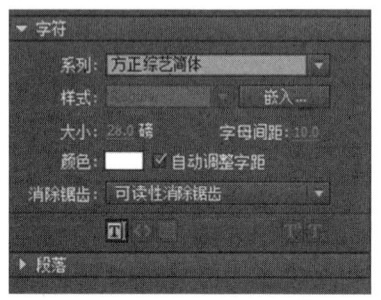

训练图 3-9 "字符"选项区域

训练图 3-10 分离文字

（3）按 Ctrl 键的同时单击，将 4 个文字图层的第 30 帧和第 40 帧选中，按 F6 键添加关键帧，选中第 30 帧，在该关键帧上调整 4 个字的大小和透明度，效果如训练图 3-11 所示。

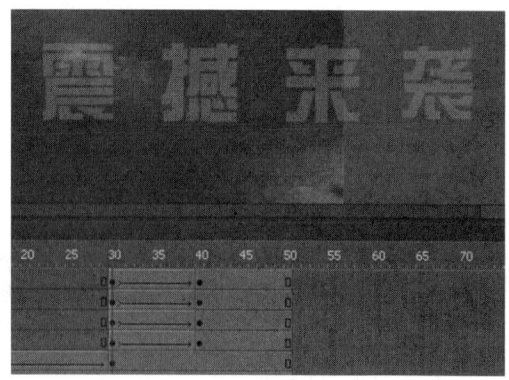

训练图 3-11 第 30 帧上 4 个字的大小及半透明效果

（4）将"撼"、"来"、"袭"3 个字的关键帧向后拖曳，做出四个字依次出现的效果，其关键帧状态如训练图 3-12 所示。

（5）按 Shift 键的同时单击，选中所有图层的第 100 帧，按 F5 键插入普通帧，增加动画的时间长度。再次新建图层，将图层名称更改中为"文字"，选中该图层的第 70 帧，按 F6 键插入关键帧，选择该关键帧，在舞台上输入文字"10月25日全面公测"，选择文字，在属性面板中将"系列"设置为"方正综艺简体"，"大小"设置为10磅，"字母间距"设置为10，"颜色"设置为淡灰色（#cccccc），效果如训练图3-13所示。

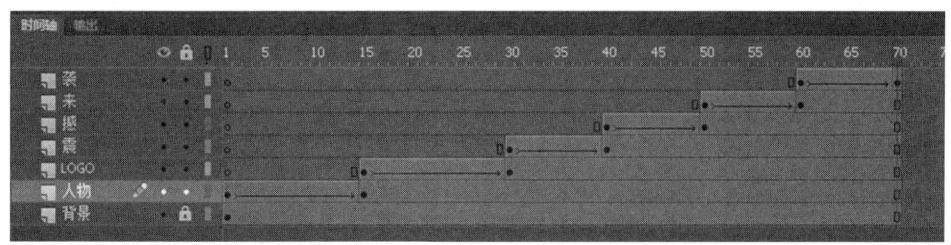

训练图3-12　4个文字图层的关键帧状态

训练图3-13　文字效果

（6）选中文字"10月25日全面公测"，按F8键将其转换为元件，设置"类型"为"图形"，在其所在图层的第75帧位置插入关键帧，然后选中第70帧，将文字整体向右移动，并将元件的"Alpha"滑块设置为10%，如训练图3-14所示。

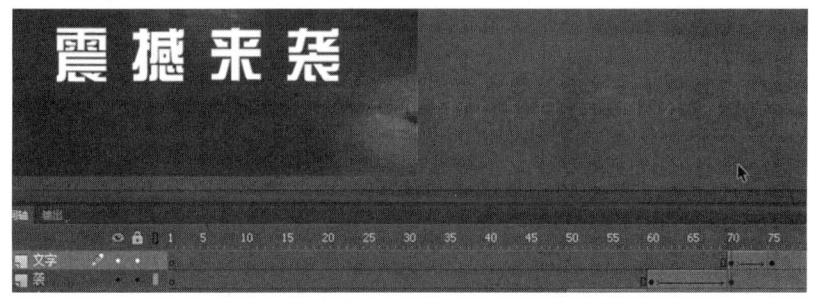

训练图3-14　第70帧时的文字位置与透明度效果

（7）选中第70帧并右击，在弹出的快捷菜单中选择"创建传统补间"命令，完成文字动画。
（8）新建图层"音乐"，将"库"面板中的"6.wav"素材拖入舞台窗口中。
（9）新建图层"Actions"，在该层的第100帧，输入"stop()"语句。

5. 测试影片

按Ctrl+Enter组合键测试影片，观看"游戏广告"动画效果，最终效果如图3-104所示。

项目训练4

1. 创建新文件

新建一个文件，并在"属性"面板中设置大小为763×576像素、背景颜色为白色、帧频为12fps，如训练图 4-1 所示。

2. 导入素材并制作动画

(1) 选择"文件→导入→导入到库"命令,在弹出的"导入到库"对话框中选择全部素材,导入后的"库"面板如训练图 4-2 所示。

训练图 4-1　"属性"面板　　　　训练图 4-2　导入素材后的"库"面板

(2) 选中"图层 1"的第 210 帧,按 F5 键添加普通帧,如训练图 4-3 所示。在"库"面板中找到素材"55.jpg",将其拖曳到舞台中。选择工具箱中的"任意变形工具",将图片调整到适合的尺寸,如训练图 4-4 所示。

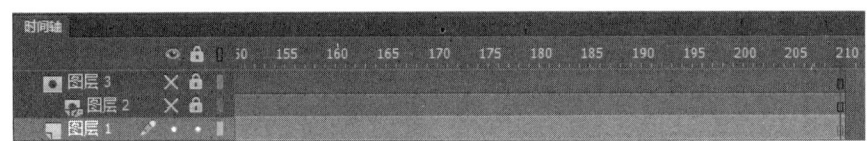

训练图 4-3　添加普通帧

训练图 4-4　调整图片尺寸

(3) 新建"图层 2",在该层中将制作第二张图片的变化。选择第 36 帧,按 F6 键添加关键帧,如训练图 4-5 所示。打开"库"面板,在其中选择素材图片"54.jpg",并将其拖曳到舞台中央。选择"54.jpg",打开"对齐面板",将素材图片大小调整到符合舞台大小,并绝对居中于舞台,如训练图 4-6 所示。

(4) 选中第 36 帧并右击,在弹出的快捷菜单中,选择"创建补间动画"命令。创建补间动画后,"图层 2"会变为草绿色,选中第 73 帧和第 110 帧,按 F6 键创建关键帧。

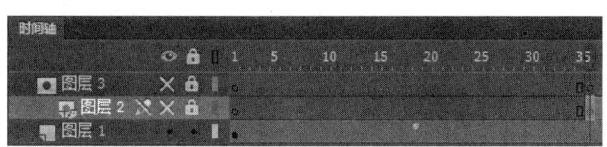
训练图 4-5　添加关键帧

训练图 4-6　添加"图层 2"图片

（5）在"图层 2"中选择第 36 帧中的元件，打开属性面板。在属性面板中的"色彩效果"选项区域，在"样式"下拉列表中选择"Alpha"，并将数值调整为"0"，如训练图 4-7 所示。添加色彩效果后，舞台中的元件变为完全透明，如训练图 4-8 所示。选中第 110 帧，执行与第 36 帧相同的操作。

训练图 4-7　"色彩效果"选项区域

训练图 4-8　调整后的效果

（6）按 Ctrl+F8 组合键新建元件，在"类型"下拉列表中选择"影片剪辑"。进入元件内部后，在"图层 1"第 45 帧按 F5 键添加普通帧。新建"图层 3"，在第 45 帧按 F6 键添加关键帧，如训练图 4-9 所示。并在该帧按 F9 键打开"动作"面板，在脚本编辑栏中添加脚本，如训练图 4-10 所示。

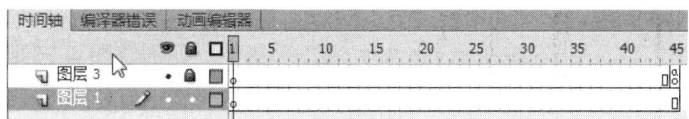
训练图 4-9　添加关键帧

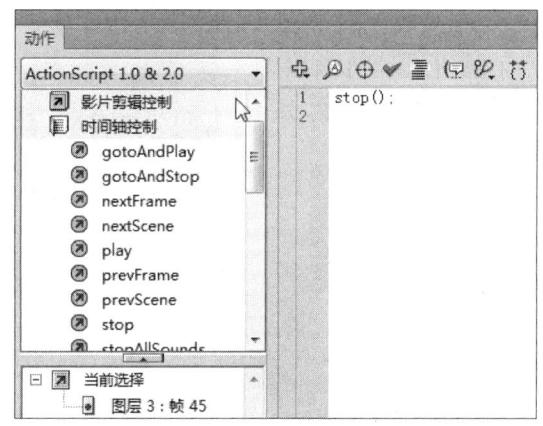
训练图 4-10　添加脚本语言

（7）使用矩形工具，在"图层1"中绘制一个小矩形，颜色不限，如训练图4-11所示。

（8）在"图层1"任意帧上右击，在弹出的快捷菜单中选择"创建补间动画"命令。然后选择该图层的最后一帧，将这一帧中的矩形元件调整放大到覆盖舞台，如训练图4-12所示。

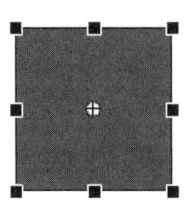
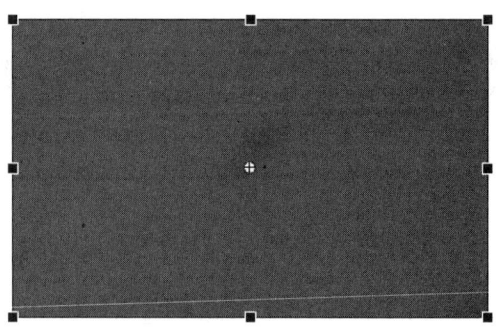

训练图4-11　绘制小矩形　　　　　　　　训练图4-12　调整放大矩形

（9）制作好矩形元件后，返回"场景1"中新建"图层3"，在第36帧处添加关键帧。将刚刚制作好的元件拖曳到舞台上，如训练图4-13所示。在这一层中将矩形元件制作为遮罩层，就能得到一个逐渐显现图片的渐变动画了。在该层上右击，在弹出的快捷菜单中选择"遮罩层"命令。转化为遮罩层后，遮罩层和被遮罩层的标志也会随之改变，如训练图4-14所示。

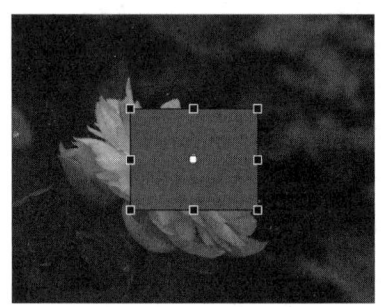
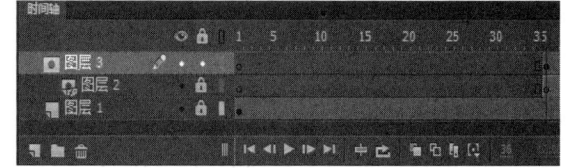

训练图4-13　添加矩形遮罩　　　　　　　训练图4-14　转换为遮罩层

（10）新建"图层4"，按F6键在第116帧处添加关键帧，如训练图4-15所示。在该层上添加图片"53.jpg"，并将图片对齐于舞台，如训练图4-16所示。

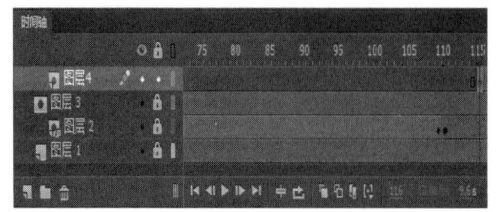

训练图4-15　添加关键帧　　　　　　　　训练图4-16　添加素材图片

（11）新建"图层5"，在第116帧上添加关键帧，使用"矩形工具"在舞台的左边绘制一个细长的矩形，如训练图4-17所示。为这个矩形创建补间动画，选择最后一帧中的图形元件，使用"任意变形工具"调整细长矩形大小使其覆盖整个舞台，如训练图4-18所示。

训练图 4-17　绘制细长矩形

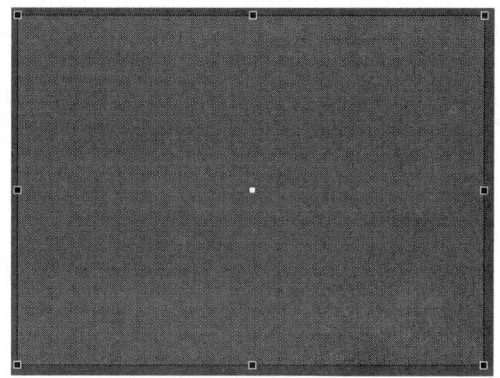
训练图 4-18　调整矩形大小使其覆盖整个舞台

（12）在"图层 5"上右击，从弹出的快捷菜单中选择"遮罩层"命令。

（13）新建"图层 6"，如训练图 4-19 所示。打开"库"面板，将导入的素材图像"相框"拖曳到舞台上，为整个婚纱展示动画添加一个相框，如训练图 4-20 所示。

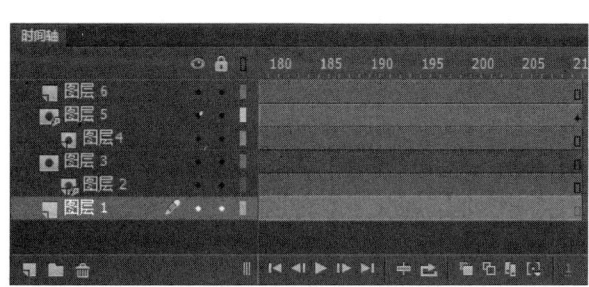
训练图 4-19　新建"图层"

训练图 4-20　添加相框素材

（14）至此，婚纱展示动画制作圆满完成，按 Ctrl+Enter 组合键测试动画。最终效果如图 4-82 所示。

项目训练 5

1．打开文件

选择"文件→打开"命令，在弹出的"打开"对话框中选择随书附赠光盘中的"Flash CC\项目 5\源文件\购物网网页"文件夹，打开里面的"FLYDOVE.fla"文件。该文件中舞台大小为 1024×768 像素，如训练图 5-1 所示。在"库"面板中包含"图片 1.jpg"、"图片 2.jpg"、"图片 3.jpg" 3 个初始素材。

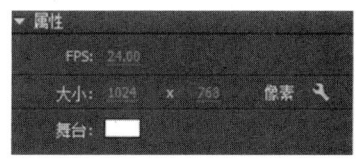
训练图 5-1　打开文件

2．制作背景

（1）将"图层 1"命名为"背景"，选择工具栏中的"矩形工具"，在舞台中创建如训练图 5-2 所示的矩形。

（2）使矩形处于被选择状态下，选择"窗口→颜色"命令或按 Ctrl+Shift+F9 组合键，弹出"颜色"面板，将填充方式更改为"线性渐变"，并调节面板下方渐变条的颜色，使矩形颜色变为渐变状态，如训练图 5-3 所示。

　　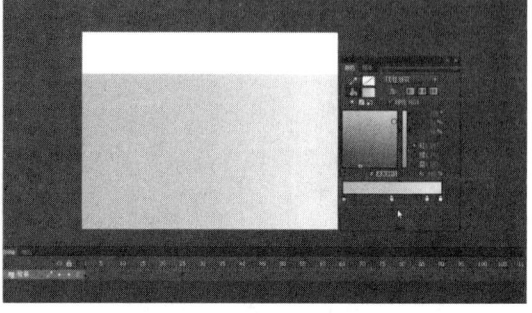

训练图 5-2　创建矩形　　　　　　　　　训练图 5-3　将填充颜色更改为线性渐变

3．制作联系方式版式

（1）选择"插入→新建元件"命令或按 Ctrl+F8 组合键，弹出"新建元件"对话框，在"名称"文本框中输入文字"联系方式"，在"类型"下拉列表中选择"图形"，单击"确定"按钮，创建一个元件。

（2）在元件"联系方式"中，选择"图层 1"，首先创建一个矩形，颜色为灰色，然后在"属性"面板中将矩形宽设置为 1024 像素，高设置为 40 像素。

（3）新建"图层 2"，在工具栏中选择"文本工具"，在"属性"面板中设置"字体"为"Times New Roman"、"大小"为 12 磅、"颜色"为黑色，在相应位置输入文字信息，如训练图 5-4 所示。

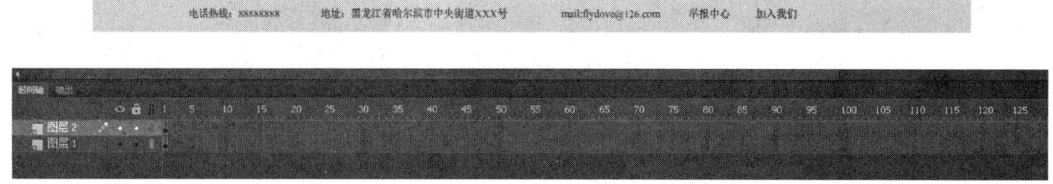

训练图 5-4　矩形与文字的位置关系

（4）新建"图层 3"，利用 Flash CC 的图形绘制方式绘制"电话"、"信封"、"微信 LOGO"、"微博 LOGO" 4 个图形，如训练图 5-5 所示。

训练图 5-5　绘制 4 个图形

（5）将这 4 个图形分别放置在相应的文字信息前，并用竖线作为文字信息之间的分隔线，效果如训练图 5-6 所示。该部分版式完成。

训练图 5-6　版式最终效果

4. 制作导航版式

(1) 选择"插入→新建元件"命令或按 Ctrl+F8 组合键,弹出"新建元件"对话框,在"名称"文本框中输入文字"导航",在"类型"下拉列表中选择"图形",单击"确定"按钮,创建一个元件。

(2) 在元件"导航"中,选择"图层 1",利用工具栏中的"钢笔"工具勾勒出鸽子的剪影图形,然后选择工具栏中的"文本"工具,在鸽子图形旁输入英文"FLYDOVE",在"属性"面板中将"系列"设置为"Vijaya","大小"设置为"18 磅",设置"颜色"的"Alpha"值为80%,调整鸽子与文字的大小及位置关系,效果如训练图 5-7 所示。

训练图 5-7 调整图形与文字的关系

(3) 再次选择"文本"工具,将"系列"设置为"Orator Std","大小"设置为"18 磅",设置"颜色"的"Alpha"值为80%,输入导航栏文字。制作"搜索"的图形及文字,然后将各个部分整合到一起,导航版式的最终效果如训练图 5-8 所示。

训练图 5-8 导航版式的最终效果

5. 制作主体右侧版式

(1) 新建图形元件并命名为"主体右侧版式(上)",在该元件内利用"文本"工具输入主体版式上半部分的文字,效果如训练图 5-9 所示。

训练图 5-9 上半部分的版式效果

(2) 新建图形元件并命名为"主体右侧版式(下)",在该元件内选择"文本"工具,在"属性"面板中将"系列"设置为"方正黑体简体","大小"设置为 15 磅,设置"颜色"为黑色,输入文字"看看最新产品信息"。

(3) 选择工具栏中的"矩形工具",在"属性"面板中设置"填充颜色"为灰色,在"矩形选项"中的"矩形边角半径"数字框中输入"5",在第(2)步输入的文字下方创建圆角矩形并复制,效果如训练图 5-10 所示。

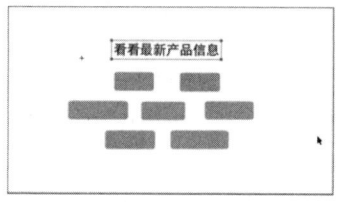

训练图 5-10　圆角矩形复制并排列

（4）新建一个图层，选择"文本工具"，在"属性"面板中设置"系列"为"微软雅黑"、"大小"为 18 磅、"颜色"为深灰，在每一个圆角矩形内输入相应的文字，最终效果如训练图 5-11 所示。

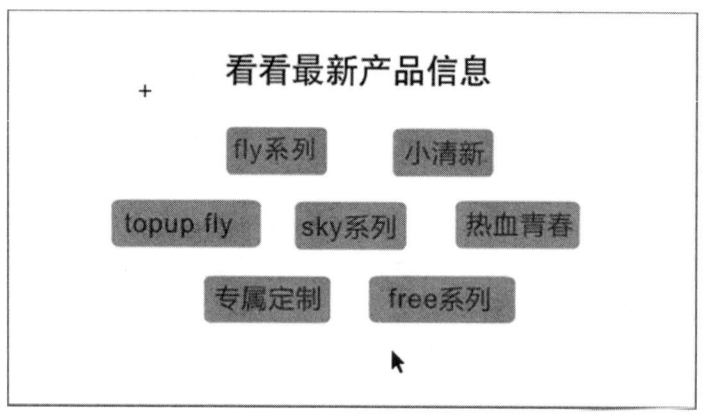

训练图 5-11　下半部分的版式效果

6．制作遮罩动画部分

网页主体左侧部分的版式采用遮罩动画的方式进行制作，便于用户能方便地浏览所销售的服装风格。

（1）按 Ctrl+F8 组合键，弹出的"创建新元件"对话框，在"名称"文本框中输入文字"图片整合"，在"类型"下拉列表框中选择"图形"选项，单击"确定"按钮，新建元件。

（2）进入"图片整合"元件，将"库"面板中的"图片 1.jpg"、"图片 2.jpg"、"图片 3.jpg"拖曳到舞台上，按如训练图 5-12 所示的方式进行排列。

（a）

（b）

（c）

训练图 5-12　排列图片

(3)按 Ctrl+F8 组合键,弹出"创建新元件"对话框,在"名称"文本框中输入文字"遮罩动画",在"类型"下拉列表中选择"影片剪辑"选项,单击"确定"按钮,新建元件。

(4)进入"遮罩动画"元件,在"库"面板中选择"图片整合"元件,将其拖曳至舞台中。新建"图层 2",在图层 2 中创建一个矩形,让矩形完全遮挡住"图层 1"中左边的图片,如训练图 5-13 所示。

(a)　　　　　　　　　　(b)　　　　　　　　　　(c)

训练图 5-13　创建矩形,并对图片进行遮挡

(5)选中"图层 2"的第 120 帧,按 F5 键增加普通帧,再选中"图层 1"的第 120 帧,按 F6 键增加关键帧,在该关键帧上将舞台中的图片向左移动,移动到右侧图片被"图层 2"中的矩形完全遮挡的位置,如训练图 5-14 所示。

训练图 5-14　向左移动图片,使右侧图片被遮挡

(6)选中"图层 1"的第 1 帧并右击,在弹出的快捷菜单中选择"创建传统补间"命令,图片的移动动画被记录。

(7)选中"图层 2"并右击,在弹出的快捷菜单中选择"遮罩层"命令,这时"图层 2"变为遮罩层,其下方的"图层 1"成为被遮罩层。根据遮罩层的原理,现在"图层 1"中的 3 张图片,只有在"图层 2"的矩形位置才能显示。

7. 整合网页

单击屏幕左上方的"场景 1"按钮，回到主舞台，将"库"面板中的"联系方式"、"导航"、"主体右侧版式（上）"、"主体右侧版式（下）"、"遮罩动画"元件拖曳至舞台中，调整好各部分的位置关系，如训练图 5-15 所示，按 Ctrl+Enter 组合键观看最终效果，如图 5-84 所示。

项目训练 6

1. 制作镜头 1

（1）镜头 1 的基本元素分为 3 个部分：阁楼背景、星空、玩具组，如训练图 6-1 所示。

训练图 6-1 "镜头 1"效果

（2）新建 3 个图层："镜头 1—阁楼"、"镜头 1—星空"、"镜头 1—玩具组"，同时选中这 3 个图层第 150 帧，按 F6 键插入关键帧，并在第 319 帧处结束。

（3）选择"镜头 1—阁楼"第 150 帧，将制作好的图形"阁楼"元件拖曳到舞台中，选中该元件，按 Ctrl+K 组合键，调出"对齐"面板，选中"对齐/相对舞台分布"单选按钮，然后单击"水平居中对齐"、"垂直居中对齐"图标。

（4）选择"镜头 1—星空"第 150 帧，将制作好的影片剪辑元件"闪烁的月亮"、"星星 1"和"星星 2"拖曳到舞台中，并放置在阁楼窗户位置，"星星"元件随机点缀，如训练图 6-2 所示。

（5）选择"镜头 1—玩具组"第 150 帧，将制作好的影片剪辑元件"玩具组 1"拖曳到舞台中，放置在合适的位置，如训练图 6-3 所示。

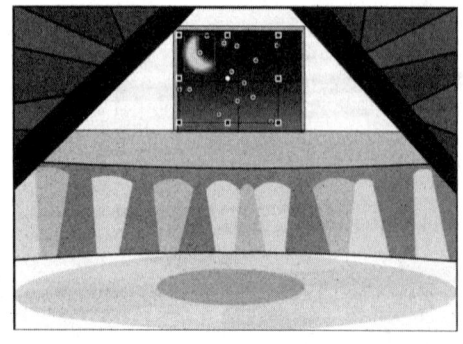 

训练图 6-2 "镜头 1—星空"中元件位置　　训练图 6-3 "镜头 1—玩具组"中元件位置

(6) 新建 2 个图层:"镜头 1—小熊动画"和"镜头 1—洋娃娃动画",同时选中这 2 个图层的第 189 帧,按 F6 键插入关键帧,分别将影片剪辑元件"镜头 1 小熊"和"镜头 1 洋娃娃"拖曳到对应的图层,调整它们的大小,放置在舞台中合适位置(尽量和舞台中已有的小熊和洋娃娃重叠),都在第 209 帧处插入空白关键帧,如训练图 6-4 所示。

(7) 在"镜头 1—玩具组"图层的第 189 帧转换为空白关键帧,将元件"玩具组 2"拖曳到舞台中合适位置,如训练图 6-5 所示(这里隐藏了"镜头 1 小熊"和"镜头 1 洋娃娃"元件,为了突出"玩具组 2"元件的位置)。将图层"镜头 1—阁楼"和"镜头 1—星空"的第 189 帧转换为关键帧。

训练图 6-4 "镜头 1 小熊"和"镜头 1 洋娃娃"元件位置

训练图 6-5 "玩具组 2"元件位置

(8) 同时选中"镜头 1—小熊动画"和"镜头 1—洋娃娃动画"2 个图层的第 189 帧,创建补间动画,同时选中第 196 帧,将 2 个图层中的 2 个元件同时向右上方移动,如训练图 6-6 所示。(注意:图中隐藏了玩具组 2,为了突出元件位置变化)

(9) 同时选中"镜头 1—小熊动画"和"镜头 1—洋娃娃动画"2 个图层的第 208 帧,将 2 个图层中的 2 个元件同时向下方移动,并放大 150 倍,如训练图 6-7 所示。

(10) 同时选中"镜头 1—阁楼"、"镜头 1—星空"和"镜头 1—玩具组"3 个图层的第 189 帧并右击,在弹出的快捷菜单中选择"创建补间动画"命令,同时选中 3 个图层的第 208 帧,将 3 个图层的 3 个元件同时放大 150%,并移动到合适的位置(要注意舞台的边界,不要放到舞台之外),如训练图 6-7 所示。

训练图 6-6 第 196 帧元件位置

训练图 6-7 第 208 帧元件位置

(11) 同时选中"镜头 1—小熊动画"图层和"镜头 1—洋娃娃动画"图层的第 209 帧,分别将元件"小熊动画 1"和"洋娃娃动画 1"拖曳到对应的图层,放置在舞台合适位置,2 个图层都在第 319 帧结束,镜头 1 各个图层帧的位置如训练图 6-8 所示。

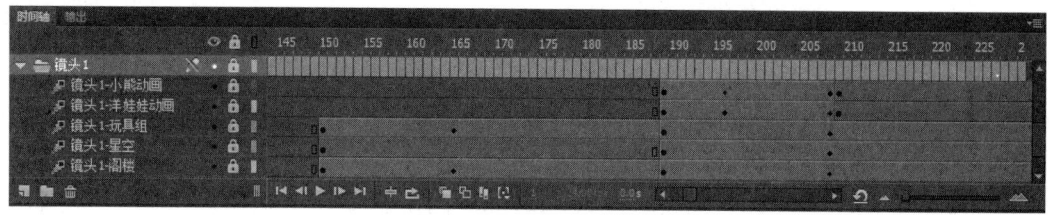

训练图 6-8　镜头 1 各图层帧的位置

2．制作镜头 2

（1）镜头 2 基本元素分为 3 个部分：背景、小熊和洋娃娃，如训练图 6-9 所示。

（2）新建 3 个图层："镜头 2—背景"、"镜头 2—小熊动画"和"镜头 2—洋娃娃动画"，都在第 320 帧插入关键帧，第 424 帧处结束。

（3）在"镜头 2—背景"图层，使用矩形工具绘制背景图形，如训练图 6-9 所示。

（4）在"镜头 2—小熊动画"图层，将影片剪辑元件"小熊动画 2"拖曳到舞台中，如训练图 6-9 所示。

（5）在"镜头 2—洋娃娃动画"图层，将影片剪辑元件"洋娃娃动画 2"拖曳舞台中，如训练图 6-9 所示。

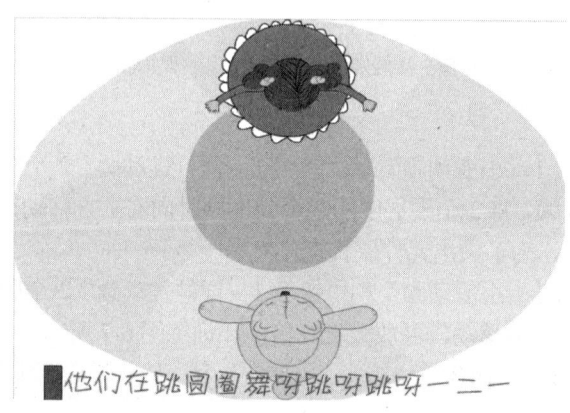

训练图 6-9　镜头 2 效果

（6）镜头 2 各个图层帧的位置如训练图 6-10 所示。

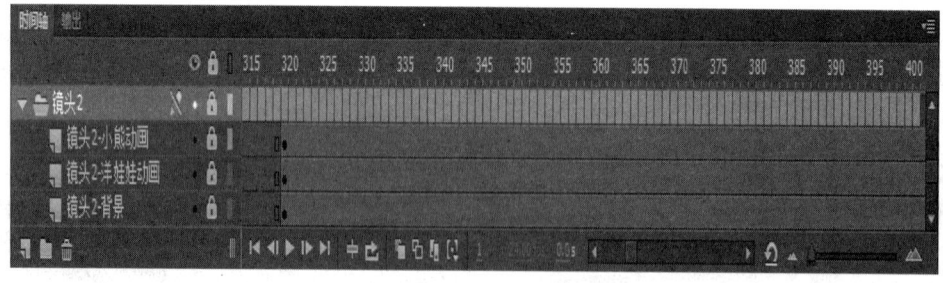

训练图 6-10　镜头 2 各图层帧的位置

3．制作镜头 3

（1）新建图层"镜头 3—小熊动画"，在第 425 帧处插入关键帧，将影片剪辑元件"小熊动画 3"拖曳到舞台中，在第 529 帧处结束。

（2）新建图层"镜头 3 和镜头 4 背景"，在第 425 帧处插入关键帧，将图形元件"阁楼"拖曳到舞台中,并放大到合适位置,在第 639 帧处结束,如训练图 6-11 所示。

4．制作镜头 4

(1) 新建图层"镜头 4—洋娃娃动画",在第 530 帧处插入关键帧,将影片剪辑元件"洋娃娃动画 3"拖曳到舞台中,在第 639 帧处结束,如训练图 6-12 所示。

训练图 6-11　镜头 3 效果图

训练图 6-12　镜头 4 效果

(2) 镜头 4 的背景和镜头 3 的背景共用同一图层。镜头 3 和镜头 4 各个图层帧的位置如训练图 6-13 所示。

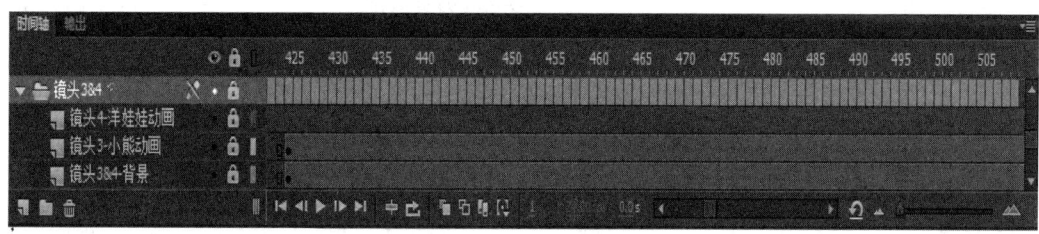

训练图 6-13　镜头 3 和镜头 4 各图层帧的位置

5．制作镜头 5

(1) 镜头 5 有 3 个基本元素:背景、小熊和洋娃娃,如训练图 6-14 所示。

训练图 6-14　镜头 5 效果图

(2) 新建 3 个图层:"镜头 5—背景"、"镜头 5—小熊动画"和"镜头 5—洋娃娃动画",都在第 640 帧处插入关键帧,在第 739 帧处结束。

(3) 分别将图形元件"阁楼"、影片剪辑元件"小熊动画 1"和"洋娃娃动画 1"在第 640 帧处拖曳到对应图层,并调整到合适位置。镜头 5 各个图层帧的位置如训练图 6-15 所示。

训练图 6-15　镜头 5 各图层帧的位置

6．制作镜头 6

（1）镜头 6 基本元素分为 4 个部分：阁楼、星空、小熊和洋娃娃，如训练图 6-16 所示。

（2）新建 5 个图层："镜头 6—阁楼"、"镜头 6—星空"、"镜头 6—玩具组"、"镜头 6—小熊动画"和"镜头 6—洋娃娃动画"，都在第 740 帧插入关键帧，分别将图形元件"阁楼"、影片剪辑元件"星空"、"小熊动画 4"和"洋娃娃动画 4"拖曳到对应图层，调整到合适位置，如训练图 6-16 所示。

（3）将图层"镜头 6—阁楼"和"镜头 6—星空"延长到第 1274 帧处结束。

（4）在图层"镜头 6—玩具组"的第 740 帧处将图形元件"花"、"风车"、"孔雀"和"木马"拖曳到舞台中，并调整大小和位置，在第 849 帧处结束。

（5）在图层"镜头 6—小熊动画"和"镜头 6—洋娃娃动画"的第 850 帧处插入空白关键帧，分别将影片剪辑元件"小熊动画 5"和"洋娃娃动画 5"拖曳到对应图层，并调整到合适位置，并延长到第 1274 帧处结束，如训练图 6-17 所示。

训练图 6-16　镜头 6 效果图

训练图 6-17　镜头 6 的第 850 帧处效果图

7．制作镜头 7

新建图层"镜头 7"，在第 640 帧、第 740 帧和第 850 帧处分别插入关键帧，在第 640 帧处将影片剪辑元件"玩具组 2"拖曳到舞台中，调整其大小并放到合适位置，然后在第 850 帧处将影片剪辑元件"玩具组 2"再次拖曳到舞台中，调整其大小并放到合适的位置，最后在第 1274 帧处结束。"儿童歌曲 MV 制作"动画完成，按 Ctrl+Enter 组合键即可查看，最终制作效果如图 6-41 所示。

项目训练 7

（1）新建一个版本为 ActionScript 3.0 的 Flash CC 文档，将其保存并命名为"相思课件.fla"。

（2）选择"文件→导入→导入到库"命令，在弹出的"导入到库"对话框中选择"项目 7→素材→咏鹅课件"文件夹下的所有图片素材，单击"打开"按钮，将这些图片导入到"库"面板中。

（3）新建"背景"图层，将素材"画卷"拖曳到场景中，调整图片大小为550×400像素；打开"对齐"面板，选中"与舞台对齐"复选框后，单击"水平中齐"、"垂直中齐"图标，效果如训练图7-1所示。

训练图7-1　诗歌欣赏背景图

（4）选中"背景"图层的第481帧并右击，从出现的快捷菜单中选中"动作"命令，在"动作"面板中输入"stop()"语句，如训练图7-2所示。

（5）新建"图层2"并将其重命名为"诗歌"，单击"文本"工具，选择合适的字体、大小及颜色，在文本框内输入诗歌《相思》的内容，并调整其位置及字母间距，效果如训练图7-3所示。

训练图7-2　输入"stop()"语句

训练图7-3　诗歌内容

（6）选中"诗歌"图层的第481帧，按F5键，在该帧上插入普通帧。

（7）新建"图层3"，选择"矩形工具"，设置"笔触颜色"为无，"填充颜色"为黑色，在诗歌的上方绘制一个矩形，效果如训练图7-4所示。

（8）选中"图层3"的第480帧，按F6键，在该帧上插入关键帧，调整矩形的大小使其可以覆盖诗歌，如训练图7-5所示；单击"图层3"的任意一帧，选择"创建补间形状"命令，效果如训练图 7-6 所示，在"图层 3"上右击，在出现的快捷菜单中选择"遮罩层"选项，产生遮罩效果，时间轴面板如训练图 7-7 所示。

训练图 7-4　绘制矩形

训练图 7-5　调整矩形大小

训练图 7-6　创建形状补间

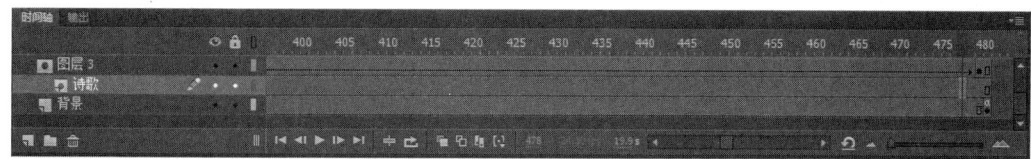

训练图7-7 "时间轴"面板(1)

(9)新建图层并将其重命名为"按钮",选中该图层的第481帧,选择"窗口→库"命令,将buttons bar中的"bar green"按钮拖曳到舞台场景中,效果如训练图7-8所示。

训练图7-8 "重播"按钮

(10)新建图层并将其重命名为"sound",将"库"面板中的"bgm.mp3"素材拖曳到场景中,时间轴面板如训练图7-9所示。

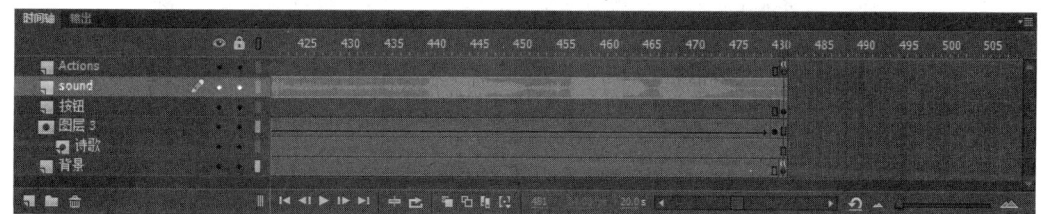

训练图7-9 "时间轴"面板(2)

(11)新建图层并将其重命名为"Action",在"Action"图层的第481帧上右击,在"属性"面板中将"重播"按钮的实例名称命名为"cb",在出现的快捷菜单中选中"动作"命令,选中第481帧上的"重播"按钮,在"动作"面板中输入如下语句,如训练图7-10所示。"古代诗词课件"制作完成,按Ctrl+Enter组合键即可观看,最终效果如图7-63所示。

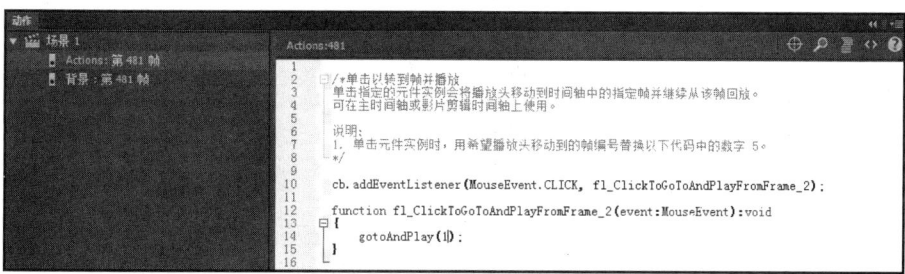

训练图7-10 "动作"面板

项目训练 8

（1）启动 Flash CC 应用程序，打开一个已测试和优化好的 Flash 动画文件"马赛克效果"。

（2）选择"文件→发布设置"命令，在弹出的"发布设置"对话框中选中"PNG 图像"复选框，设置相关参数，如训练图 8-1 所示。

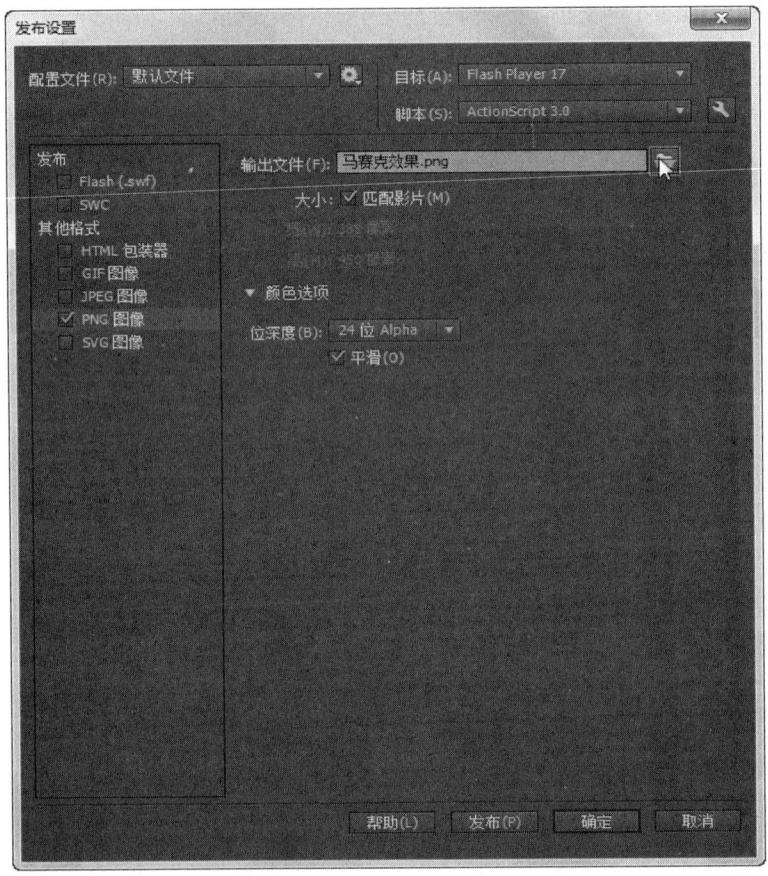

训练图 8-1 "发布设置"对话框

（3）设置好参数后，单击"发布"按钮，即可将该动画发布为"PNG 图像"。

（4）单击"确定"按钮，关闭该对话框。

（5）找到该动画存放的文件夹，可以发现已将该动画发布为"PNG 图像"，如训练图 8-2 所示。

训练图 8-2 发布为"PNG 图像"

（6）用鼠标双击该文件，将其打开，最终效果如训练图 8-3 所示。

训练图 8-3　发布为"PNG 图像"最终效果

反侵权盗版声明

电子工业出版社依法对本作品享有专有出版权。任何未经权利人书面许可，复制、销售或通过信息网络传播本作品的行为；歪曲、篡改、剽窃本作品的行为，均违反《中华人民共和国著作权法》，其行为人应承担相应的民事责任和行政责任，构成犯罪的，将被依法追究刑事责任。

为了维护市场秩序，保护权利人的合法权益，我社将依法查处和打击侵权盗版的单位和个人。欢迎社会各界人士积极举报侵权盗版行为，本社将奖励举报有功人员，并保证举报人的信息不被泄露。

举报电话：（010）88254396；（010）88258888

传　　真：（010）88254397

E-mail：dbqq@phei.com.cn

通信地址：北京市万寿路 173 信箱
　　　　　电子工业出版社总编办公室

邮　　编：100036